Wirtschaftstheorie
und Wirtschaftspolitik
der Monopolbourgeoisie

AKADEMIE DER WISSENSCHAFTEN DER DDR

Schriften

des Zentralinstituts für Wirtschaftswissenschaften

Nr. 22

KLAUS O. W. MÜLLER (Hrsg.)

WIRTSCHAFTSTHEORIE UND WIRTSCHAFTSPOLITIK DER MONOPOLBOURGEOISIE

Autoren
Manfred Braun, Rolf Espenhayn, Sonja Jug,
Klaus O. W. Müller und Günther Rudolph

AKADEMIE-VERLAG BERLIN
1987

Autorenkollektiv unter Leitung von Klaus O. W. Müller:
Manfred Braun: Kapitel 5
Rolf Espenhayn: Kapitel 6
Sonja Jug: Kapitel 7
Klaus O. W. Müller: Kapitel 1, 2, 4, Vorwort und Resümee
Günther Rudolph: Kapitel 3

ISBN 3-05-000237-9
ISSN 0138-3469

Erschienen im Akademie-Verlag Berlin, DDR - 1086 Berlin, Leipziger Str. 3-4

Lizenznummer: 202 · 100/25/87
Printed in the German Democratic Republic
Gesamtherstellung: IV/2/14 VEB Druckerei „Gottfried Wilhelm Leibniz",
4450 Gräfenhainichen
Einbandgestaltung: Ralf Michaelis
LSV 0305
Bestellnummer: 754 689 5 (2158/22)

01800

Inhaltsverzeichnis

Vorwort

Die Entwicklung des kapitalistischen Wirtschaftssystems ist seit den 70er Jahren durch spezifische Faktoren und Bedingungen gekennzeichnet, die zu einer erhöhten Labilität und zur Zuspitzung der systemimmanenten Widersprüche des Kapitalismus geführt haben. Damit wurde ein neuer Abschnitt der allgemeinen Krise des Kapitalismus eingeleitet. Für die Strategie des Klassenkampfes der Arbeiterklasse in den kapitalistischen Ländern wie aber auch für den Kampf der sozialistischen Länder in der weltweiten Systemauseinandersetzung mit dem Imperialismus leiten sich hieraus eine Reihe neuer Bedingungen ab. Die bürgerliche politische Ökonomie ist gezwungen, sich den veränderten Reproduktionsbedingungen des gesellschaftlichen Gesamtkapitals anzupassen. Sie muß versuchen, den Ansprüchen ihrer Auftraggeber, der Monopolbourgeoisie und ihrer wirtschaftspolitischen Interessenvertreter, auch unter diesen modifizierten Bedingungen zu genügen. Neue Tendenzen und Erscheinungen in der bürgerlichen politischen Ökonomie sind also zu beobachten. Charakteristisch dafür ist der erhöhte Stellenwert, der der *wirtschaftspolitischen* Bedeutung der *wirtschaftstheoretischen* Überlegungen dieser Ökonomen beigemessen wird. Die Spezifik dieser Situation liegt nun darin, daß die bürgerliche Wirtschaftstheorie gerade in einer solch konkret-historischen Lage eine Bankrotterklärung bezüglich ihrer wirtschaftspolitischen Aufgaben abgeben muß, wo gerade auf Grund der erhöhten Labilität der kapitalistischen Weltwirtschaft praktikable *wirtschaftspolitische* Vorschläge und Instrumentarien zur Sanierung und Stützung des krisengeschüttelten Systems erwartet werden. Das Thema „Krise der Wirtschaftstheorie und Wirtschaftspolitik" beherrscht die politökonomische Diskussion unter den bürgerlichen Theoretikern; ein adäquater Bestandteil dieser Diskussion ist die Suche nach Auswegen aus dieser Krise.[1]

Seitens der marxistisch-leninistischen Kritik der heutigen bürgerlichen politischen Ökonomie wurden in den letzten Jahren sowohl auf internationalen Kongressen wie auch in grundlegenden wissenschaftlichen Publikationen die neuen Tendenzen und Erscheinungen innerhalb der gegenwärtigen bürgerlichen politischen Ökonomie bereits in vielen Aspekten detaillierter analysiert. Die

[1] Vgl. Thesen des Zentralkomitees der SED zum Karl-Marx-Jahr 1983, Berlin 1982, S. 25.

vorliegende Schrift knüpft an den vorhandenen Erkenntnisstand an und wendet sich darüber hinaus einem grundlegenden Moment dieser neuen Erscheinungen und Prozesse zu: dem sich intensiver gestaltenden Verhältnis zwischen der heutigen bürgerlichen Wirtschaftstheorie in ihren Hauptströmungen und der staatlichen Wirtschaftspolitik. Wir werden uns dabei vor allem auf die BRD beziehen.

Die hier vorliegende Schrift erhebt keinen Anspruch auf Vollständigkeit in der Behandlung des Themas; ihre Autoren sind auf Grundfragen dieses Verhältnisses näher eingegangen und hoffen, zumindest zur weiteren Diskussion und politökonomisch-theoretischen Durchdringung dieses Gegenstandes anzuregen. Die Arbeiterklasse und alle anderen progressiven, antiimperialistischen Kräfte in den Ländern des Kapitals erwarten dringend theoretisches Rüstzeug für ihren Kampf gegen die – heute mehr und mehr vom Geiste des Konservatismus geprägte – sogenannte Krisenbewältigungspolitik der kapitalistischen Regierungen.

Die vorliegende Schrift enthält sieben Kapitel, die aus unterschiedlicher Sicht, aber dennoch in sich geschlossen, eine kritische Analyse des Verhältnisses von bürgerlicher Wirtschaftstheorie und staatlicher Wirtschaftspolitik vornehmen: Das erste Kapitel trägt den Charakter einer einführenden Untersuchung. Hier erfolgen grundsätzliche Darlegungen über das Verhältnis von bürgerlicher Wirtschaftstheorie und staatsmonopolistischer Regulierungspolitik. In den nachfolgenden Kapiteln werden dann wichtige Einzelaspekte dieses Verhältnisses näher analysiert. Zunächst betrifft dies die Untersuchung der für die staatliche Wirtschaftspolitik in den kapitalistischen Ländern relevanten Hauptströmungen der heutigen bürgerlichen politischen Ökonomie, ihren akuten Krisenzustand, die zu beobachtenden neuesten Tendenzen ihrer Abstützung oder Rehabilitierung bis hin zu auftretenden eklektischen Syntheseversuchen. Dabei wird immer die speziell *wirtschaftspolitische*, weniger die *ideologische Relevanz* dieser Strömungen grundsätzlich eingeschätzt. Davon ausgehend, daß seit den 70er Jahren die konservative Strömung in der bürgerlichen Wirtschaftstheorie und Wirtschaftspolitik mehr und mehr an Einfluß gewinnt, wird es als legitim angesehen, in einem gesonderten, der Auseinandersetzung mit den Hauptströmungen nachgestellten Kapitel speziell die krisentheoretischen Auffassungen und die vulgärökonomischen Quellen dieser extrem reaktionären Variante monopolbourgeoiser Wirtschaftstheorie und Wirtschaftspolitik gleichsam in einem theoriegeschichtlichen Exkurs detaillierter aufzuhellen.

Im vierten Kapitel schließt sich dann eine kritische Auseinandersetzung mit der aktuellen bürgerlichen Theorie der Wirtschaftspolitik an. Das Autorenkollektiv ließ sich bei der Einordnung dieses Kapitels in das Gesamtwerk davon leiten, daß gerade diese neuere, im Gesamtsystem der heutigen bürgerlichen politischen Ökonomie an Gewicht gewinnende Theorie speziell für die politökonomisch-theoretische Fundierung der staatlichen Wirtschaftspolitik in jenen entwickelten Ländern des Kapitals, die über ein detailliertes System von staatlichen Regulierungsinstanzen verfügen, mehr als jeder andere Bereich Bedeutung hat.

In den verbleibenden Kapiteln werden dann Problemkreise behandelt, die für das Wechselverhältnis von heutiger bürgerlicher Wirtschaftstheorie und staatlicher Wirtschaftspolitik unserer Tage von prinzipieller Bedeutung sind. Zunächst werden die von heutigen konservativen Theoretikern propagierten wirtschaftspolitischen Instrumente, so wie sie von den Regierungen solcher imperialistischer Staaten wie zum Beispiel den USA, Großbritanniens, der BRD praktisch eingesetzt werden, auf ihre regulierungspolitischen Möglichkeiten und Grenzen hin analysiert. Hier zeigt sich in konkreter Weise, wie sich die bürgerliche Wirtschaftstheorie in staatlicher Wirtschaftspolitik umsetzt, beziehungsweise zu ihrer theoretischen Fundierung beiträgt. Geht es dabei im fünften Kapitel um den mehr instrumentalen Aspekt dieser Wirtschaftspolitik (Währungs-, Zins-, Kreditpolitik), so wird im folgenden Kapitel ebenfalls ein Problem von exponierter Bedeutung, und dies nicht nur für die Entwicklung der kapitalistischen Wirtschaft, ausgeleuchtet: Fragen des wissenschaftlich-technischen Fortschritts. Der wissenschaftlich-technische Fortschritt ist ein entscheidendes Element der weltweiten Systemauseinandersetzung zwischen Kapitalismus und Sozialismus.[2] Es ist also notwendig, genauer darüber informiert zu sein, wie die heutigen bürgerlichen Ökonomen und Wirtschaftspolitiker versuchen, mit den vielfältigen Problemen im Gefolge der Durchsetzung des wissenschaftlich-technischen Fortschritts im Kapitalismus fertig zu werden. Die vorliegende Arbeit widmet sich dann in einem letzten Kapitel einer ebenfalls aktuellen Frage von wesentlicher Bedeutung für das Tempo des historischen Niedergangs der kapitalistischen Gesellschaftsformation: der Beeinflussung des Verhältnisses der Zentren des imperialistischen Systems zur sogenannten Peripherie – also zu den Entwicklungsländern – in ökonomischer, vor allem aber wirtschaftspolitischer Hinsicht. Seitens der monopolbourgeoisen Ökonomen werden zu dieser Frage Auffassungen entwickelt, die ihrem Wesen nach nichts anderes als der politökonomisch-theoretische Ausdruck neokolonialistischer Bestrebungen sind.

In die vorliegende Arbeit gingen eine Reihe wertvoller Hinweise und Anregungen ein, die die Autoren und der Herausgeber sowohl von den wissenschaftlichen Gutachtern dieser Schrift, den Professoren G. Fabiunke (Karl-Marx-Universität Leipzig) und G. Kahl (Friedrich-Schiller-Universität Jena) sowie von der Lektorin des Akademie-Verlages, Kollegin Stappenbeck, als auch von seiten ihrer Fachkollegen aus anderen wissenschaftlichen Einrichtungen der DDR, hier insbesondere von den Professoren R. Gabler (Handelshochschule Leipzig) sowie K. Müller (Technische Universität Karl-Marx-Stadt), erhalten haben. Be-

[2] Vgl. Die Grundfrage der Wirtschaftspolitik der Partei. Referat von M. Gorbatschow auf der Beratung zu Fragen des wissenschaftlich-technischen Fortschritts in Moskau, in: Neues Deutschland vom 13. 6. 1985, S. 5/6.

sonderer Dank gilt auch allen Kollegen und der Leitung des Bereiches V des Zentralinstituts für Wirtschaftswissenschaften der Akademie der Wissenschaften der DDR – zugleich die wissenschaftliche Heimstätte des Autorenkollektivs –, die durch konstruktive Hinweise zum Gelingen der vorliegenden Arbeit beigetragen haben.

Kritische und weiterführende Hinweise und Anregungen sind dem Autorenkollektiv jederzeit genehm, helfen sie doch, einen sicher nicht einfachen und vielgestaltigen Stoff besser als bisher zu bewältigen.

Berlin, im Januar 1986 Klaus O. W. Müller

Kapitel 1

Bürgerliche Wirtschaftstheorie und staatsmonopolistische Wirtschaftspolitik

Der mit seinen wirtschaftstheoretischen und wirtschaftspolitischen Auffassungen unter den bürgerlichen Ökonomen des 20. Jahrhunderts wohl einflußreichste Repräsentant monopolbourgeoiser Interessen, der englische Ökonom und Wirtschaftspolitiker John Maynard Keynes, prägte in seinem ökonomischen Hauptwerk den bemerkenswerten Satz: „. . . die Gedanken der Ökonomen und Staatsphilosophen (sind aber), sowohl wenn sie im Recht, als wenn sie im Unrecht sind, einflußreicher, als gemeinhin angenommen wird. Die Welt wird in der Tat durch nicht viel anderes beherrscht."[1] Liest man an dieser Stelle des Keynesschen Werkes weiter, so könnte man die nachfolgenden Auffassungen in dem inzwischen zu einer Metapher gewordenen Satz zusammenfassen: „Die ökonomische Theorie von heute ist die Wirtschaftspolitik von morgen." Keynes ging es hierbei um die Artikulierung der *praktischen* Umsetzung ökonomisch-theoretischer Leistungen, die mit dem Begriff der *Wirtschaftspolitik* umrissen werden. Diese Metapher hat natürlich einen realen Gehalt; die Wahrheit wird hiermit aber nur bedingt ausgedrückt. Wirtschaftspolitik in ihrer konkreten Form und Zielsetzung ist in ihrer ausschlaggebenden Begründung immer nur letztlich aus ihrem Bezug zu den *objektiven* ökonomischen Bedingungen und den Gesetzen der ökonomischen Basis umfassend zu verstehen, auf die sie sich bezieht. Der Ökonom hat zur *wirtschaftstheoretischen* Fundierung dieser Politik seinen Beitrag zu leisten. Konkreter formuliert: Unter den Bedingungen des gegenwärtigen Kapitalismus, also des staatsmonopolistischen Kapitalismus, haben sich – wie noch im einzelnen zu zeigen sein wird – die Anforderungen der herrschenden Klasse, insbesondere ihrer Interessenvertreter in den staatlichen Institutionen, an die bürgerliche Wirtschaftstheorie im Vergleich zu historisch früheren Perioden in der Entwicklung des Kapitalismus sogar auf qualitativ neue Weise und in neuer Dimension erhöht.

Wirtschaftspolitik ist immer klassengebunden. Ihre Legitimation durch die Wirtschafts*theorie* ist diesem Aspekt untergeordnet. Die Analyse des Verhältnisses von bürgerlicher Wirtschaftstheorie und staatsmonopolistischer Wirtschaftspolitik verdeutlicht diesen Bezug von Subjektivem und Objektivem im Hinblick auf wirtschaftspolitisches Handeln in exemplarischer Weise.

[1] J. M. Keynes, Allgemeine Theorie der Beschäftigung, des Zinses und des Geldes, München – Leipzig 1936, S. 323.

Die bürgerliche politische Ökonomie hat bereits seit den frühen Perioden ihrer Entwicklung, wie vor allem die Merkantilisten überzeugend demonstrierten, zur theoretischen Fundierung wirtschaftspolitischen Handelns beigetragen. Es ist nun nicht Gegenstand der vorliegenden Arbeit, den jeweiligen Stellenwert der frühen Formen des politökonomischen Denkens für die Fundierung dieses Handelns im Detail aufzuhellen, zumal es hierzu selbst noch differenzierte Auffassungen auch unter marxistischen Ökonomen gibt;[2] es geht hier um den Verweis auf diesen Zusammenhang von bürgerlicher Wirtschaftstheorie und Wirtschaftspolitik überhaupt. Dies gilt ganz besonders auch für die Physiokraten, die Schöpfer des ersten *Systems* der klassischen bürgerlichen politischen Ökonomie,[3] im Hinblick auf ihre reproduktionstheoretischen Leistungen, die im bekannten Tableau économique gipfeln. Dieses ökonomische Tableau „stellt einen genialen und originellen Versuch dar, den gesellschaftlichen Reproduktionsprozeß und Kreislauf des produktiven Kapitals in seiner Komplexität zu erfassen und in einer arithmetischen und grafischen Formel darzustellen"[4]. Über dieses Tableau, über diesen, wie Marx einmal anmerkte, „höchst genialen Einfall"[5], hatte François Quesnay in einem Brief aus dem Jahre 1759 an seinen Freund, den Grafen Mirabeau, in offensichtlich unbefangener Weise folgendes mitzuteilen: „Ich habe mir vorgenommen, ein Grundtableau der ökonomischen Ordnung aufzustellen, woraus man mit Klarheit die Ordnungen und Unordnungen, welche die Regierung verursachen kann, zu beurteilen vermag."[6]

Das Verhältnis von bürgerlicher Wirtschaftstheorie und Wirtschaftspolitik hatte bis zur Epoche der Herausbildung des staatsmonopolistischen Kapitalismus alles in allem, trotz bemerkenswerter Ansätze, doch nur punktuellen Charakter. Dieser Wesenszug in der Beziehung von bürgerlicher Wirtschaftstheorie und Wirtschaftspolitik resultiert vor allem daraus, daß unter den Bedingungen eines historisch noch aufsteigenden Kapitalismus, insbesondere in der Entwicklungsetappe des Kapitalismus der freien Konkurrenz, dem Staat keine oder

2 Die marxistisch-leninistische Geschichte der politischen Ökonomie geht davon aus, daß von einer merkantilistischen Wirtschaftspolitik zu sprechen ist, wobei in Frankreich der Colbertismus und für den deutschen Duodez-Absolutismus der Kameralismus national gefärbte Variationen darstellen. Fritz Behrens geht sogar soweit, die Auffassung zu vertreten, daß „nur der englische Merkantilismus ein System ökonomischer Anschauungen und Theoreme (ist), und Colbertismus und Kameralismus sind nur ein System wirtschaftspolitischer Maßnahmen" (F. Behrens, Grundriß der Geschichte der politischen Ökonomie, Bd. 1: Die politische Ökonomie bis zur bürgerlichen Klassik, Berlin 1962, S. 106).

3 Vgl. G. Fabiunke/P. Thal, Geschichte der politischen Ökonomie. Leitfaden, 2., überarb. Aufl., Berlin 1981, S. 35.

4 Ebenda, S. 36.

5 Vgl. K. Marx, Theorien über den Mehrwert. Erster Teil, in: K. Marx/F. Engels, Werke, Bd. 26.1, Berlin 1965, S. 319.

6 Zit. nach: F. Behrens, Grundriß der Geschichte der politischen Ökonomie, Bd. 1., a. a. O., S. 165.

eine nur minimale Intervention in den Wirtschaftsprozeß zugestanden worden war. Die wirtschaftsregulierende Rolle des Staates war *objektiv* noch nicht erforderlich. Unter den Bedingungen des staatsmonopolistischen Kapitalismus ändert sich jedoch dieses Verhältnis und nimmt qualitativ neue Züge an. Dies gilt es im folgenden näher zu untersuchen.

1.1. Grundzüge des Verhältnisses von bürgerlicher Wirtschaftstheorie und staatsmonopolistischer Wirtschaftspolitik

Wenn angedeutet wurde, daß sich unter den Bedingungen des staatsmonopolistischen Kapitalismus das Verhältnis von bürgerlicher Wirtschaftstheorie und Wirtschaftspolitik im Unterschied zu den vorangegangenen Perioden in der Entwicklung des Kapitalismus und in der bürgerlichen politischen Ökonomie selbst ändert und qualitativ neue Züge annimmt, so erklärt sich diese Entwicklung aus folgendem: Im *staatsmonopolistischen Kapitalismus,* der die *Verschmelzung* der Macht des Monopolkapitals mit der Macht des Staates zum Inhalt hat,[7] prägt sich ein enges Verhältnis von Ökonomie und Politik aus. Es ist dadurch gekennzeichnet, daß die früher nur untergeordnete Rolle des Staates jetzt abgelöst worden ist durch den permanenten Einsatz des Staates zur Regulierung des Reproduktionsprozesses des gesellschaftlichen Gesamtkapitals, oder anders ausgedrückt: Der Einsatz der außerökonomischen Gewalt des kapitalistischen Staates wird zu einer ständigen Notwendigkeit. Darüber hinaus ist für den staatsmonopolistischen Kapitalismus charakteristisch, daß der Staat zugleich auch selbst als ökonomische Potenz wirkt, die sowohl aus dem zum Teil beträchtlichen staatlichen Sektor in der Ökonomie der entwickelten kapitalistischen Staaten wie auch aus der Verfügungsgewalt über bedeutende finanzielle Fonds resultiert. Der kapitalistische Staat hat heute eine ökonomische Macht, wie sie ihm bisher nie zugekommen war.

Die außerökonomische und ökonomische Macht des Staates wird über die staatliche Politik, speziell die Wirtschaftspolitik (wobei hier die Finanzpolitik einbegriffen ist), eingesetzt. In dem Maße, wie sich der staatsmonopolistische Kapitalismus weiter entfaltet, verquicken sich Ökonomie und Politik zunehmend intensiver.

Das tiefergehende Verständnis des Wechselverhältnisses von Ökonomie und Wirtschaftspolitik unter den Bedingungen des staatsmonopolistischen Kapitalismus setzt unter Beachtung allen bisher Dargelegten weiterhin die Berücksichtigung folgender Aspekte voraus: Der kapitalistische Staat hat im Hinblick auf sein wirtschaftspolitisches Handeln eine *relative Selbständigkeit,* die ökonomisch auf dem Staatssektor in der Wirtschaft und vor allem auf der Verfügungsgewalt über umfangreiche finanzielle Fonds beruht.[8] Diese Selbständigkeit bildet

[7] Vgl. Politische Ökonomie des Kapitalismus. Lehrbuch, Berlin 1980, S. 544.

[8] Vgl. ebenda, S. 556/557.

die Grundlage dafür, daß sich die staatliche Wirtschaftspolitik neben der Berücksichtigung der spezifischen Interessen der Monopolbourgeoisie auch – zum Teil auch partiell und temporär gegen das *privatmonopolistische* Interesse einzelner Fraktionen des Monopolkapitals – die Absicherung des imperialistischen Herrschaftssystems als Ganzes zur Aufgabe stellen kann und auch stellt. Der Einsatz der wirtschaftspolitischen Mittel durch den Staat ist nicht immer im direkten, traditionellen Sinne profitabel, er soll aber dazu beitragen, das kapitalistische Ausbeutungssystem insgesamt abzustützen.

Weiter ist zu bedenken, daß der staatsmonopolistische Kapitalismus im Prozeß seiner Entfaltung sich nicht nur in den einzelnen kapitalistischen Staaten ausbildet, sondern daß er mehr und mehr die nationalen Grenzen überschreitet, also *international* wird. Daß die internationalen Monopole diesen Prozeß entscheidend mitgestalten, ist insofern erklärlich, als sie in erster Linie die Nutznießer dieser Erweiterung der staatsmonopolistischen Kapitalverwertungsbedingungen sind.

Die staatliche Wirtschaftspolitik, die in der vorliegenden Arbeit in ihrer Beziehung zur heutigen monopolbourgeoisen Wirtschaftstheorie untersucht wird, ist eine der wesentlichen Erscheinungsformen der *staatsmonopolistischen Regulierung.* Diese Regulierung umfaßt natürlich mehr als nur die Wirtschaftspolitik des kapitalistischen Staates. Sie tritt unter den Bedingungen des staatsmonopolistischen Kapitalismus in der Einheit von *privatmonopolistischer* und *staatlicher* Regulierung zutage.[9] Über die staatliche Wirtschaftsaktivität realisiert sich die ökonomische Funktion des imperialistischen Staates. Mittels seiner ökonomischen Potenz und außerökonomischen Gewalt hat er das Macht- und Profitstreben der privaten Monopole sowie die Stützung des imperialistischen Herrschaftssystems überhaupt abzusichern. Der staatlichen Wirtschaftspolitik[10] kommt so die Aufgabe zu, die Widersprüche des kapitalistischen Reproduktionsprozesses nicht nur zu vermeiden, sondern ihnen einen neuen Bewegungsspielraum zu eröffnen. Unter den Bedingungen der weltweiten Auseinandersetzung zwischen Imperialismus und Sozialismus, während sich die inneren Widersprüche des kapitalistischen Systems weiter zuspitzen, wird der Reproduktionsprozeß des gesellschaftlichen Gesamtkapitals zunehmend komplizierter. Der Staat versucht, regulierend in dieses Geschehen einzugreifen. Daher werden auch die Forderungen an die politische Ökonomie, die Regulierungspolitik des kapitalistischen Staates theoretisch zu fundieren, immer dringender.

Zunächst gilt ganz generell, daß die kapitalistischen Staatsorgane weiterreichende Einblicke in die Zusammenhänge des Wirtschaftsprozesses benötigen. Der bürgerlichen politischen Ökonomie kommt dabei neben der bisher schon existenten Funktion der ideologischen Verteidigung des kapitalistischen Sy-

9 Vgl. ebenda, S. 574.

10 Unter Wirtschaftspolitik wird hier und im folgenden immer die Wirtschaftspolitik des kapitalistischen Staates verstanden (wenn nicht ausdrücklich anders vermerkt).

stems eine weitere Funktion zu, die als die wirtschaftspolitische bezeichnet wird. Hierzu stellte Herbert Meißner bereits 1976 fest: „Letztlich besteht die allgemeine Aufgabenstellung der bürgerlichen politischen Ökonomie nach wie vor darin, die heutige Form der bürgerlichen Ordnung, den staatsmonopolistischen Kapitalismus, gegen ernsthafte Gefahren und Erschütterungen zu verteidigen und am Leben zu erhalten. Diese gesellschaftliche Aufgabe wird aber heute nicht mehr nur durch die ideologische Rechtfertigung des kapitalistischen Systems erfüllt. Im Zusammenhang mit der Funktionsweise des staatsmonopolistischen Kapitalismus ist es gleichzeitig notwendig geworden, wissenschaftliche Leitungsinstrumente für die kapitalistische Wirtschaftsführung zu schaffen. Daraus ergibt sich die Schlußfolgerung, daß die bürgerliche Ökonomie der Gegenwart ihrer allgemeinen gesellschaftlichen Aufgabe nur dadurch gerecht wird, daß sie zwei Funktionen ausübt: eine ideologische und eine wirtschaftspolitische Funktion."[11]

Mit der weiteren Entfaltung des staatsmonopolistischen Kapitalismus hat die wirtschaftspolitische Funktion der bürgerlichen politischen Ökonomie zweifellos an Gewicht gewonnen. Zu den Charakteristika der neueren Entwicklungen ist die *„immer größer werdende Bedeutung imperialistischer Wirtschaftstheorien aufgrund der fortschreitenden Vergesellschaftung des Reproduktionsprozesses und des zunehmenden Gewichts des ökonomischen Wettbewerbs der beiden Weltsysteme für die staatsmonopolistische Wirtschaftspolitik"* zu zählen.[12] Dieser Trend im Verhältnis von gegenwärtiger bürgerlicher Wirtschaftstheorie und staatsmonopolistischer Wirtschaftspolitik entspricht voll und ganz jenem neueren Grundzug in der imperialistischen Wirtschaftsstrategie, der durch die *„wachsende Rolle der Wirtschaft in der Politik durch ihren Einsatz als Instrument der politischen Gesamtstrategie, vor allem in der globalen Auseinandersetzung mit dem Sozialismus"* gekennzeichnet ist.[13]

Die sich enger gestaltende Verflechtung von bürgerlicher Wirtschaftstheorie und staatlicher Wirtschaftspolitik hat hauptsächlich folgende Charakteristika:

Kapitalistische Wirtschaftspolitiker verlangen nachdrücklich, daß der bürgerliche, die Interessen des Monopolkapitals repräsentierende Wirtschaftstheoretiker *praktikable* wirtschaftstheoretische Erkenntnisse und Einsichten in den kapitalistischen Reproduktionsprozeß bereitstellt. Hier werden Anforderungskataloge artikuliert, die die Ansprüche der kapitalistischen Wirtschaftspolitik

[11] H. Meißner (Hrsg.), Bürgerliche Ökonomie ohne Perspektive, Berlin 1976, S. 51/52.

[12] Verschärfung der allgemeinen Krise des Kapitalismus und Arbeiterklasse. Ökonomische und ideologische Probleme in Westeuropa, hg. von der Akademie für Gesellschaftswissenschaften beim ZK der SED und dem Institut für internationale Arbeiterbewegung der Akademie der Wissenschaften der UdSSR (Moskau), Berlin 1980, S. 187.

[13] L. Maier, Hauptrichtungen und Ziele der gegenwärtigen imperialistischen Wirtschaftsstrategie, in: IPW-Berichte, 7/1982, S. 12.

an die Wirtschaftstheorie umreißen. Der Wirtschaftstheorie wird ein hoher Stellenwert zur Absicherung dieser Wirtschaftspolitik beigemessen. Aus der engen Beziehung zwischen bürgerlicher Wirtschaftstheorie und Wirtschaftspolitik im staatsmonopolistischen Kapitalismus wird abgeleitet, „daß Eingriffe in den Wirtschaftsprozeß ihr Ziel nicht erreichen, wenn die zugrunde liegende Theorie falsch oder nur unter bestimmten Bedingungen gültig ist, die im konkreten Fall nicht gegeben sind"[14]. Ausgehend von dieser, als durchaus berechtigt zu unterstellenden Position erhebt die staatliche Wirtschaftspolitik Anforderungen an die Wirtschaftstheorie, die den Erfolg des wirtschaftspolitischen Handelns des Politikers im Interesse der Monopole garantieren sollen. Dies sind im einzelnen:

1. die empirische Verifizierungsmöglichkeit der Theorie

Nur jene Wirtschaftstheorie wird für die Wirtschaftspolitik als brauchbar angesehen, die statistisch-empirisch verifizierbar ist. Dieser Anspruch an die Wirtschaftstheorie ist insofern verständlich, als wirtschaftspolitische Aktivitäten in ihren möglichen Konsequenzen abzuschätzen und Alternativansätze zu erwägen sind. Dazu bedarf es ihrer Quantifizierung. Politisches Handeln zur Absicherung der sozialökonomischen Rahmenbedingungen für das wirtschaftspolitische Handeln, beispielsweise Maßnahmen auf wirtschaftsrechtlichem Gebiet, bedarf dagegen nicht oder nur im begrenzten Maße der statistischen Verifizierung. Auch die Entscheidung für oder wider die Fiskal- oder Geldpolitik als hauptsächliches Regulierungsinstrument ist von strategischer Natur und zwingt nicht zur Quantifizierung der Theorie. Bei der praktischen Anwendung ist dieses wirtschaftspolitische Handeln dann allerdings mit einer quantitativen Verifizierung verbunden.

2. Die Absicherung eines bestimmten Konkretheitsgrades der Theorie

Wirtschaftspolitiker fordern von heutigen bürgerlichen Ökonomen eine faßbare, das heißt eine nicht so abstrakt formulierte Theorie. Hier wird in erster Linie gegen die sogenannte reine Ökonomie innerhalb der bürgerlichen Wirtschaftstheorie polemisiert. Deren wirtschaftspolitische Relevanz ist, wenn sie überhaupt gegeben ist, zumindest stark eingeengt. Ihr Einfluß ist deshalb unter jenen konkret-historischen Bedingungen, unter denen die regulierungspolitischen Anforderungen des Staates an die bürgerliche Wirtschaftstheorie steigen, im Schwinden begriffen. Dieser Anspruch ist also vollauf verständlich. Er wird jetzt dahingehend zugespitzt, daß die Wirtschaftstheorie *eindeutige* Aussagen treffen muß. So fordert zum Beispiel der BRD-Ökonom Ernst Dürr: „Wenn alle logisch möglichen Fälle in einer Theorie enthalten sind . . . ist die Theorie nicht unmittelbar als Grundlage der Wirtschaftspolitik geeignet, da sie keine eindeutigen Aussagen macht."[15]

[14] E. Dürr, Prozeßpolitik, in: Kompendium der Volkswirtschaftslehre, hg. von W. Ehrlicher/I. Esenwein-Rothe/H. Jürgensen/K. Rose, Bd. 2, Göttingen 1968, S. 205.
[15] Ebenda, S. 206.

3. Bestätigung der Wirtschaftstheorie durch die Wirtschaftsrealität

Die Wirtschaftspolitiker fordern von der bürgerlichen Wirtschaftstheorie, daß sie durch die Bezugnahme auf die ökonomische Realität ihre Qualifizierung für die theoretische Fundierung der Wirtschaftspolitik nachweise, denn „die wirtschaftspolitische Verwendung einer nicht ausreichend überprüften Hypothese stellt ein Experiment dar, welches zwar die wissenschaftliche Erkenntnis vertiefen, jedoch das wirtschaftspolitische Ziel verfehlen kann"[16]. Da die bürgerliche politische Ökonomie, entsprechend ihrem vulgärökonomischen und apologetischen Wesen, nicht die objektive Erkenntnis der *wesentlichen* Seiten der ökonomischen Realität ermöglicht, kann sich die Rolle des von ihr gelieferten Beitrages zur Fundierung der staatsmonopolistischen Wirtschaftspolitik selbst nur auf die Reflexion von Oberflächenerscheinungen des kapitalistischen Reproduktionsprozesses beziehen. Der Anspruch des Wirtschaftspolitikers an den Wirtschaftstheoretiker im Bereich der heutigen bürgerlichen politischen Ökonomie muß also genau genommen eine Überforderung des Theoretikers sein. Die bürgerliche politische Ökonomie ist auf Grund ihrer klassenbedingten engen Erkenntnisgrenzen objektiv nicht in der Lage, jene realistischen Einblicke in die ökonomischen Beziehungen und Prozesse der kapitalistischen Wirtschaft zu erarbeiten, über die der Wirtschaftspolitiker als Voraussetzung für praktikables Handeln – natürlich immer im übergreifenden Interesse des Profits und der Systemerhaltung – zu verfügen trachtet.

Die Beziehungen zwischen der gegenwärtigen bürgerlichen Wirtschaftstheorie und Wirtschaftspolitik sind weniger eng, wenn es darum geht, das Ziel des wirtschaftspolitischen Handelns festzulegen.

Das Ziel der staatlichen Wirtschaftspolitik und des wirtschaftspolitischen Handelns der Klassen und sozialen Schichten in den imperialistischen Ländern wird keinesfalls nur aus wirtschaftstheoretischen Überlegungen abgeleitet. Das Streben nach höchstmöglichem Profit determiniert in letzter Konsequenz das Ziel kapitalistischer Wirtschaftspolitik. Das schließt nicht aus, daß die jeweiligen wirtschaftspolitischen Entscheidungsträger in den imperialistischen Industrieländern, also die Regierungen, Parlamente, die Zentralbanken, Wirtschaftsverbände, und mehr und mehr auch unmittelbar die transnationalen Monopole selbst, sehr oft recht unterschiedliche Auffassungen über die Wirksamkeit des zur Verfügung stehenden Instrumentariums haben. Die hinlänglich bekannten Streitigkeiten der politischen Parteien in den kapitalistischen Ländern über die konkrete Form der jeweils zu praktizierenden Wirtschaftspolitik sind ein Ausdruck des wirtschaftspolitischen Voluntarismus. Um es allgemeiner zu formulieren: Im Rahmen der steigenden Bedeutung der imperialistischen Wirtschaftsstrategie innerhalb der politischen Gesamtstrategie ist von einer zunehmenden Politisierung der Ökonomie zu sprechen. Ökonomie und Politik werden auf einer bisher nicht erreichten Intensitätsstufe verknüpft.[17]

[16] Ebenda.

Dabei ist zu beachten, daß *„unter dem Einfluß des subjektiven Faktors, also der in Ökonomie und Politik bestimmenden Klassenkräfte und ihrer Interessen in der jeweiligen Situation . . . die wechselseitigen Beziehungen und Abhängigkeiten ihre historisch konkrete klassenbedingte Ausprägung und Erscheinungsform"*[18] erhalten.

Bereits diese knappe Charakteristik von Grundzügen des Verhältnisses von bürgerlicher Wirtschaftstheorie und staatsmonopolistischer Wirtschaftspolitik zeigt, daß für die offensive Auseinandersetzung der marxistisch-leninistischen politischen Ökonomie mit der bürgerlichen politischen Ökonomie eine Reihe von neuen Fragen entstanden sind, die zu beantworten den bisherigen Erkenntnisstand über die zwei Grundfunktionen der heutigen bürgerlichen politischen Ökonomie, in Sonderheit den über die wirtschaftspolitische Funktion, übersteigt. Wenn bisher das Verhältnis von bürgerlicher Wirtschaftstheorie und Wirtschaftspolitik im Sinne der Bedeutung der Theorie für die Politik betrachtet worden ist, so heißt dies nicht, daß die Umkehrung dieser Relation, also die Untersuchung der Rückwirkungen der Wirtschaftspraxis auf die Theorienentwicklung, nicht auch als bedeutend für die umfassende kritische Bewertung dieses Verhältnisses anzusehen ist. Dieser Aspekt muß jedoch späteren Untersuchungen vorbehalten bleiben. Die Notwendigkeit einer kritischen Analyse dieses Wechselverhältnisses wird schließlich durch ein spezifisches Moment konkret-historischer Natur zusätzlich unterstrichen, durch die akute Krise der staatsmonopolistischen Wirtschaftspolitik und der dieser Politik zugrunde liegenden bürgerlichen Wirtschaftstheorie. Von Herbert Meißner ist im Zusammenhang mit seiner kritischen Analyse der Krise der gegenwärtigen bürgerlichen politischen Ökonomie darauf verwiesen worden, daß dieses Phänomen als ein Ausdruck der *spezifischen* Krise dieser Ökonomie zu werten ist.[19]

1.2. Die akute Krise der bürgerlichen Wirtschaftstheorie und Wirtschaftspolitik

Die Entwicklungsbedingungen des kapitalistischen Wirtschaftssystems sind seit den 70er Jahren durch zum Teil neuartige Faktoren gekennzeichnet, die unter anderem auch zu den erhöhten Anforderungen der Monopolbourgeoisie an die ihren Profitinteressen adäquate Wirtschaftstheorie und staatsmonopolistische Wirtschaftspolitik geführt haben. „Eine wesentliche Komponente der veränder-

[17] Vgl. K. O. W. Müller, Theoretische Aspekte der Auseinandersetzung mit einigen neuen Entwicklungstendenzen in der bürgerlichen politischen Ökonomie, in: Wirtschaftswissenschaft, 8/1983, S. 1179.

[18] L. Maier, Hauptrichtungen und Ziele der gegenwärtigen imperialistischen Wirtschaftsstrategie, a. a. O., S. 18.

[19] Vgl. H. Meißner, Karl Marx und die Krise der bürgerlichen politischen Ökonomie, in: Wirtschaftswissenschaft, 8/1983, S. 1139/1140.

ten Reproduktionsbedingungen ist darin zu sehen", so stellen Gisela Kahl, Gerhard Speer, Götz-Dieter Friedrich und Jürgen Leibiger fest, „daß die in den 50er und 60er Jahren entwickelte Wohlfahrtsstaats-Konzeption der Regulierung der Klassenbeziehungen Anfang der 80er Jahre offen gescheitert ist."[20] Die Entwicklung des kapitalistischen Wirtschaftssystems ist in der Tat – wie in den Thesen des Zentralkomitees der SED zum Karl-Marx-Jahr 1983 festgestellt worden ist – durch eine zunehmende Labilität gekennzeichnet, die ihrerseits ein Ausdruck jener spezifischen Verflechtung von allgemeiner und zyklischer Krise des Kapitalismus ist, die einen neuen Abschnitt der allgemeinen Krise des Kapitalismus einleitete.[21] Die ökonomische Situation des Kapitalismus ist seit den 70er Jahren unter anderem dadurch gekennzeichnet, daß die kapitalistische Weltwirtschaft von tiefsten und langwierigsten Erschütterungen seit dem Ende des zweiten Weltkrieges erfaßt wurde.[22]

In den 70er Jahren vollzog sich eine besondere Vertiefung der allgemeinen Krise des Kapitalismus, die sich durch neue Momente in der Entfaltung ihrer einzelnen Grundzüge auszeichnet.[23] Neben vielen anderen zu beobachtenden Erscheinungen nahmen in jener Zeit sowohl die innere Labilität der industriell entwickelten kapitalistischen Länder wie auch die Widersprüche zwischen den einzelnen Machtzentren der imperialistischen Welt beträchtlich zu. Die Grenzen der Regulierung des kapitalistischen Wirtschaftssystems durch den Monopolprofit und Monopolpreis werden jetzt auch im internationalen Maßstab immer offensichtlicher.[24]

Als Erscheinungsformen des Grundwiderspruchs des Kapitalismus bestehen spezifische Entwicklungsbedingungen des gegenwärtigen Kapitalismus unter anderem in der langfristig wirkenden Abschwächung der Kräfte des Wirtschaftswachstums, einschließlich der damit einhergehenden Belastungen für die Kapitalverwertung, in der Verschlechterung der Ressourcenbedingungen, in den sich zuspitzenden Konflikten innerhalb der zwischenimperialistischen Beziehungen selbst, in der neuen Qualität der Verflechtung aller Teile der kapitalistischen Wirtschaft, insbesondere im Hinblick auf den Übergang von der interindustriellen zur intraindustriellen Arbeitsteilung, und nicht zuletzt in der Zuspitzung der Klassenantagonismen, wie sie in der Zuspitzung des sozialen Klimas insbesondere auf dem Hintergrund der bereits langandauernden Massen-

20 G. Kahl/G. Speer/G.-D. Friedrich/J. Leibiger, Die staatsmonopolistische Regulierung des wissenschaftlich-technischen Fortschritts – Theoriebestandteil der Hauptrichtungen der monopolbourgeoisen politischen Ökonomie, in: Die staatsmonopolistische Regulierung des wissenschaftlich-technischen Fortschritts, hg. von der Friedrich-Schiller-Universität Jena, Jena 1984, S. 11.

21 Vgl. Thesen des Zentralkomitees der SED zum Karl-Marx-Jahr 1983, Berlin 1982, S. 25.

22 Vgl. ebenda, S. 25/26.

23 Vgl. Politische Ökonomie des Kapitalismus. Lehrbuch, a. a. O., S. 541.

24 Vgl. ebenda, S. 542.

arbeitslosigkeit zum Ausdruck kommen.[25] Diese veränderten Entwicklungsbedingungen gestalten sich noch zusätzlich dadurch komplizierter, daß seit Ende der 70er Jahre unter der Führung und dem Druck des USA-Imperialismus zur Hochrüstungspolitik übergegangen worden ist. Aus all dem resultiert, daß angesichts der äußerst komplizierten ökonomischen und politischen Probleme die staatsmonopolistische Regulierung und die sie theoretisch abstützenden staatsmonopolistischen Regulierungstheorien einen erhöhten Stellenwert erhalten.

Die staatsmonopolistische Regulierung als ein Wesenszug des heutigen Kapitalismus befindet sich derzeit in einer tiefgreifenden, akuten Krise. Marxistische Ökonomen sind bestrebt, das Wesen dieser Krise zu bestimmen. Einigkeit im hohen Maße besteht über ihre Erscheinungsformen. Die Ursachen sind zweifellos auch in folgenden Faktoren zu suchen:

1. In der kapitalistischen Wirtschaft haben sich seit den 70er Jahren die Verwertungs- und Reproduktionsbedingungen so einschneidend verändert, daß der sich daraus ergebende notwendige tiefgreifende Prozeß des Strukturwandels in den Volkswirtschaften mit den bisherigen Formen und Methoden der staatlichen Regulierung nicht eingeleitet werden konnte. Die Stagnation der Kapitalakkumulation seit der Krise 1974/1975 ist ein Symptom für die Ohnmacht des traditionellen regulierungspolitischen Instrumentariums.

2. Die nationalstaatlich begrenzte staatsmonopolistische Wirtschaftspolitik stößt im Prozeß der beschleunigten Internationalisierung des monopolistischen Kapitalverhältnisses zunehmend auf die ihr durch die regulierungspolitische Macht der internationalen Monopole gesetzten Schranken, ganz abgesehen davon, daß sich die Widersprüche innerhalb der internationalen Arbeitsteilung in der kapitalistischen Weltwirtschaft selbst zuspitzen.

Zu den hauptsächlichen Widersprüchen der sich weiter herausbildenden staatsmonopolistischen Integration sind die Widersprüche zwischen den privaten Monopolgruppierungen auf der einen und den einzelnen Staaten sowie Integrationsorganen auf der anderen Seite zu zählen. Im einzelnen bedeutet dies folgendes: „Monopole, Staaten und Integrationsorgane sehen zwar gemeinsam ihr Ziel in der Festigung der kapitalistischen Ordnung und in der Verbesserung der Verwertungsbedingungen für das Finanzkapital. Interessendivergenzen entwickeln sich aber im Mechanismus ihres Zusammenwirkens, da das Handeln der Monopole und des Einzelkapitals überwiegend durch ihre unmittelbaren Profitinteressen, also vor allem durch kurzfristige Interessen, bestimmt wird. Das Handeln der Staaten und der Integrationsorgane wird dagegen vorwiegend durch die Sicherung der Profitbedingungen in den einzelnen Ländern oder der Gesamtgruppierung, also vergleichsweise durch ihre längerfristigen Interessen, zu denen auch Aufgaben gesamtgesellschaftlicher

[25] Vgl. L. Maier, Wirtschaftsstrategische Probleme des Kapitalismus der 80er Jahre, in: IPW-Berichte, 6/1982, S. 1.

Natur gehören, geprägt. Der fortschreitende Integrationsprozeß führt dazu, daß die Monopole durch vermehrte Expansionschancen (und staatliche Förderung) einen bedeutenden Machtzuwachs erreichen, während die Staaten durch den Abbau innerer Zölle usw. gewisse Instrumente zur Einwirkung auf die wirtschaftliche Entwicklung einbüßen und die Koordinierung der Wirtschaftspolitik zwischen den Integrationspartnern sowie der Einsatz überstaatlicher Hebel und Instrumente hinter den Erfordernissen weit zurückbleiben. Die Monopole haben dadurch größere Möglichkeiten – wenn es ihren Profitinteressen entspricht –, staatliche oder überstaatliche Regulierungsmaßnahmen zu unterlaufen. Die Disproportionalität in der Entwicklung der verschiedenen Elemente des Integrationsmechanismus hat somit eine Verstärkung der spontanen Kräfte zur Folge. Sie äußert sich in anwachsenden Disproportionen zwischen den Zweigen, regionalen Fehlentwicklungen und verschärften sozialen Konflikten."[26]

3. Im Rahmen der sich generell verschlechternden ökonomischen und sozialen Situation in den kapitalistischen Ländern erhält die staatsmonopolistische Regulierung für die Regulierung der Klassenbeziehungen einen erhöhten Stellenwert. Mit den bislang angewandten Instrumentarien und Methoden kann dem nur ungenügend entsprochen werden. Frühere Ansätze in dieser Richtung, beispielsweise in der BRD die sogenannte konzertierte Aktion, sollen in gewandelter Form reaktiviert werden. Zugleich ergeben sich aus der wachsenden internationalen Organisiertheit des Monopolkapitals neue Bedingungen in den Klassenauseinandersetzungen. Für den Kampf der Arbeiterklasse leitet sich unter anderem daraus ab, daß sie in weitaus stärkerem Maße als früher mit dem Problem konfrontiert wird, „daß wachsende Zentralisation der Ausbeutung nicht mit gleichlaufender Zentralisation der Ausgebeuteten, sondern mit deren territorialer Distanzierung verbunden ist – und zwar in einer internationalen Dimension"[27].

Da die Wirtschaftspolitik des imperialistischen Staates im Rahmen der staatsmonopolistischen Regulierung auch zukünftig eine wichtige Rolle spielen wird, könnte man die Krise der staatsmonopolistischen Regulierung auch dahingehend in einem ihrer wesentlichen Aspekte charakterisieren, daß sie die zunehmende Diskrepanz beinhaltet „zwischen den schnell wachsenden Mitteln, die der imperialistische Staat für die Steuerung des kapitalistischen Reproduktionsprozesses einsetzt, und den Wirkungen, die weitgehend von den gesetzten Zielen staatsmonopolistischer Wirtschaftspolitik abweichen. Die staatsmonopolistische Regulierung ist selbst zu einer Quelle chronischer Krisenerscheinungen . . . geworden."[28]

Konkret bedeutet dies unter anderem folgendes: Seit Mitte der 70er Jahre ist

[26] Politische Ökonomie des Kapitalismus. Lehrbuch, a. a. O., S. 619.

[27] Ebenda, S. 631.

[28] O. Reinhold, Die ökonomische und politische Krise des Imperialismus, in: Einheit, 10/1978, S. 1055.

das Thema „Krise der Wirtschaftspolitik" mehr und mehr in das Zentrum der wirtschaftstheoretischen und wirtschaftspolitischen Diskussion unter den bürgerlichen Ökonomen selbst geraten.[29] Aus ihrer, die Probleme allerdings verengenden Sicht spitzt sich die Krise der staatsmonopolistischen Regulierungspolitik dahingehend zu, daß einerseits die regulierungspolitischen Anforderungen an den Staat immer höher werden, er aber bei Nichtantastung des Privateigentums an den Produktionsmitteln nur indirekt, in der Hauptsache nur über die Ausnutzung der Staatsfinanzen intervenieren kann. Hier stößt der kapitalistische Staat nun mehr und mehr auf die Grenzen der fiskalischen Abschöpfungsmöglichkeiten inclusive der defizitären Haushaltspolitik.[30] Bürgerliche Ökonomen erkennen mittlerweile auch, daß das imperialistische System mit einer chronischen Finanzkrise konfrontiert ist. Dies bedeutet, daß für das nach wie vor entscheidende Steuerungsinstrument, also die Staatsfinanzen, die regulierungspolitischen Möglichkeiten weitgehend ausgeschöpft sind. Das Schlagwort „Krise des Steuerstaates" reflektiert zum Teil jenen objektiven Prozeß im gegenwärtigen Imperialismus, der die Krise der Staatsfinanzen umfaßt.[31]

Auf einer der letzten Tagungen des „Vereins für Socialpolitik", der führenden ökonomischen Gesellschaft in der BRD, zu dem Thema: „Krise des Steuerstaates"[32] wurden die Grenzen der fiskalischen Regulierung in der BRD offen eingestanden und ein Wandel in der Staatsfinanzierung gefordert. Dabei wird der Konsolidierung der Staatsfinanzen der Vorrang vor kreditfinanzierten Beschäftigungsprogrammen eingeräumt. Überhaupt wird derartigen Konjunkturprogrammen mit Skepsis begegnet. Das Ergebnis dieser Tagung wurde in dem Satz zusammengefaßt, „daß das finanzpolitische Axiom, eine zusätzliche öffentliche Verschuldung sei bei jedwedem gesamtwirtschaftlichem Nachfragemangel die beste Therapie, mittlerweile viel von seiner Überzeugungskraft eingebüßt hat"[33]. Es ist nicht zu übersehen, daß hier unter dem Deckmantel angeblich instrumentaler Unzulänglichkeiten eine Polemik gegen Beschäftigungsprogramme und andere sozialstaatliche Maßnahmen geführt wird, die den berechtigten Forderungen der Arbeiterklasse entsprechen würden.

Das Währungssystem, unter instrumentalem Aspekt ebenfalls von grundlegender Bedeutung für die staatliche Wirtschaftspolitik, ist im gleichen Maße wie die Staatsfinanzen von einer chronischen Krise befallen. In der Aufgabe des kapitalistischen Weltwährungssystems von Bretton-Woods Anfang der 70er Jahre dokumentierte sich unübersehbar der tiefgreifende Krisenzustand des kapitalistischen Währungssystems. Alle Versuche, einen adäquaten Ersatz für das Bretton-Woods-Abkommen zu finden, sind bisher gescheitert.

Bereits diese zwei Einzelbeispiele von prinzipieller Bedeutung demonstrieren

29 Vgl. D. B. Simmert (Hrsg.), Wirtschaftspolitik – kontrovers, Köln 1980, S. 9.
30 Vgl. H. Markmann/D. B. Simmert, Krise der Wirtschaftspolitik, Köln 1978, S. 11.
31 Vgl. Thesen des Zentralkomitees der SED zum Karl-Marx-Jahr 1983, a. a. O., S. 25.
32 Vgl. Krise des Steuerstaates?, in: Wirtschaftswoche (Düsseldorf), 42/1982, S. 80.
33 Ebenda, S. 87.

die Ohnmacht der staatsmonopolistischen Wirtschaftspolitik. Sie ist nicht in der Lage, der Labilität des kapitalistischen Wirtschaftssystems wirkungsvoll entgegenzuwirken.

Auf der 9. Tagung des Zentralkomitees der SED, die im November 1984 stattfand, wurde im Bericht des Politbüros unter anderem betont, daß „die Perspektive einer baldigen neuen Krise . . . um so wahrscheinlicher (ist), als nicht nur die seit Jahren andauernden Strukturkrisen in der Eisen- und Stahlindustrie, im Schiffbau und anderswo sich immer mehr zuspitzen, sondern auch eine spezielle Krise auf dem Finanzsektor ausgebrochen ist"[34].

Zur Diagnose der Krisensituation in der kapitalistischen Weltwirtschaft vom Anfang der 80er Jahre verweisen bürgerliche Ökonomen im allgemeinen auf die „anhaltend hohe Arbeitslosigkeit, wieder anziehende Inflationsraten, Turbulenzen an der Währungsfront, rasch zunehmende Verschuldung des Staates, nicht zuletzt auf Grund neuer Technologien und sich rasch ändernder weltwirtschaftlicher Arbeitsteilung, immer deutlicher auftretende Strukturprobleme, Konsequenzen eines erwachten Umweltbewußtseins in den Industrieländern und schließlich das politisch immer brisanter werdende Nord-Süd-Gefälle"[35]. Damit ist für die staatsmonopolistische Regulierung in theoretischer und praktischer Hinsicht ein Aufgabenfeld artikuliert worden, das ihre bisherigen Dimensionen weit übersteigt. Seit Beginn der 80er Jahre ist in Abhängigkeit von dieser „neue(n) Dimension der wirtschaftlichen und politischen Instabilität der westlichen Demokratien"[36] die Diskussion unter den bürgerlichen Ökonomen und Wirtschaftspolitikern bei ihrer Suche nach Auswegen aus dieser Krise durch „ein facettenreiches, differenziertes, und vor allem auch widersprüchliches Bild der Wirtschaftstheorie und Wirtschaftspolitik"[37] gekennzeichnet. Hierin drückt sich in konkret-historischer Weise der als ein Krisenmerkmal der bürgerlichen politischen Ökonomie charakterisierte objektive Prozeß ihres Zerfalls und die weitere Differenzierung der früher relativ einheitlichen und stabilen bürgerlichen politischen Ökonomie aus.[38] Durch den von den beiden amerikanischen Ökonomen Daniel Bell und Irving Kristol veröffentlichten Sammelband „Die Krise in der Wirtschaftstheorie" wird dies in eindrucksvoller Weise wiederum dokumentiert.[39] Alle in dieser Publikation zu Worte kommenden Autoren akzeptieren die Tatsache, „daß der Konsens in der Wirtschaftstheorie zerbrochen ist. Jeder verfolgt ein anderes Anliegen."[40] Der bis in die Gegenwart andauernde

[34] Aus dem Bericht des Politbüros an die 9. Tagung des Zentralkomitees der SED, Berichterstatter: E. Honecker, Berlin 1984, S. 17/18.

[35] D. B. Simmert (Hrsg.), Wirtschaftspolitik – kontrovers, a. a. O., S. 9.

[36] Ebenda. [37] Ebenda, S. 24.

[38] Vgl. H. Meißner (Hrsg.), Geschichte der politischen Ökonomie. Grundriß, Berlin 1985, S. 743.

[39] Vgl. D. Bell/I. Kristol (Hrsg.), Die Krise der Wirtschaftstheorie, Berlin(West) – Heidelberg – New York – Tokio 1984.

[40] Ebenda, S. XIII.

Streit unter den bürgerlichen Ökonomen um die „beste" Wirtschaftstheorie zur Fundierung der als effektivste Variante angesehenen Form staatlicher Wirtschaftspolitik ist mit der Artikulierung neuartiger Lösungsansätze zur Überwindung des Krisenzustandes der bürgerlichen politischen Ökonomie verbunden. Dies wird im folgenden Kapitel ausführlicher zu zeigen sein. Gleich welchen Charakter diese Lösungsvorschläge jedoch im einzelnen haben – oder noch haben werden –, die sich hierauf stützende staatliche Wirtschaftspolitik setzt das Wirken der objektiven ökonomischen Gesetze des Kapitalismus nicht außer Kraft.[41] Hier liegen ihre Grenzen. Die staatliche Wirtschaftspolitik als Teil der staatsmonopolistischen Regulierung ist auch deshalb immer konfliktgeladen, weil sie mit den von den Monopolen, insbesondere von den internationalen Monopolen, entwickelten individuellen Profitstrategien in Widerspruch geraten kann und auch gerät. Es ist jedoch darauf zu verweisen, daß staatliche und privatmonopolistische Regulierung nicht völlig unabhängig voneinander sind. In speziell wirtschaftstheoretischer Hinsicht ist vor allem die Diskussion unter den bürgerlichen Ökonomen um Fragen des Wettbewerbs, der Konkurrenz und des Monopols, der Marktgestaltung u. ä., wie sie beispielsweise in neuerer Zeit von Ökonomen wie Michael Tolksdorf[42] getragen wird, von prinzipieller Bedeutung.

[41] Vgl. Aktuelle Probleme der staatsmonopolistischen Regulierung, in: IPW-Berichte, 10/1981, S. 2.

[42] Vgl. M. Tolksdorf, Kartelle und Konzerne. Soziale Marktwirtschaft am Ende?, Berlin(West) 1981; ders., Multinationale Konzerne, Berlin(West) 1982.

KAPITEL 2

Die Hauptrichtungen der gegenwärtigen bürgerlichen Wirtschaftstheorie

Die Hauptrichtungen bürgerlicher politischer Ökonomie in ihrer Bedeutung für die gegenwärtige staatliche Regulierungspolitik können nur ausgehend vom Wesen des staatsmonopolistischen Kapitalismus analysiert werden, welches *„in der Weiterentwicklung des Monopols in Gestalt der Verschmelzung der Macht der Monopole mit der Macht des Staates zu einer einheitlichen Macht im Interesse höchster Monopolprofite, der imperialistischen Herrschaftssicherung, der Expansion und der Aggression"*[1] besteht. Diese Verschmelzung ist als ein dialektischer, widersprüchlicher Prozeß zu charakterisieren, der sowohl der Absicherung der höchstmöglichen Profite für die Monopole einerseits, andererseits aber auch der Stabilisierung und Sicherung des imperialistischen Systems als Ganzem zu entsprechen hat. Dabei kann der imperialistische Staat im übergeordneten Interesse der Systemsicherung durchaus auch wirtschaftspolitische Aktivitäten *gegen* das *privat*monopolistische Profitinteresse einzelner Gruppen der Monopolbourgeoisie durchsetzen.

Die bürgerliche politische Ökonomie unter den Bedingungen des staatsmonopolistischen Kapitalismus konzentriert sich in beiden Hauptrichtungen auf die politökonomische Untersuchung jenes staatsmonopolistischen Funktionsmechanismus, der diesen Bedingungen im heutigen Kapitalismus entspricht.[2] Sie wird also mit den Widersprüchen zwischen privatmonopolistischer und staatlicher Regulierung konfrontiert. Diesen Widersprüchen entsprechen in gewisser Weise die *zwei* Hauptströmungen in der gegenwärtigen bürgerlichen politischen Ökonomie, die im folgenden kritisch zu analysieren sind. Zuvor ist dieser Untersuchung eine *generalisierende* Einschätzung dieser beiden Richtungen voranzustellen, die von den marxistischen Ökonomen Günter Fabiunke und Peter Thal in anschaulicher Weise, das Problem zuspitzend darstellend, erarbeitet worden ist. Sie schreiben hierzu: „Doch versuchen wir zunächst, die theoretische Akzentsetzung der beiden Strömungen bürgerlichen ökonomischen Denkens in der Gegenwart näher zu umreißen. Grob gesagt, fordert die eine regulierende Eingriffe des Staates in die Wirtschaft (auf Basis der freien Verfü-

[1] Politische Ökonomie des Kapitalismus. Lehrbuch, Berlin 1980, S. 554.

[2] Vgl. G. Fabiunke/P. Thal, Geschichte der politischen Ökonomie. Leitfaden, 2., überarb. Aufl., Berlin 1981, S. 108/109.

gungsgewalt der Kapitalisten über die Produktionsmittel), und die andere fordert die freie Entfaltung der auf den Markt ausgerichteten Unternehmerinitiative (auf der Basis der vom Staat gesetzten Rahmenbedingungen). Die eine ist mehr oder weniger ‚dirigistisch' orientiert und befürwortet die Wirtschaftsprogrammierung (im Rahmen der ‚Marktwirtschaft'), die andere ist mehr oder weniger ‚liberalistisch' orientiert und befürwortet die autonome Marktlenkung (im Rahmen globaler staatlicher Vorgaben). Diese wenig präzise Begriffsbestimmung ist nichts anderes als ein Zeichen für das permanente Schwanken, dem die bürgerliche Ökonomie selbst und mit ihr fast jeder einzelne bürgerliche Ökonom ausgesetzt ist."[3] Zu Recht sprechen beide auch von einer *Antinomie* zwischen „staatlichem Dirigismus" und „marktwirtschaftlicher Steuerung", die die bürgerliche politische Ökonomie objektiv, weil aus dem Wesen des staatsmonopolistischen Kapitalismus resultierend, nicht zu überwinden vermag.[4] Damit sind ihrer Praktikabilität für die theoretische Fundierung der staatsmonopolistischen Wirtschaftspolitik prinzipiell enge Grenzen gesetzt. Wenn in diesem Kontext darauf verwiesen wird, daß „keine der beiden Strömungen . . . imstande (ist), der staatsmonopolistischen Wirtschaftspolitik eine wirksame Antwort zu geben, wie das sogenannte *magische Viereck,* d. h.

- Sicherung der Vollbeschäftigung
- Sicherung eines stetigen Wirtschaftswachstums
- Sicherung der Geldwert- und Preisstabilität
- Sicherung eines Zahlungsbilanzgleichgewichts

zu beherrschen wäre"[5], so kann dem nur zugestimmt werden.

In den folgenden beiden Abschnitten soll auf die Hauptströmungen in der gegenwärtigen bürgerlichen politischen Ökonomie näher eingegangen werden.

2.1. *Der Keynesianismus – Krise und aktuelle Rettungsversuche*

Wie Karl Marx historisch und logisch nachwies, ist die gegenwärtige bürgerliche Ökonomie die letzte Stufe eines Verfallsprozesses, der mit dem Übergang in die „ein für allemal entscheidende Krise"[6] zu Beginn der 30er Jahre des 19. Jahrhunderts einsetzte. In Abhängigkeit von den sich in ihrer konkret-historischen Form wandelnden Anforderungen der Bourgeoisie an *ihre* politische Ökonomie, und zwar sich wandelnd in dem Sinne, daß zu einem bestimmten Zeitpunkt auf der Basis der sich vollziehenden Herausbildung des staatsmonopolistischen Kapitalismus die Wirtschaftspolitik des imperialistischen Staates eine ihr adäquate wirtschaftstheoretische Fundierung verlangte, kommt es zur

[3] Ebenda, S. 110.
[4] Vgl. ebenda, S. 113.
[5] Ebenda.
[6] K. Marx, Das Kapital. Erster Band, in K. Marx/F. Engels, Werke (im folgenden MEW), Bd. 23, Berlin 1962, S. 20.

Herausbildung von staatsmonopolistischen Regulierungstheorien, die historisch zunächst im Keynesianismus ihren prononcierten Ausdruck finden.

Der *Keynesianismus*, jene in den 30er Jahren unseres Jahrhunderts konzipierte und propagierte Lehre des englischen Ökonomen und Politikers John Maynard Keynes (1883–1946), unterschied sich von allen anderen zeitgenössischen bürgerlichen politökonomischen Lehren dadurch, daß er aus bürgerlicher Sicht den umfassenden Versuch darstellt, „das staatsmonopolistische Wirtschaftssystem, das durch tiefe Widersprüche und Krisen erschüttert ist, unter Beibehaltung seiner ökonomischen und politischen Grundlagen durch die Ausarbeitung und theoretische Untermauerung eines Systems staatsmonopolistischer Maßnahmen vor dem Untergang zu retten und lebendig zu erhalten"[7]. Dieses Lehrsystem hat in der kapitalistischen Welt, wenn auch national unterschiedlich nuanciert, auf der Basis seiner permanenten Anpassung an die sich wandelnden konkreten Bedingungen der Kapitalverwertung von der ersten bis zur gegenwärtigen Etappe der allgemeinen Krise des Kapitalismus, weite Verbreitung gefunden. Dieser Anpassungsprozeß des Keynesianismus an die geänderten Bedingungen in der kapitalistischen Wirtschaft ging mit einem Modifizierungs- und Wandlungsprozeß des Keynesianismus von einem derartigen Ausmaß und einer solchen Tiefe einher, daß heute vom *Neokeynesianismus* gesprochen werden muß.[8]

Der Keynesianismus oder Neokeynesianismus erreichte hinsichtlich seines ideologischen und wirtschaftspolitischen Einflusses, also im Hinblick auf die Erfüllung der zwei Grundfunktionen der heutigen bürgerlichen politischen Ökonomie,[9] in der ersten Hälfte der 70er Jahre seinen Höhepunkt. In diesem Kontext charakterisierte das Mitglied des Politbüros des Zentralkomitees der SED, Kurt Hager, auf der Gesellschaftswissenschaftlichen Konferenz des ZK der SED im Dezember 1983 die damalige Situation wie folgt: „Längere Zeit hatten Wirtschaftstheoretiker und Wirtschaftspolitiker in den Ländern des staatsmonopolistischen Kapitalismus geglaubt, durch staatliche Förderung der Kapitalverwertung, des Wirtschaftswachstums, durch ein System staatsmonopolistischer Maßnahmen, wie es vor allem Verfechter der Keynesschen Wirtschaftstheorie angeregt hatten, die wirtschaftliche Entwicklung wirksam beeinflussen zu können."[10]

7 H. Meißner (Hrsg.), Geschichte der politischen Ökonomie. Grundriß, Berlin 1985, S. 501.

8 Vgl. K. O. W. Müller, Neokeynesianismus, Kritische Untersuchungen einer modernen staatsmonopolistischen Wirtschaftslehre, Berlin 1974.

9 Zur neueren kritischen Analyse dieser zwei Grundfunktionen vgl.: K. Müller, Zu den Grundfunktionen der bürgerlichen politischen Ökonomie, in: Wirtschaftswissenschaft, 5/1984, S. 692.

10 K. Hager, Gesetzmäßigkeiten unserer Epoche – Triebkräfte und Werte des Sozialismus. Rede auf der Gesellschaftswissenschaftlichen Konferenz des Zentralkomitees der SED am 15. und 16. Dezember 1983 in Berlin, Berlin 1984, S. 22.

Spätestens seit Mitte der 70er Jahre sind die engen Grenzen und Möglichkeiten dieser Theorie und der darauf beruhenden staatlichen Wirtschaftspolitik für jedermann sichtbar geworden. Seitens der marxistisch-leninistischen Kritik des Keynesianismus war es allerdings schon immer klar gewesen, daß die Lehre von Keynes weder als revolutionär noch als wissenschaftlich bezeichnet werden kann.[11] Seit der zweiten Hälfte der 70er Jahre ist nun unter den bürgerlichen Ökonomen das Thema „Krise des Keynesianismus" einer der Hauptgegenstände ihrer wirtschaftstheoretischen und wirtschaftspolitischen Diskussionen geworden. Das tiefere Verständnis dieser bis in die Gegenwart andauernden Diskussionen um Keynes, jetzt verstärkt auch im Sinne seiner Rehabilitierung geführt, setzt eine kurzgefaßte kritische Analyse dieser Wirtschaftstheorie und -politik voraus.

Keynes' Lehre, dargelegt in ihren Grundkonturen in dem in den 30er Jahren erschienenen Werk „Allgemeine Theorie der Beschäftigung, des Zinses und des Geldes"[12], läßt sich – fassen wir ihren Kern in den Kategorien der marxistisch-leninistischen politischen Ökonomie – dahingehend charakterisieren, daß sie die Frage nach den Funktionsbedingungen und -mechanismen der kapitalistischen Wirtschaft unter den Bedingungen des staatsmonopolistischen Kapitalismus erstmalig in umfassender Weise aufwarf, daß sie hierbei die unübersehbar gewordenen Schwächen bei der Beantwortung dieser spezifischen Frage bis zu Keynes' Zeiten aussprach und konkrete wirtschaftspolitische Vorstellungen entwickelte, wie im Interesse der Erhaltung des kapitalistischen Systems insgesamt den neuen Kapitalverwertungsbedingungen mit dem Übergang des Kapitalismus in sein Stadium der allgemeinen Krise entsprochen werden könnte. Keynes' Auffassung richtete sich dabei vor allem gegen die vorherrschende traditionelle bürgerliche Lehre mit ihren Idealvorstellungen von einer angeblich weiterexistierenden freien Konkurrenzwirtschaft und der Nichteinmischung des Staates in die Wirtschaft. Den zentralen Punkt in seiner theoretischen Kritik bildete dabei das Saysche Theorem[13] mit seinen wirtschaftsliberalistischen Schlußfolgerungen.

Keynes' Lehre entsprach zweifellos mehr als jede andere zeitgenössische Strömung der bürgerlichen politischen Ökonomie in der damaligen und nachfolgenden Zeit den konkret-historischen Bedingungen des staatsmonopolistischen Kapitalismus. Diese Lehre mit ihrem wirtschaftspolitischen Regulierungsanspruch avancierte während des zweiten Weltkrieges zunächst in den Ländern des angelsächsischen Sprachbereichs, nach dem zweiten Weltkrieg dann in den skandinavischen Ländern und in anderen Teilen der kapitalistischen Welt, später auch in der BRD zur vorherrschenden bürgerlichen wirtschaftstheoretischen und

[11] Vgl. K.-H. Schwank, Lord Keynes' Theorie – weder revolutionär noch wissenschaftlich, Berlin 1961.

[12] J. M. Keynes, Allgemeine Theorie der Beschäftigung, des Zinses und des Geldes, München – Leipzig 1936.

[13] Vgl. S. 44 f. der vorliegenden Arbeit.

-politischen Doktrin. Ihre regulierungspolitischen Elemente bestehen in der Nutzung der Staatsfinanzen als Hauptsteuerungsinstrument (inclusive einer defizitären Haushaltspolitik) mit dem Ziel, solch eine Höhe der gesamtwirtschaftlichen zahlungsfähigen Nachfrage zu sichern, daß über die Beeinflussung der Realisierungsphase des Nationaleinkommens ein hohes Beschäftigungsniveau im gesamtwirtschaftlichen Rahmen bestehen kann. Dabei wird von den Keynesianern die durch eine im größeren Stil betriebene defizitäre Haushaltspolitik zu erwartende *inflationäre* Entwicklung, solange diese in kontrollierten Bahnen verläuft, akzeptiert und als „Preis" für das hohe Beschäftigungsniveau angesehen. Man spricht von der „sozialen Symmetrie" von Inflation und Arbeitslosigkeit.

Die Keynessche staatliche Wirtschaftspolitik wird in erster Linie als eine antizyklisch wirkende Konjunkturpolitik betrieben. Die staatliche Haushaltspolitik (Finanzpolitik) ist dabei durch eine ebenfalls antizyklisch konzipierte und praktizierte Geld- und Kreditpolitik (als flankierende Maßnahme) abzustützen. Der Keynesianismus avancierte nach dem zweiten Weltkrieg zum allgemein anerkannten Grundkonzept der wirtschaftstheoretischen Basis für die staatliche Wirtschaftspolitik, die die Bezeichnung „Politik der Nachfrageregulierung"[14] erhielt.

Keynes' Lehre mit ihrem wirtschaftspolitischen Regulierungsanspruch des kapitalistischen Staates und der Forderung nach Absicherung eines hohen Beschäftigungsniveaus fand sofort nach ihrer Propagierung Beifall bei sozialreformistischen Kräften in den Gewerkschaften und bei den sozialreformistischen Parteien der kapitalistischen Welt. Sie wurde dann zur wirtschaftspolitischen Absicherung sozialreformistischer Programme vereinnahmt. In diesem Kontext verweist die bekannte sowjetische Expertin für Fragen der Kritik des Keynesianismus, Irina Ossadtschaja, zu Recht darauf, daß man bei der Analyse des Keynesianismus und seines derzeitigen Krisenzustandes „die verschiedenen Formen der sozialen Sicherung, Arbeitslosenhilfe, Aufwendungen für Bildung und Gesundheit usw., die im Keynesschen System der Umverteilung der Einkommen außer zur Systemsicherung auch zum Zwecke der Erweiterung der Nachfrage und der Erleichterung der Realisierungsbedingungen enthalten waren"[15], unbedingt mit zu berücksichtigen habe, wenn man verstehen will, warum die Polemik gegen diese Variante von staatsmonopolistischer Wirtschaftstheorie und Wirtschaftspolitik massiv auch aus Kreisen der bürgerlichen Ökonomen in den 70er Jahren einsetzte und bis in die Gegenwart anhält.

Während in den 60er Jahren eine staatsmonopolistische Wirtschaftspolitik betrieben wurde, die im Rahmen der imperialistischen Wirtschaftstheorie vor allem von Keynes empfohlen worden war und die eine staatliche Förderung der

14 I. M. Ossadtschaja, Die Krise des Keynesianismus und die Suche der bürgerlichen Ökonomen nach neuen Konzeptionen, in: IPW-Berichte, 12/1983, S. 9.

15 Ebenda, S. 10.

effektiven Nachfrage zur Erreichung einer möglichst stabilen wirtschaftlichen Entwicklung, ihre Finanzierung über den Staatshaushalt, auch durch Aufnahme von Staatsschulden propagierte,[16] und damit auch partielle und zeitweilige Erfolge hinsichtlich der Erweiterung der Kapitalverwertungsmöglichkeiten erreichte, so traten die regulierungspolitischen Grenzen dieser Form von staatsmonopolistischer Regulierungspolitik in den 70er Jahren immer deutlicher zutage. Die Krise des Keynesianismus in Theorie und wirtschaftspolitischer Praxis resultiert daraus, daß sich in den 70er Jahren die Reproduktionsbedingungen des Kapitals verschlechterten und die Keynesianer dieser Entwicklung weitgehend hilflos gegenüberstanden. Das von ihnen empfohlene wirtschaftstheoretische Instrumentarium reichte *objektiv* nicht mehr aus, die zunehmende Labilität der kapitalistischen Wirtschaft zu stoppen. In letzter Konsequenz sind hierin die Gründe für die Misere der Keynesschen Lehre zu suchen.

Jegliche Erklärung einer Theorienkrise aus der Entwicklung der Theorie selbst heraus wäre verfehlt. Hier gilt es ganz prinzipiell auf folgendes zu verweisen: „Das Versagen staatlicher Wirtschaftsregulierung insbesondere über die Förderung der Nachfrage, über Stimulierung der Verwertung des Monopolkapitals usw. ließ vor allem das Dilemma einer an Keynesschen Theoremen orientierten Wirtschaftspolitik erkennen. Das zeigte sich noch in anderer Hinsicht. Jahrelang hatten nicht wenige geglaubt, daß es möglich sei, entweder mit einer staatsmonopolistisch finanzierten Wirtschaftsförderung die Beschäftigungshöhe zu beeinflussen, wenn auch auf Kosten einer gewissen Inflationsrate, oder mit Hilfe einer bewußt angesteuerten höheren Arbeitslosigkeit die Inflation drosseln zu können. Die tiefe Krise in den siebziger Jahren, die Gleichzeitigkeit unter anderem von hohen Arbeitslosenraten und Inflation, diese von bürgerlicher Seite als ‚Stagflation' bezeichnete Entwicklung widerlegte auch diese Vorstellung. Die Realität zwang schließlich auch bürgerliche Theoretiker zur Anerkennung jener Tatsache, die marxistisch-leninistische Gesellschaftswissenschaftler schon lange vorher nachgewiesen hatten, daß auch der Keynesianismus, diese in der kapitalistischen Welt längere Zeit dominierende Form der politisch-ökonomischen Apologetik des staatsmonopolistischen Kapitalismus, mit seinen wirtschaftspolitischen Empfehlungen nicht in der Lage ist, die Wirkungen der objektiven ökonomischen Gesetze des Kapitalismus aufzuheben."[17]

Die konkrete Situation in den veränderten Reproduktionsbedingungen des gesellschaftlichen Gesamtkapitals in den 70er Jahren bildete zugleich aber auch den konkret-historischen Hintergrund dafür, wieder verstärkt den Bedingungen der kapitalistischen *Profitproduktion* und weniger der *Profitrealisierung* erhöhte Aufmerksamkeit zu widmen. Worum geht es hierbei dem Wesen nach? Die Erfolge der Arbeiterklasse in ihrem ökonomischen Kampf, die sie in den 50er

[16] Vgl. Politische Ökonomie des Kapitalismus. Lehrbuch, a. a. O., S. 595/596.
[17] Ebenda, S. 599.

und 60er Jahren erzielt hatten, galt es, durch erhöhte Ausbeutung, durch die intensivere Auslastung des fixen Kapitals u. ä. allmählich zu untergraben und rückgängig zu machen. Dem diente in erster Linie die Politik des rigorosen Sozialabbaus, eine Politik, die sich voll und ganz einordnet in den größeren Rahmen des seit den 70er Jahren unter der Führung des USA-Imperialismus betriebenen Konfrontationskurses. Es geht also darum, den generellen Angriff der Monopole, insbesondere der internationalen Monopole, unter der Führung der USA auf den Sozialreformismus, auf die Sozialstaatlichkeit in den kapitalistischen Ländern auch im speziell ökonomischen Bereich durchzusetzen. Hierfür bietet die Keynessche Theorie nicht die adäquate Basis. Im Gegenteil: Keynes' Lehre wird von den heutigen konservativen Kräften unter den bürgerlichen Ökonomen gelegentlich sogar als eine Politik des „Marsches in den Sozialismus" verleumdet, da dem Staat ein zu hohes Maß an regulierungspolitischer Verantwortung übertragen worden sei. Mit realem Sozialismus hat Keynes' Lehre und Wirtschaftspolitik allerdings nichts zu tun.

Für das Scheitern des Keynesianismus traten zu all dem Gesagten außerdem die Auswirkungen hinzu, die sich aus der zunehmenden Internationalisierung der ökonomischen Beziehungen in der kapitalistischen Welt ergeben haben und noch verstärkt weiter in Erscheinung treten. Dies bedeutet folgendes: In der Internationalisierung der Produktion bildet sich eine neue Qualität heraus, „deren Inhalt der Übergang von einer internationalen Arbeitsteilung *zwischen* den Industriezweigen zu einer Arbeitsteilung auch innerhalb von Industriezweigen und Produktionskomplexen ist"[18]. Damit ist die materiell-gebrauchswertmäßige Seite dieses Internationalisierungsprozesses charakterisiert; zugleich ist er auch durch die gewaltige Beschleunigung der Entwicklung der internationalen Monopole sowie durch das verstärkte Eingreifen des kapitalistischen Staates in die Außenwirtschaftsbeziehungen selbst, bis hin zur Etablierung internationaler Regulierungsmechanismen und die Bildung von regionalen Integrationsgruppierungen gekennzeichnet. Die wachsende außenwirtschaftliche Funktion des imperialistischen Staates wird zu einem Grundzug der staatsmonopolistischen Entwicklung. Daraus ergibt sich, daß die traditionellen Instrumente der staatlichen Außenwirtschaftspolitik, so zum Beispiel der Zollpolitik, „durch Regelungen in nahezu allen Bereichen der Wirtschaftspolitik ergänzt"[19] werden. Die bürgerliche Wirtschaftstheorie in ihrer Funktion als theoretische Abstützung der Wirtschaftspolitik wird also auf speziell außenwirtschaftlichem Gebiet mit einer für sie in der Tat qualitativ neuen Situation konfrontiert, auf die zu reagieren sie ihrer sozialen Aufgabe nach verpflichtet ist. Dies konnte zunächst nicht im Rahmen der Keynesschen Theorie in dem erforderlichen Maße erfolgen.

Die Keynessche Theorie und die auf dieser Grundlage entwickelte und prak-

[18] Ebenda, S. 604.
[19] Ebenda, S. 611/612.

tizierte Regulierungspolitik des kapitalistischen Staates ist ihrer ganzen Anlage nach als *nationalstaatliche* kapitalistische Wirtschaftspolitik betrieben worden. Ihre Effekte wurden aber durch die transnationalen Wirtschaftsaktivitäten unterschiedlichster Art, in erster Linie die der internationalen Monopole, immer dann unterlaufen, wenn sie deren individuellen Gruppeninteressen zuwiderliefen. In neueren Diskussionen um die regulierenden Möglichkeiten des Keynesianismus wird deshalb schwerpunktmäßig darauf verwiesen, daß diese Form staatlicher Wirtschaftspolitik in der heutigen kapitalistischen Welt nur dann effektiv sei, wenn sie die Schranken nationaler Wirtschaftspolitik überwinden könne. Daß hier der staatsmonopolistischen Regulierung besondere Schwierigkeiten erwachsen, ergibt sich daraus, daß das Gesetz der ungleichmäßigen ökonomischen und politischen Entwicklung des Imperialismus einer supranationalen staatsmonopolistischen Regulierung entgegenwirkt. Doch diesem Widerspruch hat sich die bürgerliche Ökonomie zu stellen. Das regulierende Einwirken auf die Widersprüche des kapitalistischen Reproduktionsprozesses im weltwirtschaftlichen Maßstab ist mittlerweile als eine langfristige Aufgabe auch für die bürgerliche Wirtschaftstheorie erkannt und artikuliert worden. So bestand auf dem 1983, anläßlich des 100. Geburtstages von Keynes, in Hamburg veranstalteten Symposium eine der dort vorgetragenen Hauptforderungen darin, daß „die keynesianische Politik außenwirtschaftlich abgesichert sein (muß), notfalls durch außenwirtschaftspolitische Restriktionen (Kapitalverkehrskontrollen, Importbeschränkungen etc.), am besten jedoch durch eine gemeinsame, international koordinierte Expansionspolitik der Industrieländer."[20]

Obwohl es vollauf berechtigt ist, von einem Versagen des Keynsianismus zu sprechen, er sich als nicht mehr ausreichend, gemessen an den neuen Reproduktionsbedingungen, erwies, so ist es zugleich erforderlich, die neuartigen Versuche zu seiner Rehabilitierung, einschließlich der sich hieraus ableitenden staatlichen Wirtschaftspolitik, einer kritischen Analyse zu unterziehen. Mit Nachdruck verweist die marxistische Ökonomin Gisela Kahl darauf, daß „das Versagen des keynesianistischen Steuerungsinstrumentariums nicht gleichbedeutend damit (ist), daß der keynesianistische methodologisch-theoretische Ansatz seine Relevanz für das Monopolkapital eingebüßt hat"[21]. Im folgenden sollen vor allem die in neuerer Zeit durch die Keynes-Anhänger gestalteten Rettungsversuche näher analysiert werden. Hierzu ist auch jenes bereits erwähnte Keynes-Symposium zu zählen, auf dem in umfassender Weise die Grenzen, aber auch Möglichkeiten keynesianischer Wirtschaftspolitik speziell aus sozialreformistischer Sicht ausgelotet worden sind.

Die sich auf Keynes stützende staatsmonopolistische Regulierungstheorie und

[20] M. Ernst-Pörsken, Zurück zu Keynes oder über Keynes hinaus?, in: Blätter für deutsche und internationale Politik (Köln), 1/1984, S. 103.

[21] G. Kahl, Bürgerliche Regulierungstheorien und wissenschaftlich-technischer Fortschritt, in: Die staatsmonopolistische Regulierung des wissenschaftlich-technischen Fortschritts, hg. von der Friedrich-Schiller-Universität Jena, Jena 1984, S. 79/80.

Wirtschaftspolitik hat nach wie vor ihre Anhänger. Hierzu zählen solche exponierten Ökonomen in der kapitalistischen Welt wie zum Beispiel John Kenneth Galbraith oder aber James Tobin. In der BRD sind unter anderem Wilhelm Hankel und Hans Jürgen Ramser zu jenen Ökonomen zu zählen, denen es darum geht, daß die Keynessche Theorie den veränderten Reproduktionsbedingungen in der kapitalistischen Wirtschaft der 80er Jahre angepaßt werden müsse. So bezeichnete der Nobelpreisträger Tobin in einem Interview es als „töricht von all denen, die mit seinen (Keynes' – d. A.) grundlegenden Ideen sympathisieren, am ursprünglichen Text seiner Schriften festzukleben und die in ihnen enthaltenen Theorien nicht weiterzuentwickeln"[22].

In einer Untersuchung zur staatlichen Wirtschaftspolitik in einigen kapitalistischen Industrieländern weisen Manfred Teschner und Dieter Vesper vom Deutschen Institut für Wirtschaftsforschung in Westberlin anhand neuester Untersuchungen nach, daß es nach wie vor Länder gibt, die der Keynesschen Regulierungspolitik anhängen. Sie kommen zu folgender Einschätzung: „Obwohl die kleineren Industrieländer außenwirtschaftsabhängiger sind als die größeren, schlossen sich einige von ihnen nicht dem wirtschaftspolitischen Vorgehen der Mehrheit an, sondern versuchten, durch das Festhalten an einer Politik der Nachfragesteuerung ihre Wirtschaftsentwicklung trotz von außen kommender Schocks zu glätten und die Arbeitslosigkeit so gering wie möglich zu halten. Zu ihnen gehörten neben Österreich vor allem Schweden und Belgien. Unter den größeren Industrieländern war es lange Zeit Japan, das ähnliche Versuche unternahm. Obwohl zumindest die kleineren Länder diese Politik unter erschwerten Bedingungen betrieben, sind sie nicht durchweg gescheitert, was für die übrigen Volkswirtschaften – nicht zuletzt für die BR Deutschland – durchaus bedenkenswert sein sollte."[23]

Die gegenwärtige Reaktivierung der Keynesschen Lehre versucht, ihre wirtschaftspolitische Praktikabilität zu verbessern. Dabei werden Modifikationen der keynesianischen Wirtschaftspolitik empfohlen.

Symptomatisch für den Optimismus der gegenwärtigen Keynes-Anhänger, speziell in Hinblick auf die wirtschaftspolitische Relevanz ihrer Theorie, dürfte die Auffassung des Schweizer Ökonomen Gottfried Bombach sein, der das Krisendilemma der kapitalistischen Welt in unserer Zeit als eine Art von „Keynesscher Situation" mit der großen Weltwirtschaftskrise von Ende der 20er, Anfang der 30er Jahre vergleicht. Er plädiert deshalb – ganz im Keynesschen Geist – für einen besonderen Impuls, um die kapitalistische Wirtschaft wieder in einen Aufwärtstrend zu führen. Aus seiner Analyse der gegenwärtigen Lage der kapitalistischen Weltwirtschaft zieht er folgende Konsequenzen: *„Ausweg aus dem Dilemma? Der Mangel an Investitionschancen,* den Keynes einst sah, besteht. Pyramiden brauchen wir nicht zu bauen. Die Krise, gestiegene Energie-

[22] J. Tobin, Wechsel der Strategie, in: Wirtschaftswoche (Düsseldorf), 31/1982, S. 49.
[23] M. Teschner/D. Vesper, Budgetpolitik Österreichs im internationalen Vergleich, in: Beiträge zur Konjunkturforschung, Berlin (West), 75/1983, S. 15.

kosten und Strukturwandlungen in der Nachfrage haben die Kapitalapparate veralten lassen. Die Bauwirtschaft liegt allerorts darnieder. Jetzt schafft man die *Rahmenbedingungen,* die den Unternehmern wieder Mut machen und ihnen Sicherheit bieten sollen. Reicht das aus? Ich bleibe in diesem Punkt altmodischer Keynesianer: Es kann auch zu lange dauern. Es bedarf eines *Impulses.*"[24]

Im Rahmen der gegenwärtig zu beobachtenden Rettungsversuche des Keynesianismus ist zunächst die früher propagierte Konzeption von der möglichen *Feinsteuerung* des kapitalistischen Reproduktionsprozesses durch eine die Grenzen und Möglichkeiten der staatlichen Wirtschaftspolitik realistischer bewertende Auffassung aufgegeben worden. Bombach betont hierzu durchaus berechtigt: „Die Idee der geld- und fiskalpolitischen *Feinsteuerung* der Konjunktur ist begraben . . ."[25] Damit wird der objektive Tatbestand anerkannt, daß eine detaillierte Regulierung des kapitalistischen Reproduktionsprozesses illusorisch ist unter den Bedingungen der zunehmenden Internationalisierung der Wirtschaft im staatsmonopolistischen Kapitalismus, auch weil sich die Widersprüche dieses Systems überhaupt enorm zugespitzt haben.

Die heutigen Anhänger der Lehre von Keynes versuchen vor allem unter dem Begriff „Neue Keynesianische Makroökonomik", eine Rehabilitierung des Keynesianismus zu erreichen. Das theoretische Kernstück dieses Rettungsversuches besteht im „Ungleichgewichtsansatz". Dieser Ansatz geht davon aus, daß auf den Gütermärkten nicht das Gleichgewicht, sondern das Ungleichgewicht die Regel ist. Dem ist insofern zuzustimmen, als sich unter kapitalistischen Reproduktionsbedingungen das Marktgleichgewicht selbst nur durch dessen permanente Verletzung durchsetzt. Als Keynes in seinem politökonomischen Hauptwerk den Ungleichgewichtsansatz darlegte, war dieser unter dem dominierenden Einfluß seiner Gleichgewichtstheorie von den Keynes-Anhängern allerdings nicht weiter verfolgt worden. Jetzt wird hierauf Bezug genommen.[26] Von einer derartigen, durchaus realistischen Grundposition aus – unterstellte Instabilität des kapitalistischen Reproduktionsprozesses – leitet sich die Apologetik der unmittelbaren Verantwortung des kapitalistischen Staates für den Ablauf des Reproduktionsprozesses direkt ab.

Der Grundzug der „Neuen Keynesianischen Makroökonomik" ist exemplarisch am Beispiel der wirtschaftstheoretischen Position von Tobin, einem der derzeit prominentesten Verfechter dieser Weiterentwicklung der Keynesschen Theorie, kurz zu charakterisieren.

Tobin versucht in zwei Aspekten die Keynessche Theorie attraktiver als bis-

[24] G. Bombach, Strategien im Kampf gegen die Arbeitslosigkeit. Zahlreiche Vorschläge, aber wenige Lösungen, in: Neue Zürcher Zeitung (Zürich) vom 21. 8. 1982, S. 15.

[25] Ebenda.

[26] Vgl. H. Ostleitner, Keynesianische und Keynessche Wirtschaftspolitik, in: H. Markmann/D. B. Simmert (Hrsg.), Krise der Wirtschaftspolitik, Köln 1978, S. 87.

her für staatsmonopolistische wirtschaftspolitische Überlegungen zu gestalten: Zum einen durch die Betonung des Ungleichgewichtsansatzes, zum anderen durch die Lösung des sogenannten Transmissionsproblems mittels Weiterführung der Keynesschen Portfolio-Theorie.

Tobin reiht sich in den Kreis jener bürgerlichen Ökonomen ein, die die Theorie des ökonomischen Gleichgewichts in der kapitalistischen Wirtschaft kritisieren, insbesondere im Hinblick auf ihre wirtschaftspolitische „Impotenz". Hierbei werden hinsichtlich der wirtschaftspolitischen Beeinflussung des Reproduktionsprozesses durch den kapitalistischen Staat berechtigt „ihre mangelnde Wirklichkeitsnähe, ihre empirische Leere, ihre fehlende Operationalität, ihr normativer Charakter, ihr apologetischer Zweck . . ."[27] attackiert. Daß die bürgerliche Gleichgewichtstheorie einen vulgärökonomischen Charakter hat, ist natürlich schon seit längerem von marxistischen Kritikern nachgewiesen worden.[28] Jetzt werden die Schwächen dieser Theorie auch von bürgerlichen Ökonomen offen ausgesprochen. Mit dem Rückzug auf die praktikablere Position des Ungleichgewichts konnten sie jedoch kein wirtschaftspolitisches Instrumentarium schaffen, das, den Bedürfnissen des kapitalistischen Staats entsprechend, den akuten Krisenzustand der staatsmonopolistischen Regulierungspolitik überwinden hilft. Hier setzt James Tobin nun mit der Weiterführung der Portfolio-Theorie ein.

Die *Portfolio-Theorie* versucht eine wirtschaftspolitisch-praktikable Beeinflussung der Verbindung zwischen der materiellen und finanziellen Sphäre des kapitalistischen Reproduktionsprozesses; es geht um die theoretische Durchdringung der Wirkungen von monetären Impulsen auf die real (stoff)wirtschaftlichen Prozesse. In seinen politökonomischen Auffassungen hatte Keynes selbst nur zwei Vermögensanlageformen unterschieden: zinstragende und zinslose Anlageform. Tobin unterscheidet jetzt aber Aktiva unterschiedlichen Risikos und unterschiedlicher Profitträchtigkeit. Diese Erweiterung des Keynesschen Ansatzes nähert sich zweifellos mehr als Keynes' Ausgangsposition der Realität der Kapitalverwertung an und bietet so bessere Einsichten und Ansatzpunkte für wirtschaftspolitische Maßnahmen. Über die Beeinflussung der Vermögensstruktur durch staatliche Finanzpolitik kann auch auf die Investitionstätigkeit (diese als ein Wachstumsfaktor definiert) Einfluß genommen werden. Obzwar die Tobinsche Portfolio-Analyse zweifellos mehr als Keynes' Position Einsichten mit wirtschaftspolitischer Relevanz vermittelt, besteht der Ausbau des Keynesschen Ansatzes dem Wesen nach aber doch nur in der Klärung von Details.

27 H. W. Holub, Zur Leistungsfähigkeit der Gleichgewichtstheorie für die Wirtschaftspolitik, in: H. Markmann/D. B. Simmert (Hrsg.), Krise der Wirtschaftspolitik, a. a. O., S. 76.

28 Vgl. H. Meißner, Die Entwicklung der Gleichgewichtstheorie als Ausdruck des Verfallsprozesses der bürgerlichen Ökonomie, in: Probleme der politischen Ökonomie. Jahrbuch des Instituts für Wirtschaftswissenschaften der Deutschen Akademie der Wissenschaften zu Berlin, Bd. 5, Berlin 1962.

Eine zusammenfassende Wertung der im Rahmen der „Neuen Keynesianischen Makroökonomik" entwickelten Ansätze zur Rehabilitierung und zugleich Weiterführung von Keynes zeigt also, daß diese neuen Tendenzen alles in allem einen doch nur sekundären Charakter tragen. Damit ist der Krise der staatsmonopolistischen Regulierung und der sie fundierenden bürgerlichen Wirtschaftstheorie nicht beizukommen. Die „Neue Keynesianische Makroökonomik" entspricht also von ihrem substantiellen Gehalt her nicht der neuen Dimension in der Entfaltung aller Widersprüche der kapitalistischen Weltwirtschaft, die seit Mitte der 70er Jahre herangereift und bis heute nicht überwunden ist. Selbst die großbürgerliche Frankfurter Allgemeine Zeitung betrachtet die als „Neue Keynesianische Makroökonomik" bezeichneten Rehabilitarisierungsversuche des Keynesianismus berechtigt mit Skepsis.[29] Speziell mit Blick auf ihre wirtschaftspolitische Relevanz wird die „Neue Keynesianische Makroökonomik" auch von H. J. Ramser eher mit Zurückhaltung gesehen, wenn er in einem Vortrag zu dieser Theorie auf einem wissenschaftlichen Symposium des Deutschen Instituts für Wirtschaftsforschung das Fazit zieht: „Das Resümee kann nur lauten, daß die NKM (Neue Keynesianische Makroökonomik – d. A.) bzw. der ‚Ungleichgewichtsansatz' in der makroökonomischen Theorie vorläufig zumindest weder ‚neue' wirtschaftspolitische Instrumente anzubieten hat noch eine radikal neue Einschätzung der Wirksamkeit traditioneller Instrumente veranlaßt."[30] Ramser verweist zugleich darauf, daß solange, bis „echte Fortschritte in der makroökonomischen Theorie" zu erwarten sind, in „der Zwischenzeit . . . ein um die Beseitigung einiger gravierender Mängel verbesserter ‚Ungleichgewichtsansatz', wie er in diesem Beitrag skizziert wurde (hier bezieht sich Ramser auf seinen Vortrag – d. A.), durchaus gute Dienste leisten (kann). Er ist auf jeden Fall theoretisch besser fundiert als die Makroökonomik gängiger Lehrbücher, ohne deswegen unübersichtlich oder inoperationell zu werden."[31]

Die Anhänger der Lehre von Keynes unternehmen, speziell in jüngster Zeit, über die bisher dargestellten Rettungsversuche hinaus Anstrengungen zur Abwendung der dieser Lehre anhaftenden Schranken hinsichtlich ihrer nur *nationalstaatlichen* wirtschaftspolitischen Orientierung. Dem Keynesianismus sollen auf diesem Gebiet neue Möglichkeiten seiner wirtschaftspolitischen Realisierung eröffnet werden. Die Grenzen des Keynesianismus in diesem Punkte sind klar erkannt und auch bereits Lösungsvorschläge zu ihrer Überwindung unterbreitet worden. Beispielsweise ging der dem Keynesianismus anhängende BRD-Ökonom Wilhelm Hankel in seinem Referat auf der Universitätswoche 1983 der Stadt Minden sogar soweit, daß er Keynes selbst die Erkenntnis der nur na-

[29] Vgl. Was leisten die neuen Keynesianer?, in: Frankfurter Allgemeine Zeitung (Frankfurt a. M.) vom 30. 7. 1982, S. 4.

[30] H. J. Ramser, Theoretische und politische Aspekte makroökonomischer Ungleichgewichtskonzeptionen, in: Vierteljahreshefte zur Wirtschaftsforschung, Berlin (West), 4/1982, S. 455/456.

[31] Ebenda, S. 456.

tionalstaatlich begrenzten Wirksamkeit seiner Wirtschaftspolitik zuerkannte. Er begründete dies nicht ganz unberechtigt damit, daß Keynes nach der Veröffentlichung seines politökonomischen Hauptwerkes (1936) mit seinen Vorschlägen für eine internationale Clearing-Union (1943) eine nationale Vollbeschäftigungspolitik überhaupt erst *weltwirtschaftlich* abgesichert sehen wollte.[32]

Hankel verweist damit auf einen wichtigen Aspekt im Keynesschen Lehrsystem, da in der Tat die angestrebten nationalstaatlichen wirtschaftspolitischen Effekte durch transnationale Aktivitäten – in erster Linie ist hierbei heutzutage an die Machenschaften der internationalen Monopole zu denken – aufgehoben werden können. Von den gegenwärtigen Keynes-Adepten wird die internationale Absicherung der Keynesschen staatlichen Wirtschaftspolitik als unabdingbarer Bestandteil dieser Politik propagiert. Dabei tritt die Forderung nach einem koordinierten Vorgehen der wichtigsten kapitalistischen Industrieländer in der Wechselkurs- und Zinspolitik verstärkt in den Vordergrund.[33] Die Diskussionen um die US-Hochzinspolitik auf höchster politischer Ebene unterstreichen den hohen Stellenwert dieses Problems. Diese wirtschaftspolitische Empfehlung an die nationalen Regierungen der kapitalistischen Hauptländer ist insofern zu beachten, als durch eine im kapitalistischen Weltwirtschaftssystem international abgestimmte Finanz- und Geldpolitik in der Tat der Spielraum für nationalstaatliche Regulierungspolitik erweitert werden könnte. Das sich dahinter verbergende Problem besteht allerdings darin, inwieweit die objektiv bestehende interimperialistische Rivalität dem monopolistischen Interesse nach überregionaler Regulierung der kapitalistischen Weltwirtschaftsbeziehungen untergeordnet werden kann. Die Wirtschaftstheoretiker verweisen mit Nachdruck auf dieses Erfordernis zur Stabilisierung der kapitalistischen Weltwirtschaft. Das gilt zum Beispiel auch für das Resümee, das 1983 in einer gutachterlichen Untersuchung im Auftrage des österreichischen Bundesfinanzministeriums gezogen wurde. Dort heißt es zu diesem Aspekt: „Zur Herbeiführung eines anhaltenden Wirtschaftsaufschwungs wäre es daher notwendig, daß die Wirtschaftspolitik in den Industrieländern (der kapitalistischen Welt – d. A.) selbst auf eine ausreichende Nachfrageexpansion mit Mitteln der Finanz- und Geldpolitik hinwirkte. Dabei sollten sich zumindest die führenden Länder zu einer gemeinsamen Aktion zusammenfinden, damit außenwirtschaftliche Schwierigkeiten soweit wie möglich vermieden werden, in die die Länder bei nationalem Alleingang mit hoher Wahrscheinlichkeit geraten würden."[34]

32 Vgl. W. Hankel, Hat der Keynesianismus ausgespielt? Möglichkeiten der Wirtschaftssteuerung in der Krise, in: Mindener Gespräche, hg. von G. Voswinkel im Auftrag der Stadt Minden, Bd. 1: Die wirtschaftliche Dauerkrise – Krise des marktwirtschaftlichen Systems oder vorübergehende Erscheinung, Minden o. J. (1983), S. 25.

33 Vgl. ebenda, S. 27/28.

34 M. Teschner/D. Vesper, Bugetpolitik Österreichs im internationalen Vergleich, a. a. O., S. 14.

Von den gegenwärtigen Verfechtern der Keynesschen Lehre wird mit ihrem Verweis auf die notwendige internationale Abstimmung der Keynesschen Wirtschaftspolitik offensichtlich jenem Faktum im Reproduktionsprozeß der kapitalistischen Weltwirtschaft Rechnung getragen, nach dem sich mit der Wiederherstellung einer annähernden Synchronität im Ablauf der nationalen Krisenzyklen seit den 70er Jahren ein einzelnes kapitalistisches Land kaum noch auf Kosten eines anderen Landes in konjunktureller Hinsicht sanieren kann. Der in den 70er Jahren vollzogene Übergang zur Politik der floatenden Währungskurse verhindert nationalstaatliche wirtschaftspolitische Vorteile, denn „es kann sich also kein Land mehr gegen die von anderen Ländern und ihren Währungen ausgehenden Wechselkurs- und Zinsschocks abschirmen. Und es kann auch kein Land gegen das andere außenwirtschaftliche Vorteile erzielen."[35] Von diesem Mechanismus ist allerdings die US-amerikanische Währung ausgeklammert, da der US-Dollar in der kapitalistischen Weltwirtschaft die Funktion der Leitwährung erfüllt. Daraus resultiert zwangsläufig, daß dann „folgerichtig auch dessen teilweise von den anderen Währungen selbst in die Höhe getriebener Wechselkurs und sein Zinsniveau (bestimmt), welche Wachstums- und Beschäftigungsspielräume, aber auch welche wirtschaftspolitischen Freiheitsgrade alle übrigen Wirtschaftspartner noch haben"[36]. Diese exponierte und den Verlauf der kapitalistischen Weltwirtschaft von währungspolitischer Seite gravierend beeinflussende Stellung des US-Dollars untergräbt damit die international konzipierte Keynessche staatliche Wirtschaftspolitik, da diese eine Art von übernationaler Weltbank voraussetzt, die unabhängig von den nationalen Banken operiert, und „mit ihren Reservezuteilungen an die beteiligten nationalen Notenbanken diesen eine nachfragestabilisierende Vollbeschäftigungspolitik zu Hause ermöglichen, frei von Wechselkurs- und Zinsanpassung an die USA"[37].

Das Bretton-Woods-Abkommen von 1944 war mit der Fixierung von festen Währungsparitäten ein schwacher Abglanz jener währungspolitischen Voraussetzung internationaler Dimensionen, die Keynes selbst vorschwebte. Die Annullierung der Bretton-Woods-Vereinbarung unter dem Druck der USA durch den Beschluß vom 1. März 1973 über das Wechselkursfloating gereicht allein dem USA-Imperialismus durch die Erreichung der Position einer Art von Leitwährungsland zum Vorteil; der US-Dollar ist zweifellos die einflußreichste imperialistische Währung. Damit sind die Möglichkeiten Keynesscher nationalstaatlicher Wirtschaftspolitik belastet beziehungsweise eingeschränkt. Der jetzt mehr und mehr in den Vordergrund tretende *internationale* Aspekt im wirtschaftspolitischen Konzept des Keynesianismus erhält also einen entscheidenden Stellenwert. Hierauf sollten marxistisch-leninistische Kritiker in Zukunft die offensive Auseinandersetzung konzentrieren.

[35] W. Hankel, Hat der Keynesianismus ausgespielt?, A. a. O., S. 20.

[36] Ebenda, S. 21.

[37] Ebenda, S. 23.

In anschaulicher Weise hat unlängst der in Westberlin ansässige Ökonomieprofessor Michael Tolksdorf die Auswirkungen der wirtschaftspolitischen Aktivitäten speziell auch auf geld- und kreditpolitischem Gebiet im kapitalistischen Weltwirtschaftssystem dargelegt. Der Verzicht auf feste Wechselkurse ist für ihn mit der Konsequenz verbunden, „daß erhebliche Irrationen auf den Außenhandel und damit die heimische Beschäftigung sowie das Wachstum der nationalen Bruttosozialprodukte ausgehen"[38]. Im Ergebnis seiner durchaus realistischen Analyse der neueren Tendenzen in den internationalen kapitalistischen Finanzbeziehungen kommt er zu dem, im Grunde genommen, dem *internationalen* Aspekt im Keynesschen System verpflichteten Schluß, daß das von ihm bejahte „Beziehungsgefüge fester Wechselkurse" seiner, Tolksdorfs Auffassung nach, „auf Dauer nur gesichert werden (kann), wenn auch die Wirtschaftspolitik der Teilnehmerstaaten koordiniert wird, also gemeinsam den Geldwert sichert und die Leistungsbilanz ausgleicht"[39]. Daß Tolksdorf hinsichtlich der Realisierung dieses zweifellos berechtigten Erfordernisses Bedenken anmeldet, zeugt nur von seinem Realismus in der prognostischen Beurteilung des weiteren Verlaufs des krisengeschüttelten kapitalistischen Reproduktionsprozesses.

Es gibt seit Beginn der 80er Jahre weitere ernsthafte Vorschläge renommierter bürgerlicher Wirtschaftstheoretiker, die dem Krisenzustand der kapitalistischen Weltwirtschaft mit einer Neuorientierung des kapitalistischen Währungssystems auf der Basis einer weitfassenden Auslegung der Keynesschen Lehre zu begegnen gedenken. Zu ihnen ist auch Wilhelm Hankel zu zählen, der bereits Anfang der 80er Jahre auf die Brisanz der Finanzkrisen im Zusammenhang mit der rapide anwachsenden Verschuldung in den Ländern der kapitalistischen Weltwirtschaft verwies,[40] und unlängst wiederholt in einem Beitrag die Auffassung vertrat, daß ein richtig verstandener und wirtschaftspolitisch konsequent praktizierter Keynes den Ausweg aus dem Krisendilemma von heute bedeuten würde.[41] Für Hankel bleibt „Keynes ... der erste und immer noch hoch-aktuelle Theoretiker"[42]. Für ihn muß die *internationale* Liquidität wieder begrenzt und überwacht werden, damit es nicht zu Inflations- und Deflationsexzessen kommt. Dem könne nur eine Welt-Zentralbank im Keynesschen Sinne entgegenwirken.[43] Hankel spricht damit zweifellos einen wichtigen Aspekt der gegenwärtigen

[38] M. Tolksdorf, Die Bundesrepublik Deutschland im Sog außenwirtschaftlicher Einflüsse. Internationale Verschuldung, Störung der Finanzmärkte, Protektionismus, Rohstoffmärkte (OPEC), Berlin (West) 1983, S. 58 (Reihe Politik kurz und aktuell).

[39] Ebenda, S. 59.

[40] Vgl. W. Hankel, Wie das Silberputzen auf der Titanic, in: Wirtschaftswoche (Düsseldorf), 40/1980, S. 88.

[41] Vgl. W. Hankel, Die Schuldenkrise, ein Problem der Dritten oder der Ersten Welt? Umschuldung oder Schuldenerlaß, in: Blätter für deutsche und internationale Politik (Köln), 1/1984, S. 64.

[42] Ebenda, S. 67.

[43] Vgl. ebenda, S. 78.

weltweiten kapitalistischen Finanz- und Währungskrise an.[44] Er übersieht allerdings, daß – was die internationale Verschuldung anbelangt – in letzter Konsequenz die neokolonialistische Ausplünderungspolitik der imperialistischen Industrieländer den Entwicklungsländern gegenüber zur aktuten Verschärfung des Problems der Auslandsverschuldung geführt hat, mit dem sich heute die kapitalistische Weltwirtschaft in zugespitzter Form konfrontiert sieht.[45] Mit finanz- und währungspolitischen Manipulationen allein – ob keynesianischer Provenienz oder nicht – läßt sich dieses Problem nicht lösen, da nur durch die Verhinderung der Ausplünderungspraktiken der Monopole, insbesondere der internationalen Monopole, den zum Teil hochverschuldeten Entwicklungsländern die Möglichkeit eröffnet wird, ihre ökonomischen Potenzen unbehindert zu entfalten. Hierbei ist ihnen die Hilfe der Länder der sozialistischen Staatengemeinschaft gewiß. Hankel laboriert also an den Symptomen, nicht an den Ursachen der tiefgreifenden kapitalistischen Finanz- und Währungskrise in unserer Zeit.

Eine kritische Analyse der neuesten Versuche zur Abstützung der Keynesschen Lehre hat auch auf jene mehr sozialreformistisch orientierten Rettungsversuche zu verweisen, die – festhaltend an den Grundzügen der Keynesschen staatlichen Wirtschaftspolitik – für flankierende Maßnahmen insbesondere im einkommenspolitischen Bereich plädieren, um so in Kontroverse zur derzeit vorherrschenden konservativen Hauptrichtung[46] mit ihrer Strategie des Sozialabbaus Terraingewinn für den Keynesianismus zu erzielen. Die sowjetische Ökonomin Ossadtschaja verweist in ihrer Arbeit über den Keynesianismus zu Recht darauf, daß trotz der erkannten Schwächen und Grenzen der Keynesschen Lehre und Wirtschaftspolitik diese nach wie vor für den Sozialreformismus eine Grundlage bildet,[47] und man von dieser Seite her bemüht ist, sie den realen Bedingungen der Kapitalverwertung in den 80er Jahren anzupassen. Beispielsweise wurde auf dem internationalen Keynes-Symposium im November 1983 in der BRD[48] von der Sozialdemokratischen Partei Deutschlands und von Gewerkschaftskreisen deutlich gemacht, daß für deren künftig zu vertretende wirtschaftspolitische Strategie die Lehre von Keynes in keinerlei Weise als überholt angesehen wird, sie aber den neuen Bedingungen in der kapitalistischen Weltwirtschaft angepaßt werden müsse. Für die USA ist für dieses Vorgehen die Position des bekannten Ökonomen John Kenneth Galbraith ein typisches Bei-

[44] Die Krise auf dem Finanzsektor in der kapitalistischen Welt zeigt sich in den einzelnen Ländern auf verschiedene Weise (vgl. dazu: Aus dem Bericht des Politbüros an die 9. Tagung des ZK der SED. Berichterstatter: E. Honecker, Berlin 1984, S. 18/19).

[45] Vgl. K. Kannapin, Verschuldung der Entwicklungsländer: Ausgeplünderte beginnen Gegenwehr, in: IPW-Berichte, 9/1984, S. 45.

[46] Vgl. hierzu S. 42 ff. der vorliegenden Arbeit.

[47] Vgl. I. M. Ossadtschaja, Die Krise des Keynesianismus und die Suche der bürgerlichen Ökonomie nach neuen Konzepten, a. a. O., S. 10.

[48] Vgl. hierzu S. 32 der vorliegenden Arbeit.

spiel. Galbraith engagiert sich in diesem speziellen Fall für den Keynesianismus[49], weniger durch wirtschaftstheoretische Erörterungen als vielmehr dadurch, daß er das wirtschaftspolitische Hauptinstrument der Keynesianer, die Fiskalpolitik, mit flankierenden staatlichen wirtschaftspolitischen Maßnahmen abzustützen und es so als nach wie vor gültig zu verteidigen sucht. Für ihn sind dies insbesondere staatliche Lohn- und Preiskontrollen, die dem inflationistischen Effekt einer defizitären Fiskalpolitik entgegenwirken sollen.

Die Alternative gegen die von den heutigen konservativen Ökonomen und Wirtschaftspolitikern praktizierte reaktionäre Wirtschaftspolitik besteht für Galbraith „im weitesten Sinne darin, daß für Preise und Einkommen, die der Marktkontrolle entglitten sind, öffentliche Verantwortung übernommen wird, daß man sie öffentlicher Kontrolle unterwirft"[50]. Dabei geht Galbraith von folgendem aus: „Wenn man in Löhne und Preise nicht direkt eingreift, sind Arbeitslosigkeit und brachliegende Kapazitäten eine Politik – die einzige Politik gegen die Inflation. Dabei kann es kein Wirtschaftswachstum geben, dies ist durch die Natur der Politik ausgeschlossen."[51]

Mit sozialreformistischem Habitus tritt Galbraith für eine gemäßigte und sich selbst disziplinierende Keynessche Wirtschaftspolitik ein. Die von ihm geforderte „intelligente und effektive Kontrolle der Nachfrage" sowie die „effektive Kombination von fiskalischen und direkten Eingriffen", oder aber sein Appell, daß die Nachfrage nicht die Möglichkeiten und Grenzen der Wirtschaft übersteigen dürfe,[52] sind hierfür kennzeichnend. Mit dieser so nuancierten Wirtschaftspolitik ist für Galbraith dann wieder der Weg frei „für wirtschaftliche Expansion und für jene sozialen Maßnahmen, die traditionell ein Teil der großen Versprechen von Sozialisten, Sozialdemokraten und liberalen Demokraten in den USA waren"[53].

Galbraiths Position ist als ein Prototyp der neueren Entwicklungstendenzen innerhalb der bürgerlichen wirtschaftstheoretischen und -politischen Diskussion zu werten, die durch die sozialreformistische Ausrichtung des Keynesianismus jene Traditionslinien im Keynesianismus fortsetzen wollen, die als sogenannter „linker" Keynesianismus einerseits zu illusionären Vorstellungen über das *Wesen* und die *Perspektive* des kapitalistischen Systems geführt, zugleich aber auch von der ökonomisch-theoretischen Seite her zu den anzustrebenden Verbesserungen in der ökonomischen Lage der ausgebeuteten sozialen Klassen und Schichten im heutigen Kapitalismus beigetragen haben. Was dabei speziell die Rolle von Galbraith anbelangt, so läßt sich seine wohlwollende Haltung zu der Lehre von Keynes bereits bis in weiter zurückliegende Zeiten nachweisen.[54]

[49] Damit sei hier nicht eine umfassende und endgültige theoriegeschichtliche Standortbestimmung von Galbraith vorgenommen.

[50] J. K. Galbraith, Was sollen die Linken eigentlich noch wollen?, in: Vorwärts (Bonn-Bad Godesberg) vom 28. 1. 1982, S. 22.

[51] Ebenda. [52] Ebenda. [53] Vgl. ebenda.

[54] Vgl. hierzu u. a.: K. O. W. Müller, Neokeynesianismus, a. a. O., S. 98.

2.2. *Der dominierende Einfluß neokonservativer Wirtschaftstheorie und staatsmonopolistischer Wirtschaftspolitik*

Die krisenhafte Zuspitzung aller Widersprüche des kapitalistischen Wirtschaftssystems seit den 70er Jahren bis in die Gegenwart hinein[55] hat nicht nur den „sozialen Wohlfahrtsstaat" entlarvt, sie hat auch dazu beigetragen oder die ökonomische Basis dafür gebildet, daß nach dem Scheitern der auf Keynesschen Grundlagen beruhenden staatsmonopolistischen Wirtschaftspolitik nunmehr die Wirtschaftspolitiker in den Ländern des Kapitals versuchen, „mit anderen Rezepten, mit anderen Wirtschaftstheorien das alte Ziel zu erreichen. Unter dem abgegriffenen Schlagwort der ‚Marktwirtschaft' versprechen sie, durch drastisches Durchsetzen monopolistischer Profitinteressen, rigorosen Sozialabbau, durch Reallohnsenkungen den Gebrechen des Kapitalismus wirksam begegnen zu können."[56] Damit ist das verstärkte Hervortreten der seit der zweiten Hälfte der 70er Jahre das Übergewicht erlangenden zweiten Hauptrichtung in der heutigen bürgerlichen politischen Ökonomie angesprochen. In Reaktion auf die veränderten Kapitalverwertungsbedingungen wird wieder den Bedingungen der Profit*produktion* verstärkt Aufmerksamkeit gewidmet. Wirtschaftstheoretisch drückt sich das in der prononcierten Hinwendung zur sogenannten Angebotsseite des kapitalistischen Reproduktionsprozesses aus. Es werden Fragen der Verbesserung der Kapitalverwertung durch Produktivitätssteigerung, Ressourcen-Probleme, Probleme der optimalen Kapitalverteilung unter dem Aspekt der zunehmenden Internationalisierung des monopolistischen Kapitalverhältnisses untersucht, bis hin zu Fragen, wie die durch die Arbeiterklasse in den 60er und 70er Jahren im ökonomischen Kampf erzielten Fortschritte, insbesondere im Hinblick auf ihre soziale Sicherheit, wieder rückgängig gemacht, zumindest unterhöhlt und gestoppt werden können. Diesen Ansprüchen der Monopolbourgeoisie und des imperialistischen Staates an die bürgerliche politische Ökonomie entsprach die Keynessche Lehre nicht mehr mit ihrer besonderen Betonung der Berücksichtigung der Realisierungsphase bei der Kapitalverwertung, also der Nachfrageseite des kapitalistischen Reproduktionsprozesses.

Die akute Krise der auf den Auffassungen von Keynes beruhenden Wirtschaftstheorie und Wirtschaftspolitik in den 70er Jahren trägt dazu bei, daß Vorstellungen und Empfehlungen wirtschaftstheoretischer und wirtschaftspolitischer Natur Oberhand gewinnen, die von heutigen konservativen Ökonomen

[55] Mitte des Jahres 1985 zeigte die Entwicklung der kapitalistischen Weltwirtschaft ein durchaus düsteres Bild. Mehr und mehr kennzeichnet die „Neue Armut" die hoffnungslose Perspektive dieses krisengeschüttelten Wirtschaftssystems (vgl. hierzu auch: Zur Vorbereitung des XI. Parteitages der SED. Aus der Rede des Generalsekretärs des ZK der SED, Erich Honecker, in: Neues Deutschland vom 21. 6. 1985, S. 3).

[56] K. Hager, Gesetzmäßigkeiten unserer Epoche – Triebkräfte und Werte des Sozialismus, a. a. O., S. 22.

propagiert wurden und werden. Dieser Vormarsch der *neokonservativen Richtung* in der bürgerlichen Ökonomie, die auch als „neoklassische" Richtung im Hinblick auf ihre theoretischen Grundlagen bezeichnet wird,[57] setzte in den USA mit dem Aufkommen des von Milton Friedman und seinen Anhängern propagierten Monetarismus ein.[58] Wenn hier der Terminus „Monetarismus" Verwendung findet, so mit der stillschweigenden Voraussetzung, daß dieser Begriff aus der Geschichte der politischen Ökonomie zwar bereits für die Kennzeichnung jenes ersten, noch vorwissenschaftlichen und progressiven Systems in der bürgerlichen politischen Ökonomie, das dem Merkantilsystem vorausging, besetzt ist, er aber heute für die Charakterisierung der sich um Friedman rankenden reaktionären Variante staatsmonopolistischer Regulierungstheorie allgemein üblich ist und auch in die marxistisch-leninistische Literatur Eingang gefunden hat.

Trotz aller bereits in der zweiten Hälfte der 70er Jahre einsetzenden Rettungsversuche des Keynesianismus war der Vormarsch des Neokonservatismus in der monopolbourgeoisen Wirtschaftstheorie und Wirtschaftspolitik nicht zu stoppen, da er voll und ganz der imperialistischen Konfrontationsstrategie entspricht. In der wirtschaftspolitischen Praxis fand diese Orientierung bisher im „Thatcherismus" und in den „Reaganomics"[59] sowie, mit Übernahme der Regierungsgeschäfte durch die CDU/CSU/FDP-Koalitionsregierung ab März 1983, verstärkt auch in der BRD ihre praktische Umsetzung.[60] Dabei sind Nuancierungen in ihrer konkreten Durchsetzung nicht zu übersehen. Hierauf verweist zum Beispiel auch mit Recht Ossadtschaja, indem sie vermerkt: „Der Terminus ‚Konservatismus' ist wie jeder Terminus relativ. Einendes Prinzip der in dieser Richtung Agierenden ist – unter dem Gesichtspunkt der bürgerlichen ökonomi-

57 Wir gebrauchen den Terminus „Neoklassik" trotz des Wissens um die Relativität dieses Begriffes, der einen Bezug zur wissenschaftlichen klassischen bürgerlichen politischen Ökonomie anklingen läßt, welcher de facto aber nicht besteht. Dieser Terminus ist jedoch im Bereich der marxistisch-leninistischen Kritik der bürgerlichen politischen Ökonomie bereits so eingebürgert, daß wir uns dieser Praxis hier nicht verschließen wollen (vgl. u. a.: I. M. Ossadtschaja, Die Krise des Keynesianismus und die Suche der bürgerlichen Ökonomie nach neuen Konzepten, a. a. O., S. 12).

58 So heißt es hierzu u. a. auch im Lehrbuch „Politische Ökonomie des Kapitalismus": „Die Verschärfung der allgemeinen Krise des Kapitalismus reflektiert sich auch in der zweiten Hauptrichtung der imperialistischen Wirtschaftstheorie, der sogenannten neoklassischen Theorie, vor allem im Hinblick auf jene ihrer Varianten, die als Monetarismus bezeichnet wird" (Politische Ökonomie des Kapitalismus. Lehrbuch, a. a. O., S. 599).

59 Vgl. K.-H. Schwank, „Reaganomics", „Thatcherismus" – keine Auswege aus dem kapitalistischen Dilemma, in: IPW-Berichte, 2/1982, S. 1.

60 Vgl. G. Fiedler/R. König, Zur verstärkt neokonservativen Orientierung der BRD-Wirtschaftspolitik, in: IPW-Berichte, 9/1983, S. 25.

schen ‚Schule' – wohl nur die Kritik der Grundsätze des orthodoxen Keynesianismus von der Position der Grundprinzipien der *neoklassischen Schulen* aus. Dabei sind theoretische, ideologische und politische Nuancen zu verzeichnen."[61] Im folgenden ist von diesen Spezifika zu abstrahieren, da diese durch die marxistisch-leninistische Kritik der „neoklassischen" Richtung der bürgerlichen politischen Ökonomie hinsichtlich der bisherigen Durchsetzung dieser Wirtschaftstheorie bereits detaillierter analysiert worden sind. Ausgehend von ihren Grundzügen und Wesensmerkmalen und ihrer wirtschaftspolitischen Relevanz ist deshalb die kritische Auseinandersetzung auf die *neuesten* Entwicklungstendenzen dieser Hauptrichtung zu konzentrieren.

Auf der Internationalen Wissenschaftlichen Konferenz anläßlich des Karl-Marx-Jahres 1983 zum Thema „Die gegenwärtige Krise der bürgerlichen politischen Ökonomie im Lichte der ökonomischen Theorie von Karl-Marx" ist unter anderem nachgewiesen worden, daß, aufbauend auf alten vulgärökonomischen Dogmen, sich die von den „Neoklassikern" in Kontroverse zu den Keynesianern propagierten Auffassungen auf vier Grundelemente reduzieren lassen[62]:

1. Rehabilitierung des Sayschen Gesetzes

Die Haltung zum Sayschen Gesetz unterscheidet Keynesianer von den „Neoklassikern" in wichtigen politökonomischen Fragen. Aus der Position zu Jean Baptiste Say leiten sich entscheidende Konsequenzen, in erster Linie wirtschaftspolitischer Natur, ab. Das Saysche Gesetz unterstellt, daß sich die kapitalistische Produktion die ihr adäquate Nachfrage schaffe. Krisenhafte Stockungen in der Realisierungsphase des Reproduktionsprozesses seien deshalb nur partiellen und temporären Charakters. Bereits Marx hat „dies kindische(s) Geschwätz eines Say"[63] widerlegt, indem er darauf verwies, daß „alle Bedingungen und Formbestimmungen, alle Prinzipien und differentiae specificae, kurz die *kapitalistische Produktion* selbst geleugnet"[64] wird bei der Analyse der Metamorphose der kapitalistisch produzierten Waren.

Wie noch zu zeigen sein wird, ändern die gegenwärtigen Versuche, das Saysche Theorem durch die „Theorie der rationalen Erwartungen" zu retten, nichts an dessen Antiquiertheit.[65]

[61] I. M. Ossadtschaja, Die Krise des Keynesianismus und die Suche der bürgerlichen Ökonomie nach neuen Konzeptionen, a. a. O., S. 12.

[62] Vgl. hierzu und zum folgenden: K. O. W. Müller/P. Thal, Neue Krisenerscheinungen im Verhältnis von bürgerlicher Wirtschaftstheorie und staatsmonopolistischer Regulierungspolitik, in: Die gegenwärtige Krise der bürgerlichen politischen Ökonomie im Lichte der ökonomischen Theorie von Karl Marx, hg. von der Akademie der Wissenschaften der DDR, Wissenschaftliches Informationszentrum, Berlin 1983, S. 107/108.

[63] K. Marx, Theorien über den Mehrwert. Zweiter Teil, in: MEW, Bd. 26.2., Berlin 1967, S. 503.

[64] Ebenda, S. 501.

[65] Vgl. S. 50 f. der vorliegenden Arbeit.

Die *„supply-side-economics" (Angebotsökonomien)* sind als der derzeit markanteste Ausdruck für die wirtschaftspolitische Umsetzung der wirtschaftstheoretischen Auffassungen der neoklassischen Richtung mit ihrer positiven Haltung zum Sayschen Gesetz anzusehen. Diese Variante gegenwärtiger monopolbourgeoiser politischer Ökonomie, die ihre „originellen" Vertreter vor allem in den USA, hier speziell in George Gilder[66] hat, orientiert die staatliche Wirtschaftspolitik mit aller Konsequenz auf die Absicherung günstigerer Bedingungen für die Kapitalverwertung. Dem wird insbesondere durch den Abbau der sozialen Errungenschaften der Arbeiterklasse, durch eine unternehmerfreundliche Steuerpolitik sowie durch die staatliche Förderung der hochprofitablen Rüstungsindustrie zu Lasten anderer Wirtschaftsbereiche und -zweige entsprochen. Von George Gilder stammt der sarkastische Slogan: „Um etwas für die Armen und die Mittelschichten zu tun, muß man die Steuersätze der Reichen drastisch senken."[67]

2. Demagogische Staatskritik

Aus der Anerkennung des Sayschen Gesetzes erwächst die illusionäre Überzeugung, daß die heutige kapitalistische Wirtschaft ohne beziehungsweise mit reduziertem Staatseinfluß (im Vergleich zu Keynes' Politik) besser funktioniere. So verkündete bereits Ende der 60er Jahre Friedman in einem Interview: „Wir glauben, daß es Beweise dafür gibt, daß die Versuche der Regierungen, sich in die Wirtschaft einzumischen, weitgehend erfolglos blieben . . . Daß wir instabile Verhältnisse hatten, liegt teilweise daran, daß die Regierung Instabilität geschaffen hat. Die Wirtschaft würde viel besser funktionieren, wenn die Rolle der Regierung abgeschwächt würde. Man sollte mehr auf die freien Kräfte des Marktes vertrauen."[68]

Gegen Keynes' Theorie und die sich auf diese Lehre stützende staatliche Wirtschaftspolitik wird auf dieser Basis mit dem Schlagwort des angeblich alle Initiative lähmenden sogenannten Wohlfahrtsstaates Front gemacht. Eine allmächtige Staatsbürokratie bewirke letztlich eine Beseitigung der Grundlagen des kapitalistischen Systems der angeblichen Freiheit und Leistungsfähigkeit. So schreibt zum Beispiel der ebenfalls prominente neokonservative Ökonom William John Fellner: „Unsere Kenntnis der überaus vielschichtigen Reaktionen der Marktteilnehmer auf sich wandelnde Bedingungen ist jedoch viel zu gering, als daß man hier ausreichend stabile Analysenmodelle konstruieren könnte, die dieser Vielschichtigkeit auch nur annähernd gerecht würden. Deswegen sind wir in den freien Marktwirtschaften geneigt . . . nur sehr wenige der Variablen politischer Regelung (zu) überlassen . . ."[69] Wenn die kapitalistischen Industrieländer keine „Gegenbewegung" zu dem Prozeß hervorbringen, „den Joseph

66 Vgl. G. Gilder, Reichtum und Armut, Berlin (West) 1981.

67 Ebenda, S. 199.

68 M. Friedman, Interview, in: W. Bengard, Wer heute Wirtschaft lehrt, München 1969, S. 154/155.

69 W. Fellner, Historische Wende, in: Wirtschaftswoche (Düsseldorf), 47/1982, S. 90.

Schumpeter als den ‚Marsch in den Sozialismus' bezeichnet hat", dann wird sich der „Übergang in ein durch und durch bürokratisiertes System" fortsetzen, „in dem die wichtigsten wirtschaftspolitischen Entscheidungen vom Staat getroffen werden".[70]

Wie man sieht, wird hier unmißverständlich dargelegt, worin die Vorbehalte der heutigen konservativen Ökonomen gegen die wirtschaftlichen Aktivitäten des kapitalistischen Staates liegen. Letztlich soll die Verfügungsgewalt des Kapitaleigentümers über die sachlichen und personellen Voraussetzungen der Profitproduktion so wenig wie möglich reglementiert werden, was nichts anderes heißt, als daß die internationalen Monopole die Verfügungsgewalt über die fachlichen und personellen Faktoren des Kapitalverwertungsprozesses erweitern und neue Bewegungsspielräume gewinnen. Alles, was dem entgegensteht, wird mittels seiner Identifizierung mit Bürokratie und Sozialismus verunglimpft.

Dem Wesen nach reflektiert sich in dieser demagogischen Staatskritik nichts anderes als einerseits die Machtfülle der größten internationalen Monopole, die auf Grund ihrer exponierten Position imstande sind, „den Staat entweder aus ihren Geschäften ganz herauszuhalten oder aber direkt zu einem ihnen genehmen Verhalten zu zwingen"[71] sowie auch die Haltung jener Kreise der mittleren und kleineren Bourgeoisie, „die sich in der freien Verfügungsgewalt über ihr Kapital vom Staat eingeschränkt fühlen und darin – zu Recht – eine Unterstützung für die Monopole sehen; sie trauern der freien Konkurrenz des 19. Jahrhunderts nach und hegen die absurde Illusion, der Staat könne diese durch gesetzliche Maßnahmen gegen monopolistische Wettbewerbsverzerrungen wieder in alte Rechte einsetzen"[72].

In ihrer „Staatskritik" geht es den bürgerlichen Ökonomen neokonservativer Prägung nun nicht darum, die Rolle des kapitalistischen Staates in Abrede zu stellen; sie plädieren dafür, den Staatsaktivitäten eine andere, das heißt noch reaktionärere, Richtung zu geben. Ein „starker Staat" habe gegen die Politik der Sozialstaatlichkeit vorzugehen.

3. Verherrlichung des kapitalistischen Unternehmers

Die konservativen Ökonomen sind offene Vertreter des kapitalistischen Unternehmertums. Mit der überschwenglichen Apologetik des Unternehmers im Kapitalismus als des angeblichen Motors der Wirtschaftsentwicklung werden reaktionärste Varianten der bürgerlichen Vulgärökonomie aktiviert,[73] die bis auf Joseph Alois Schumpeters Dogma vom „dynamischen Unternehmer"[74] zurück-

70 Ebenda, S. 88.

71 G. Fabiunke/P. Thal, Geschichte der politischen Ökonomie. Leitfaden, a. a. O., S. 111.

72 Ebenda.

73 Vgl. H. Meißner, Aktuelle Tendenzen in der bürgerlichen politischen Ökonomie, in: IPW-Berichte, 5/1981, S. 15.

74 Vgl. J. A. Schumpeter, Theorie der wirtschaftlichen Entwicklung, Leipzig 1912, S. 147.

gehen. Einer ihrer neuesten Exponenten ist der bereits zitierte George Gilder. Er sieht in den Reichen, den Unternehmern und ihren Managern die Gesellschaftsschicht, der es vor allem zu danken ist, wenn das Produktionsangebot wächst und die Wirtschaft floriert. Er meint: „Die meisten erfolgreichen Unternehmer geben der Gesellschaft mehr, als sie je zurückbekommen. Sie sind die Helden des ökonomischen Lebens, und die, welche ihnen die Entlohnung mißgönnen, demonstrieren nur ihre Unfähigkeit, die potentielle Rolle der Unternehmer zu begreifen."[75]

Hier handelt es sich um antiquierte Dogmen, die bereits Marx einer vernichtenden Kritik unterzogen hat, indem er nachwies, daß „nur soweit der Kapitalist personifiziertes Kapital ist, . . . er einen historischen Wert"[76] hat. Die *sozialistische* Wirtschaftsordnung hat den praktischen Beweis der Überflüssigkeit des Kapitalisten erbracht. Die „Helden des ökonomischen Lebens" sind allein die von Ausbeutung befreiten, sich in der schöpferischen Tätigkeit entfaltenden sozialistischen Menschen.

4. Monetaristische Geldmengenpolitik als Hauptsteuerungsinstrument

Der Monetarismus Friedmanscher Prägung wurde bereits in den 50er und 60er Jahren entwickelt, ohne zunächst aber größere Resonanz zu finden. Für Friedman und seine Anhänger steht die Steuerung der Geldmenge im Zentrum der Einflußnahme der staatlichen Politik auf die Wirtschaft. Diesen hier entwikkelten Auffassungen liegt die Quantitätstheorie des Geldes in modifizierter Fassung zugrunde. Aus theoriengeschichtlicher Sicht dürfte bei der kritischen Wertung der Friedmanschen Position zur Geldpolitik als wirtschaftspolitischem Steuerungsinstrument von Interesse sein, daß die Keynesianer die Rolle dieses Instruments niemals in Abrede stellten, ihr nur nicht jene exponierte Rolle zusprachen, wie dies dann die heutigen Monetaristen tun.

Die Monetaristen behaupten im allgemeinen, daß „Veränderungen bei der Variablen Geldpolitik sowohl einen beträchtlich größeren und beträchtlich schnelleren Effekt auf das nominelle Bruttosozialprodukt haben als Veränderungen der Variablen Fiskalpolitik und außerdem statistisch sehr viel signifikanter sind. Diese Ergebnisse veranlassen sie zu schlußfolgern, daß Geldpolitik schnell und machtvoll wirkt, während Fiskalpolitik dem Wesen nach unwirksam ist."[77]

Zur Friedmanschen Geldmengenpolitik ist sowohl unter theoretischen wie wirtschaftspolitisch-praktischen Gesichtspunkten viel zu sagen.[78] Dieses Konzept ist nicht unumstritten. Fellner drückt den Sachverhalt zutreffend aus, wenn er sagt: „Der Monetarismus stellt eine weitgehende Vereinfachung umfassender Modelle dar . . . Die Ausbreitung des Monetarismus läßt sich in beträchtlichem

75 G. Gilder, Reichtum und Armut, a. a. O., S.

76 K. Marx, Das Kapital. Erster Band, a. a. O., S. 618.

77 R. L. Teigen, The Evolution of Monetarism, in: Zeitschrift für die gesamte Staatswissenschaft (Tübingen), 1/1981, S. 5.

78 Vgl. hierzu S. 128 ff. der vorliegenden Arbeit.

Umfang der allgemeinen Enttäuschung bzw. Unzufriedenheit mit der empirischen Anwendbarkeit und der mangelnden Zuverlässigkeit der umfassenden Systeme zuschreiben . . . Das zunehmende Interesse an der monetaristischen Theorie spiegelt die Suche nach solchen Vereinfachungen bzw. leicht zu handhabenden Verfahren wider. Diese sind nötig, wenn der weitaus größte Teil der ökonomischen Variablen nicht durch staatliche Behörden gelenkt wird."[79]

Die regulierungspolitischen Möglichkeiten, die die monetaristische Geldmengenpolitik bietet, sind bekanntermaßen relativ eng begrenzt, da sie durch kreditpolitische Aktionen der Monopole, besonders der Bankenmonopole, immer dann durchkreuzt werden, wenn diese Politik ihren Interessen direkt widerspricht. Die Entwicklungen in den USA sind hierfür ein beredtes Beispiel.[80] Die Mehrzahl der USA-Ökonomen geht deshalb davon aus, daß das „monetaristische Experiment" vorerst beendet ist.[81]

Die sich auf „neoklassischen" Grundlagen entfaltende Welle der neokonservativen Wirtschaftstheorie und staatlichen Wirtschaftspolitik ist etwa seit Mitte der 70er Jahre in einer Reihe von kapitalistischen Ländern – wie bereits angedeutet – in von Land zu Land unterschiedlich nuancierter Art und Weise und Gewicht praktiziert worden. Prototypen dieser Form von staatsmonopolistischer Wirtschaftspolitik sind der „Thatcherismus" in Großbritannien und die „Reaganomics" in den USA. Auch in der BRD haben sich die Wesenselemente „neoklassischer" staatlicher Wirtschaftspolitik in letzter Zeit verstärkt. Daß damit aber keinesfalls die krisenhafte Zuspitzung der Widersprüche des Kapitalismus zu vermeiden ist, dokumentiert die ökonomische Entwicklung in jenen Ländern, die diese Politik praktiziert haben beziehungsweise sie noch immer als Mittel der Krisenbewältigung ansehen. Hier beherrschen chronische Massenarbeitslosigkeit, Haushaltsdefizite in Rekordhöhe, eine „Neue Armut", Firmenzusammenbrüche, Verkürzung und Abflachung der Produktionsanstiegsphase bei gleichzeitiger Ausdehnung der Krisenphase des Zyklus das Bild der ökonomischen Lage bis in die Gegenwart hinein. Die Hochrüstungspolitik in den imperialistischen Ländern trägt zusätzlich zur Verschärfung der ökonomischen Widersprüche bei. „Offenkundig ist die imperialistische Hochrüstungspolitik einer der wichtigsten Faktoren", so betonte hierzu Kurt Hager, „die die Krise der kapitalistischen Wirtschaft vertiefen und ihrem Verlauf einen langwierigen und komplizierten Charakter verleihen. Die Hochrüstung in ihren heutigen gewaltigen Dimensionen deformiert die kapitalistische Wirtschaft und stört und destabilisiert die internationalen Wirtschaftsbeziehungen."[82]

Veranlaßt durch das immer deutlichere Hervortreten der regulierungspoliti-

[79] W. Fellner, Historische Wende, a. a. O., S. 89–90.

[80] Vgl. Monetarismus. Ende eines Experiments, in: Wirtschaftswoche (Düsseldorf), 4/1983, S. 10/11.

[81] Vgl. ebenda, S. 10.

[82] K. Hager, Gesetzmäßigkeiten unserer Epoche – Triebkräfte und Werte des Sozialismus, a. a. O., S. 23.

schen Grenzen auch der neokonservativen Wirtschaftstheorie und Wirtschaftspolitik hat sich seit den 80er Jahren das Bemühen der bürgerlichen Ökonomen verstärkt, dieser Art von Wirtschaftspolitik zumindest von wirtschaftstheoretischer Seite her stärkende und stützende Impulse zu geben. Dem Wesen nach handelt es sich hierbei – in vergleichbarer Weise wie beim Keynesianismus – um aktuelle Rettungsversuche der derzeitigen konservativen Wirtschaftstheorie und -politik. Ein solches Bestreben wird vollauf verständlich, wenn man berücksichtigt, daß die „Supply-Side-Economics", die in den USA und in Großbritannien umfassend wirtschaftspolitisch umgesetzt worden sind, bereits hier selbst aus konservativen Kreisen der bürgerlichen Ökonomen, so zum Beispiel bei Vertretern der Mont-Pélerin-Gesellschaft,[83] zwar als nach wie vor gültig, aber schon als ergänzungsbedürftig angesehen wird.[84] Für die Angebotsökonomie wird die Ergänzung durch speziell soziale Korrekturen bewirkende verteilungspolitische Maßnahmen von den Teilnehmern der 1982er Jahrestagung der Mont-Pélerin-Gesellschaft, unter ihnen F. v. Hayek und M. Friedman, gefordert.[85] Wenn man auch noch berücksichtigt, daß in diesem Kreis erzkonservativer Ökonomen zwar nicht der Theorienansatz der Angebotsökonomie, aber ihre politische Umsetzung in den USA durch die Reagan-Administration „kritisch kommentiert" wurde,[86] so dürfte deutlich werden, daß auch für diese Form staatsmonopolistischer Politik die Grenzen sichtbar werden. In diesem Kontext ist es interessant, daß die „Angebotsökonomen" in der BRD, nachdem mit dem Machtantritt der CDU/CSU/FDP-Koalitionsregierung auch hier offen ein konservativer Kurs in der Wirtschaftspolitik verfolgt wird, in Teilfragen eine kritische Position gegenüber den „Reaganomics" und dem „Thatcherismus" bezogen haben, indem der Politik in den USA beziehungsweise in Großbritannien vorgeworfen wird, „durch überhöhte Verabsolutierung, übertriebene Härte und zu geringe Beweglichkeit alles auf eine Karte gesetzt und dadurch viele negative Wirkungen ausgelöst zu haben"[87]. Man plädiert deshalb für „höhere Komplexität und mehr Flexibilität bei der Durchsetzung einer langfristig konzipierten Strategie des schrittweisen, deshalb aber nicht weniger wirksamen Sozialabbaus"[88].

Speziell in wirtschaftstheoretischer, weniger in wirtschaftspolitischer Hinsicht ist die „Neue Klassische Makroökonomik" eine der neuesten Erscheinungs-

[83] Bei dieser Gesellschaft handelt es sich um die führende Vereinigung neokonservativer Ökonomen der USA, der u. a. Theoretiker wie M. Friedman und F. A. von Hayek angehören.

[84] Vgl. J. B. Starbatty, Wohlfahrtsstaat ade, in: Wirtschaftswoche (Düsseldorf), 40/1982, S. 83.

[85] Vgl. ebenda, S. 83/84.

[86] Vgl. ebenda, S. 83.

[87] H. Meißner, Bürgerliche Ökonomie zwischen Euphorie und Ratlosigkeit, in: Einheit, 3/1984, S. 260.

[88] Ebenda, S. 260/261.

formen, um die neokonservative Wirtschaftstheorie und -politik weiterhin abzustützen. Harald Gerfin charakterisiert sie als „eine herausragende wirtschaftswissenschaftliche Entwicklung der jüngeren Zeit"[89]. Am Westberliner Deutschen Institut für Wirtschaftsforschung fand im Herbst 1982 ein Symposium über diese Theorie, speziell in ihrer Bedeutung als Wegweiser für die staatliche Wirtschaftspolitik, statt. Die Professoren Ramser und Gerfin von der Universität Konstanz bemühten sich, die wirtschaftspolitischen Möglichkeiten und Grenzen der „Neuen Klassischen Makroökonomik" aufzuhellen.[90]

Das tragende theoretische Element der „Neuen Klassischen Makroökonomik" besteht in der Unterstellung einer ständigen Markträumung. Diese Theorie betrachtet das kapitalistische Wirtschaftssystem der Gegenwart in recht illusionärer Weise zunächst „als ein System von perfekten, homogenen Wettbewerbsmärkten mit prinzipiell unverzögert flexiblen Preisen nach oben und unten, Nominallohn, und -zinssätzen, die auch ganz kurzfristig stets zum Ausgleich von Angebot und Nachfrage führen. Der Wirtschaftsprozeß mit seinen Konjunkturschwankungen, die im Lichte dieser ‚Neuen Klassischen Makroökonomik' durch exogene Störungen ausgelöst werden, wird als eine Abfolge von Gleichgewichtskonstellationen gedeutet: Nie und nirgends kommt es zu Angebots- und Nachfrageüberschüssen zu den jeweils herrschenden Preisen, also zu unfreiwilligen Tauschbeschränkungen, Mengenrationierungen. Unfreiwillige Arbeitslosigkeit beispielsweise kann es dann nicht geben."[91]

Diese geschilderten idyllischen Zustände in der kapitalistischen Wirtschaft werden damit begründet, daß die Wirtschaftsindividuen alle auf der Basis rationaler Erwartungen vernünftig handeln würden, das heißt, „daß rationale Akteure . . . wechselseitig vorteilhafte Transaktionen nicht ungenutzt (lassen), was außerhalb des Gleichgewichts aber der Fall wäre"[92]. Damit ist das zweite, ebenfalls wesentliche Element der „Neuen Klassischen Makroökonomik" angesprochen: der Rückgriff auf die alte vulgärökonomische Rationalitätskonzeption, wie sie bereits frühzeitig von dem deutschen bürgerlichen Ökonomen und Soziologen Max Weber in die politökonomische Apologetik des Imperialismus eingeführt worden ist.[93]

Die Vertreter der „Neuen Klassischen Makroökonomik" sind bemüht, ihre politökonomische Grundkonzeption durch eine Zurückführung auf rationale Entscheidungen der Wirtschaftseinheiten (Betriebe, Haushalte) in theoretischer Hinsicht mikroökonomisch zu fundieren. Die Basis hierfür ist die „Theorie der

[89] H. Gerfin, Ist Keynes entthront?, in: Wirtschaftswoche (Düsseldorf), 33/1982, S. 46.

[90] Vgl. H. J. Ramser, Theoretische und politische Aspekte makroökonomischer Ungleichgewichtskonzeptionen, a. a. O., S. 457.

[91] H. Gerfin, Ist Keynes entthront?, a. a. O., S. 46.

[92] Ebenda, S. 46/47.

[93] Vgl. M. Weber, Soziologie. Weltgeschichtliche Analysen, Politik, Stuttgart 1956, S. 102.

rationalen Erwartungen". Sie besagt, „daß rationale Wirtschaftssubjekte unverzerrte Erwartungen bilden und dazu den objektiven Informationsstand vollständig nutzen. Es handelt sich um eine positive Theorie zur Erklärung empirischer Phänomene."[94] Die Theorie soll außerdem dazu dienen, „ein normatives Konzept zu formulieren, das festlegt, wie Erwartungen oder Prognosen gebildet werden"[95]. Diese Erwartungen, denen ein rationaler Charakter unterstellt wird, bilden die Orientierungspunkte für das Verhalten der Marktteilnehmer. Das heißt, die Marktteilnehmer treffen von ihrem Erwartungshorizont her ökonomische Entscheidungen. Ihre Erwartungen werden nun aber ständig durch staatliche wirtschaftspolitische Entscheidungen und Aktivitäten verändert und beeinflußt, so daß dadurch wiederum auf den Reproduktionsprozeß regulierend Einfluß genommen werden kann.[96]

Das „Neuartige" in der Argumentation der Vertreter der „Neuen Klassischen Makroökonomik" besteht also in letzter Konsequenz nur darin, das bekannte Saysche Gesetz mit anderen, aber ebenfalls nicht stichhaltigen Argumenten zu wiederholen. Die Theorie des jetzt über die staatliche Wirtschaftspolitik beeinflußten rationalen Handelns und der rationalen Erwartungen, als Basis für den Ausgleich von Angebot und Nachfrage, tritt nunmehr an die Stelle der bei Say noch gleichsam a priori gesetzten Unterstellung des automatischen Ausgleichs von Angebot und Nachfrage. Es wird damit dieselbe zweckoptimistische Aussage über den angeblich reibungslosen Ablauf der kapitalistischen Wirtschaft abzustützen versucht. Das rationale Handeln, so wird eingeräumt, kann allerdings durch unzulängliche Informationen beeinträchtigt werden. Dadurch komme es dann zu den durch sogenannte irrtumsbedingte Fluktuationen verursachten Schwankungen um den sogenannten natürlichen Beschäftigungs- und Produktionsgrad, die tatsächlich nicht wegzudiskutieren sind. In der kritischen Wertung einer solchen wirtschaftstheoretischen Auffassung dürfte es einleuchtend sein, daß damit die Massenarbeitslosigkeit in der kapitalistischen Welt nicht zu überwinden ist. Im Gegenteil: Durch die Betonung des sogenannten freien Spiels der Marktkräfte als angeblich besten Wirtschaftsregulativs wird den arbeiterfeindlichen Praktiken der Monopole und ihrer Praxis der rigorosen Arbeitskräfteentlassung das Wort geredet. Einer solchen Politik hat sich die Arbeiterklasse entschieden entgegenzustellen.

Die unterstellte harmonische Entwicklung auf dem kapitalistischen Markt durch eine automatische Preis-Mengen-Anpassung ist eine Fiktion, da sie allen realen Gegebenheiten, insbesondere in der Depressions- und Krisenphase des kapitalistischen Krisenzyklus, sowie den Bedingungen des *monopolistischen* Ka-

94 M. J. Neumann, Gesamtwirtschaftliche Prognosen im Lichte der Theorie rationaler Erwartungen, in: Institut für Höhere Studien und Forschungen (IHS)-Journal (Wien), 6/1982, S. 68.

95 Ebenda.

96 Vgl. W. Fellner, Historische Wende, a. a. O., S. 90; ders., Politik ohne Inflation, in: Wirtschaftswoche (Düsseldorf), 48/1982, S. 82.

pitalismus widerspricht. Dies müssen selbst etwas realistischer denkende bürgerliche Ökonomen erkennen. Aus Kreisen solcher Ökonomen wird darauf verwiesen, daß die Erwartungshaltung der einzelnen Marktteilnehmer sich bezieht „auf die realitätswidrige Theorie ständiger Markträumung durch hohe und symmetrische Flexibilität aller Preise . . . die Probleme für die (Neue Klassische – d. A.) Makropolitik"[97] bringt.

Aus der (im heutigen Kapitalismus mit seiner staatsmonopolistischen Regulierung und der monopolistischen Konkurrenz) unrealistischen Grundkonzeption der „Neuen Klassischen Makroökonomik" werden extrem *liberalistische* wirtschaftspolitische Grundsätze abgeleitet. So seien die unterstellten „natürlichen" Produktions- und Beschäftigungsgrade angeblich „völlig unabhängig von der betriebenen Geld- und Fiskalpolitik"[98], die deshalb am besten unterbleiben sollten.

Die „Neue Klassische Makroökonomik" artikuliert sich in ihrem Wesen also als eine konsequent liberalistisch orientierte Variante staatlicher Wirtschaftspolitik innerhalb der neokonservativen Hauptrichtung der gegenwärtigen bürgerlichen politischen Ökonomie. Sie repräsentiert einen absolut antiquierten Standpunkt. Als Gegenpol zur Keynesschen Theorie und Wirtschaftspolitik avancierte sie aber im Laufe der 80er Jahre zum Gegenstand wirtschaftstheoretischer Diskussionen unter namhaften bürgerlichen Ökonomen; sie fand ernsthafte kritische Beachtung auch bei Ökonomen aus sozialistischen Ländern.[99] Im Abschlußreferat des Direktors des Deutschen Instituts für Wirtschaftsforschung, Professor Hans-Jürgen Krupp, auf dem Symposium über die neuen ökonomischen Theorien als Wegweiser für die Wirtschaftspolitik, resümiert er unter anderem, daß zwar die auf diesem Symposium vorgestellten neuen theoretischen Ansätze „noch nicht voll ausgereift und ausformuliert"[100] seien, daß man aber nicht abwarten müsse, „ob oder welche dieser Ansätze (Neue Keynesianische Makroökonomik oder Neue Klassische Makroökonomik – d. A.) herrschende Lehre werden. Viel wichtiger ist, daß sich die empirische Forschung dieser neuen Ansätze annimmt und versucht, die relevanten Hypothesen an der Realität zu messen."[101]

97 H. Gerfin, Ist Keynes entthront?, a. a. O,. S. 48.

98 Ebenda, S. 47.

99 Vgl. Krizis gosudarstvenno-monopolističeskogo regulirovanija i ego otraženie v buržuaznoj politėkonomii, in: MEMO (Moskva), 4/1985, S. 108.

100 H. J. Krupp, Einführung in die Generaldiskussion, Deutsches Institut für Wirtschaftsforschung (DIW)-Symposium: Neue ökonomische Theorien – Wegweisung für die Wirtschaftspolitik?, in: Vierteljahreshefte zur Wirtschaftsforschung, Berlin (West), 4/1982, S. 467.

101 Ebenda.

2.3. *Eklektische Syntheseversuche*

In der kritischen Auseinandersetzung mit den neueren Erscheinungen im Verhältnis von bürgerlicher Wirtschaftstheorie und staatlicher Wirtschaftspolitik ist abschließend auf den an Bedeutung zunehmenden Versuch einer *eklektischen Synthese* der bisher behandelten beiden Hauptrichtungen hinzuweisen. Dieser Versuch erfolgt im Rahmen der Theorie der gemischten Wirtschaft (mixed economy) und Wirtschaftspolitik (mixed policy). Es ist davon auszugehen, daß die eklektische Vereinigung beider Hauptströmungen „in den letzten Jahren von bürgerlichen Ökonomen verstärkt unternommen wurde und . . . eine nicht unbeträchtliche Verbreitung erfahren hat"[102]

Nicht zu übersehen ist auch, daß sich bürgerliche Ökonomen und Wirtschaftspolitiker vom *kombinierten* Einsatz der aus jeder der beiden Hauptrichtungen übernommenen und aus ihrer Sicht wirkungsvollsten Bestandteile etwas erhoffen. So ging beispielsweise der Kommentar der BRD-Zeitschrift „Wirtschaftswoche" zum Jahresgutachten 1982 der fünf führenden wirtschaftswissenschaftlichen Forschungsinstitute der BRD beziehungsweise Westberlins davon aus, daß weder die sogenannte neoklassische noch die keynesianische Strategie die Lösung aus dem gegenwärtigen Krisendilemma erwarten lasse, sondern daß das „Heil in der Mitte liege"[103]. Zu einer in ihrer Grundaussage gleichartigen Einschätzung und einer daraus abgeleiteten wirtschaftspolitischen Strategieempfehlung gelangten auch Manfred Teschner und Dieter Vesper vom Deutschen Institut für Wirtschaftsforschung, wenn sie durch einen internationalen wirtschaftspolitischen Vergleich, der sich auf eine Reihe kapitalistischer Industriestaaten bezieht, zu folgendem Resultat kommen: „Staatliches Nachfragemanagement ist risikoreich, insbesondere in einer anhaltenden Stagnation der weltwirtschaftlichen Entwicklung. Diese Einschätzung aber macht es – vor allem wenn es abgestimmt ist mit den anderen Säulen der Politik – noch lange nicht zum Kandidaten für den Schrottplatz wirtschaftspolitischer Ideen. Je mehr eine nachfrageorientierte Politik zur Stabilisierung der Absatzerwartung führt, um so besser ist sie auch dazu geeignet, das Angebot zu fördern. Darüber hinaus sind gezielte Maßnahmen wie Investitions- und Technologieförderung für eine erfolgreiche Steuerung des Wirtschaftsprozesses unentbehrlich. Nachfrage- und Angebotspolitik müssen sich ergänzen."[104]

Der Trend zur eklektischen Synthese der beiden Hauptrichtungen der der-

[102] G. Fabiunke/P. Thal, Geschichte der politischen Ökonomie. Leitfaden, Berlin, 1981, S. 114; vgl. auch: Autorenkollektiv (Leitg. A. G. Mileikovski), Kritika buržuaznych teorij GMK. Problemy „smešannoj ėkonomiki", Moskva 1984.

[103] Vgl. Gemeinschaftsgutachten, in: Wirtschaftswoche (Düsseldorf), 19/1982, S. 11.

[104] M. Teschner/D. Vesper, Budgetpolitik Österreichs im internationalen Vergleich, a. a. O., S. 48.

zeitigen bürgerlichen politischen Ökonomie wird in jüngster Zeit auch von den Mitgliedern des „Vereins für Socialpolitik" in der BRD unterstützt. Diese BRD-Ökonomen plädieren für ein wirtschaftspolitisches Programm im Sinne „eine(r) kombinierte(n) keynesianische(n) und neoklassische(n) Strategie. Sie (diese Strategie – d. A.) könne allerdings nur aufgehen, wenn sie mit einem weiteren Stillhalten bei der Lohn- und Preispolitik honoriert werde, die Tarifpartner sich also nicht aus der beschäftigungspolitischen Verantwortung entlassen sähen."[105]

Die angestrebte „Synthese" von Grundelementen beider Hauptrichtungen der gegenwärtigen bürgerlichen politischen Ökonomie schließt ein, daß ihre Verfechter erwarten, daß diese Synthese mehr für die Erfüllung der wirtschaftspolitischen wie auch der ideologischen Anforderungen an die bürgerliche politische Ökonomie zu bieten vermag, als nur die eine oder die andere Hauptrichtung für sich allein genommen. Die Synthese wäre sonst ohne Sinn.

Theoriegeschichtlich gesehen ist das Bestreben nach der Synthese der beiden Hauptrichtungen der bürgerlichen politischen Ökonomie bereits relativ frühzeitig, das heißt in den 50er Jahren, zu beobachten. In jener Zeit vollzog im großangelegten Maßstab erstmalig der bekannte amerikanische Ökonom Paul A. Samuelson eine derartige Verschmelzung der beiden Hauptrichtungen in seinem politökonomischen Hauptwerk unter dem Terminus der „neoklassischen Synthese"[106]. Dabei hat er von den Keynesianern in erster Linie die regulierungspolitischen Instrumentarien, vornehmlich die Fiskalpolitik, und von den Neoklassikern die prononcierte Hervorhebung der angeblichen Vorzüge des konkurrenzwirtschaftlichen kapitalistischen Marktwirtschaftssystems übernommen. Diesem Marktmechanismus wurden und werden systemstabilisierende Kräfte zuerkannt, die es zu erhalten und zu nutzen gelte.

In diesem Zusammenhang dürfte von Interesse sein, daß es solche Bestrebungen auch schon in früheren Perioden der bürgerlichen Ökonomie gab. Hier sei zum Beispiel an die Versuche Max Webers erinnert, mittels seiner Idealtypenlehre einen Brückenschlag zwischen der „Historischen Schule" und der „Grenznutzenschule" zu schlagen. Auch Walter Eucken, Hauptvertreter der neoliberalen Richtung in der bürgerlichen politischen Ökonomie, bemühte sich bereits vor dem zweiten Weltkrieg, die „große Antinomie" zwischen der „theoretischen" und der „historisch-empirischen" Nationalökonomie zu überwinden.[107]

In der kritischen Analyse der eklektischen Synthesebestrebungen innerhalb der heutigen bürgerlichen politischen Ökonomie wäre es verfehlt, ihre einzelnen Hauptströmungen als *isolierte* Erscheinungen zu betrachten. Fabiunke und Thal betonen in ihrem Leitfaden zur Geschichte der politischen Ökonomie zu Recht die Relativität der Zweiteilung der bürgerlichen politischen Ökonomen in Keynesianer und Neoklassiker. Sie verweisen in diesem Kontext darauf, „daß die

105 Krise des Steuerstaates?, in: Wirtschaftswoche (Düsseldorf), 42/1982, S. 87.
106 Vgl. P. A. Samuelson, Volkswirtschaftslehre. Eine Einführung, Köln – Deutz 1955.
107 Vgl. hierzu u. a.: G. Fabiunke/P. Thal, Geschichte der politischen Ökonomie. Leitfaden, a. a. O., S. 84 u. 132.

beiden Tendenzen in der zeitgenössischen bürgerlichen Ökonomie nicht mit einer klaren Scheidelinie voneinander getrennt werden können"[108]. In den sich in jüngerer Zeit verstärkenden Bestrebungen zur eklektischen Synthese dieser Hauptströmungen unter dem Begriff der „mixed economy" und der sich daraus ableitenden „mixed policy" wird die Relativität dieser Zweiteilung in besonders augenfälliger Weise dokumentiert.

Über das Wesen dieser Synthesebestrebungen sind weitere Forschungen erforderlich, weil ihnen im System der bürgerlichen Wirtschaftstheorie und staatsmonopolistischen Wirtschaftspolitik auch in Zukunft zweifellos eine wichtige Rolle zukommen wird. Man kann diese Entwicklung aber nicht isoliert vom weiteren Entfaltungsprozeß der beiden Hauptrichtungen der gegenwärtigen bürgerlichen politischen Ökonomie beurteilen, denn im Grunde genommen enthält *jede* der beiden Hauptrichtungen Elemente dieser Synthese, wenn auch in unterschiedlicher Gewichtung, in sich selbst.

Die reale ökonomische Entwicklung, insbesondere seit Ende der 70er Jahre bis in die Gegenwart hinein, hat bewiesen, daß auch die durch die Theorie der gemischten Wirtschaft beziehungsweise Politik unternommenen Versuche zur Vermeidung der tiefgreifenden Erschütterungen des kapitalistischen Wirtschaftssystems nicht fruchten. Da die einzelnen Bestandteile dieser eklektischen Synthese, für sich genommen, das Ausbrechen der objektiven Widersprüche des Kapitalismus nicht verhindern konnten, noch können, ist dies auch für den *kombinierten* Einsatz dieser sich als untauglich erwiesenen Elemente zutreffend. Die objektiven Grenzen dieser Synthese zur wirtschaftstheoretischen Fundierung der staatlichen Wirtschaftspolitik traten im Verlauf der späten 70er Jahre, bis in die Gegenwart hinein fortwirkend, mit der Zuspitzung der Widersprüche innerhalb der kapitalistischen Wirtschaft unübersehbar hervor. Herbert Meißner resümiert deshalb in seiner kritischen Wertung neuerer Erscheinungen innerhalb der bürgerlichen Ökonomie treffend: „Gültig bleibt die in der historischen Praxis gemachte Erfahrung, daß die beiden Grundkonzepte kapitalistischer Wirtschaftsführung, Keynesianismus und ‚Angebotsökonomie', keine Basis bilden – *auch* nicht in ihrer Mixtur, um die von der marxistisch-leninistischen politischen Ökonomie analysierten Widersprüche und entdeckten Gesetzmäßigkeiten des Kapitalismus unter Kontrolle zu bringen. Sie bewirken vielmehr letztlich die weitere Vertiefung der Krise der bürgerlichen Gesellschaft . . ."[109]

[108] Ebenda, S. 113/114.

[109] H. Meißner, Bürgerliche Ökonomie zwischen Euphorie und Ratlosigkeit, a. a. O., S. 262.

KAPITEL 3

Theoriegeschichtliche Wurzeln der Krisenapologetik konservativer Ökonomen

Im folgenden geht es um die kritische Analyse der derzeitigen Krisenapologetik, wie sie sich niederschlägt in den wirtschaftstheoretischen und wirtschaftspolitischen Verlautbarungen konservativer Kräfte, besonders der BRD, in den Stellungnahmen der Unternehmerverbände und offiziellen Gutachtergremien sowie in den wirtschaftspolitischen Spalten und Sendungen der bürgerlichen Massenmedien.

Hierbei wird in zweifacher Weise verfahren: Der erste Teil der Untersuchung präpariert aus einer repräsentativen Auswahl einschlägiger Veröffentlichungen die gegenwärtige typische Erscheinungsform der auf „neoklassischer" Grundlage basierenden bürgerlichen Krisenerklärung heraus und setzt sich damit kritisch auseinander. Dabei wird die Aufmerksamkeit einerseits auf das Argument von der „verfehlten Wirtschaftspolitik" und andererseits auf die Behauptung von den „überhöhten Lohnforderungen" als den angeblichen Krisenursachen gelenkt. Beide Argumentationsweisen sind exemplarisch für die derzeitige bürgerliche Krisenapologetik.

Der zweite Teil des Kapitels demonstriert aus einem speziellen theoriegeschichtlichen Rückblick heraus die Verhaftung dieser Krisenverschleierungskonzepte in den Positionen der Vulgärökonomie von gestern, besonders in der „Gleichgewichtstheorie", die von Jean Baptiste Says (1767 bis 1832) apologetischem „Theorem der Absatzwege" bis in die Gegenwart hinein fast lückenlos die bürgerliche Argumentationsweise bestimmt. Besondere Aufmerksamkeit bei dieser logisch-historischen Beweisführung wird der Auseinandersetzung mit den Konzepten der bürgerlichen Ökonomen Joseph A. Schumpeter, Walter Eucken und Friedrich August von Hayek beigemessen, die in den gegenwärtigen krisenapologetischen Argumentationen der konservativen Kräfte eine Schlüsselposition erlangt haben.

3.1. *Ausdrucksformen gegenwärtiger Krisenapologetik – „Suche nach Schuldigen" oder „Verfehlte Wirtschaftspolitik"?*

„Suche nach Schuldigen", so überschrieb die in Düsseldorf erscheinende „Wirtschaftswoche"[1] die Interviews mit zwei US-amerikanischen Ökonomen, die nach den Ursachen der Krise in den USA befragt wurden. Solcherart Versuche einer mit moralischer Abwertung verquickten Personifizierung der Krisenursachen erweisen sich, wie u. a. Günter Krause kürzlich nachwies, „als ein Grundcharakteristikum gegenwärtiger imperialistischer Krisendiagnose"[2]. Wirtschaftskrisen entstehen und dauern an – darauf laufen derartige Deutungen hinaus – „weil bestimmte Gruppen bzw. Personen sich nicht ‚richtig' verhalten haben oder verhalten. Ökonomische Krisen sind nach dieser Lesart nicht Ergebnis des Wirkens objektiver Gesetze . . ., sondern Resultat subjektiven Fehlverhaltens. In diesem insgesamt konstant bleibenden Kriseninszenario . . ." bestehe der Wechsel lediglich in den sich „fehlverhaltenden" Akteuren. Einmal seien es die „Ölscheichs" mit „unlauteren Preistreibereien", ein andermal die Gewerkschaften mit „antiquiertem Klassenkampfdenken", dann wieder die „Verbraucher mit überzogenen Ansprüchen", nicht zuletzt, und darum geht es hier insbesondere, Politiker mit „falschen wirtschaftspolitischen Konzepten".[3]

Eine Vielzahl von Zeugnissen ließe sich für die Handhabung des Argumentationsschemas „Suche nach Schuldigen" beibringen; wir müssen uns auf einige wenige besonders signifikante beschränken: George Gilder zum Beispiel, einer der politökonomischen Architekten der „Reagonomics", befragt nach den Ursachen der Misere der US-amerikanischen Wirtschaft, erklärt in einer weitverbreiteten Illustrierten: „Die augenblickliche Lage ist vor allem auf Jimmy Carters falsche Wirtschaftspolitik zurückzuführen."[4] Milton Friedman, das theoretische Haupt der Monetaristen, erklärt in einem Wirtschaftsjournal den „Wohlfahrtsstaat" und die damit verquickte Wirtschafts- und Sozialpolitik zur Krisenursache.[5] Wolfram Engels, ein Vorreiter der heutigen konservativen Wirtschaftsideologie in der BRD, schrieb leicht abgewandelt: „Die keynesianische Politik und die Hoffnungen, die man darein setzte, waren . . . die tiefere Ursache der Wirtschaftskrise von 1975 und schließlich auch von 1981."[6]

1 Suche nach Schuldigen [Interview der Wirtschaftswoche mit L. C. Thurow und I. Kristol], in: Wirtschaftswoche (Düsseldorf), 16/1982, S. 159.

2 G. Krause, Kapitalistische Wirtschaftskrise – Resultat falscher Wirtschaftspolitik?, in: Einheit, 5/1983, S. 492.

3 Vgl. ebenda; vgl. auch: P. Rapŏs, Wirtschaftskrisen im heutigen Kapitalismus, Berlin 1984, S. 21.

4 Der Stern (Hamburg) vom 19. 11. 1981, S. 279.

5 Ich bin kein Anarchist [Interview der Wirtschaftswoche mit M. Friedman], in: Wirtschaftswoche (Düsseldorf), 46/1980, S. 56.

6 W. Engels, Keynes ist zu bequem, in: Wirtschaftswoche (Düsseldorf), 18/1981, S. 54/55.

Der bekannte bürgerliche Ökonom Egon Tuchtfeldt argumentiert mit „wirtschaftspolitischen Sünden wider den Geist der sozialen Marktwirtschaft, die seit 1969 (dem Beginn der sozialliberalen Koalition) begangen wurden . . . Die Reformpolitik", so Tuchtfeldt, habe „zunächst zu einer fundamentalen Investitionsschwäche und dann zu einer tiefgreifenden Wirtschaftsklerose geführt."[7] Anton Jaumann, in der gleichen Publikation, polemisiert gegen die von den demokratisch orientierten „alternativen" Ökonomen der BRD vorgebrachte These vom „Versagen der Marktwirtschaft" und kommt hierbei hinsichtlich der Krisenursachen zu der Behauptung, daß diese „vor allem auf klare Verstöße der Wirtschafts- und Sozialpolitik, aber auch der Sozial- und Gesellschaftspolitik gegen den Geist der sozialen Marktwirtschaft" zurückzuführen seien.[8] Nicht viel anders lautet die Antwort im bekannten neoliberalen ORDO-Jahrbuch: „Die seit langem anhaltende wirtschaftliche Stagnation vieler Länder ist nicht zuletzt auf ihre innere Wirtschaftspolitik zurückzuführen. Außer geld- und finanzpolitischen Fehlentscheidungen sind vor allem ordnungspolitische Orientierungsmängel für das Ergebnis verantwortlich."[9] Hier wie auch anderswo werden die von innen ausgehenden „klaren Verstöße" gegen den „Geist der Sozialen Marktwirtschaft" sekundiert von einer Erklärung aus „zusätzlichen weltwirtschaftlichen Einflüssen", als verlangten nicht auch diese weltwirtschaftlichen Krisenerscheinungen nach einer besonderen *endogenen* Erklärung.

Als sehr charakteristisch zeigt sich bei all diesen Argumentationen, daß der jeweilige bürgerliche Krisenerklärer immer oder vorwiegend die Wirtschaftspolitik der „anderen" als falsch und krisenverursachend hinstellt. Auch die jährlichen Verlautbarungen des „Sachverständigenrates zur Begutachtung der gesamtwirtschaftlichen Entwicklung" (SVR) verfahren im wesentlichen nach diesem Schema. Eine vom Institut für marxistische Studien und Forschungen in Frankfurt a. Main herausgegebene Arbeit hat die Sachverständigengutachten von 1964 bis 1977 analysiert und ist zu folgendem Ergebnis gekommen: „Entsprechend der Grundhaltung der ersten Jahresgutachten, die die ökonomische Entwicklung als im Kern problemlos und die Möglichkeiten der Wirtschaftspolitik als nahezu unbeschränkt erachten, sieht der Sachverständigenrat die Hauptursache der Wirtschaftskrisen in wirtschaftspolitischem Fehlverhalten verantwortlicher Instanzen oder aber in exogenen, außerhalb der immanenten Ablaufgesetze der ‚Marktwirtschaft' liegenden Faktoren. Eine eigentliche Theorie der Konjunkturschwankungen, vor deren Hintergrund Aussagen über die Steuerbarkeit der Wirtschaft bzw. über systematische Fehler der praktischen Wirtschaftspolitik überhaupt erst sinnvoll sein können, wird ebensowenig ent-

7 E. Tuchtfeldt, Konjunkturpolitische Maßnahmen zur Bekämpfung der Arbeitslosigkeit, in: Politische Studien (München), 33/1983, S. 522.

8 A. Jaumann, Soziale Marktwirtschaft als Leitlinie künftiger Wirtschaftspolitik, in: Politische Studien (München), 33/1983, S. 575.

9 ORDO (Jahrbuch für die Ordnung von Wirtschaft und Gesellschaft), hg. von H. O. Lenel/E. Heuß/E. Hoppmann u. a., Bd. 33, Stuttgart – New York 1982, S. V.

wickelt, wie es der Rat für nötig hält, seine Auffassungen von den Funktionsprinzipien der ‚Marktwirtschaft' so darzulegen, daß sich ein expliziter Ansatzpunkt für eine Kritik der Theorie des SVR bieten würde."[10]

Diese hier von R. Faust kritisierte theoretisch verschwommene oder durch Verschwommenheit getarnte Darlegungsweise bringt es auch mit sich, daß der „Sachverständigenrat" außer der verfehlten Wirtschaftspolitik als der Hauptkrisenursache in durchweg eklektischer Weise weitere krisenverursachende Faktoren ins Spiel bringt, etwa das Zusammenwirken von Inflation, Erdölkrise, Weltrezession und die „Anspruchsinflation".

Die angeführte marxistische Untersuchung von Faust vermag mittels der vom SVR aus der Vielzahl der therapeutischen Mittel und Wege getroffenen Auswahl sowie aus der Extensität und Häufigkeit der vorgebrachten Argumente den Beweis zu erbringen, „daß der Rat den Kern der Krise jedoch in den Verteilungsrelationen des Volkseinkommens zwischen Unternehmern und Lohnabhängigen sieht"[11]. „Der selbst durch die herrschende ökonomische Theorie nicht gesicherte Zusammenhang, Profite – Investitionen – Beschäftigung wird zum zentralen Krisenerklärungsmuster."[12]

Wir werden auf diese „Krisenursache" der angeblich zu hohen Löhne, die in bürgerlicher Sicht unter der bequemen Rubrik „verfehlte Wirtschaftspolitik" in der Regel mitgedacht und mit erfaßt wird, im folgenden noch kurz näher eingehen. Die Bourgeoisie weiß sehr gut, wie wichtig die Profite für das kapitalistische System sind, und es ist zugleich offensichtlich, daß auch niemand ein größeres Interesse daran haben kann, den angeblich zu hohen Löhnen die Schuld an den verschiedenen Gebrechen des Systems einzuräumen. Besonders zur Apologetisierung der Arbeitslosigkeit erfreute und erfreut sich dieses Argument bei den bürgerlichen Ökonomen aller Schattierungen seit vielen Jahrzehnten äußerster Beliebtheit. Daß speziell die Senkung der Löhne die angeblich sicherste Methode zur Wiederaufnahme zunächst verdrängter Arbeitskräfte in den Produktionsprozeß sei, das haben die verschiedenen Generationen der neoklassischen Ökonomen so gründlich betont, daß zum Beispiel der schwedische Ökonom Gustav Cassel bei der Übernahme dieses Konzepts in sein eigenes System nur noch eine polemische Spitze gegen die Gewerkschaften hinzuzufügen brauchte, um weithin Anerkennung bei den theoretischen und praktischen Agenten des Kapitals zu finden.[13]

10 R. Faust, Sachverständigenrat zwischen Keynesianismus und Monetarismus. Zur Konzeption der Sachverständigengutachten seit 1964, Frankfurt a. M. 1979, S. 62.

11 Ebenda, S. 65.

12 Ebenda, S. 67; vgl. auch: R. Hickel, Konjunktur und Krise – neu betrachtet, in: K. Diehl/P. Mombert (Hrsg.), Ausgewählte Lesestücke zum Studium der politischen Ökonomie, Bd. Wirtschaftskrisen, Frankfurt a. M. – Berlin (West) – Wien 1979, S. V–CXLV.

13 Vgl. G. Cassel, Theoretische Sozialökonomie, 4. Aufl., Leipzig 1927, Kap. 8: Der Arbeitslohn, S. 292/293.

Das gegenwärtig Neue bei der Handhabung dieses herkömmlichen neoklassischen Argumentationsschemas besteht eigentlich *nur* in seiner Erweiterung und seinem systematischen Ausbau: Die Lohnbewegungen, als von den Gewerkschaften angeblich gegen die Marktmechanismen durchgesetzten Maßnahmen, sollen nicht mehr lediglich partielle Mißstände „erklären", sondern vielmehr auch an *gesamt*wirtschaftlichen Fehlentwicklungen eine gravierende Hauptschuld tragen; das heißt, die vorgetragene Polemik gegen die „überhöhten Löhne" und „verzerrten Lohnstrukturen" wird nunmehr zu einer Art eigenständiger „Krisentheorie" aufgebauscht und umgekehrt die „zu hohen Löhne" zu einer der wichtigsten Krisenursachen mit globalen Folgeerscheinungen fehlinterpretiert.[14] Cum grano salis ließe sich diese „Krisentheorie" als eine neokonservative Perversion oder Umkehrung der bekanntlich vom Widerspruch zwischen gesellschaftlicher Produktion und privater Aneignung ausgehenden marxistischen Krisentheorie ansehen, *nur*, daß in dieser Perversion die *Arbeiter* mit ihren gewerkschaftlich erkämpften oder abgesicherten Löhnen und nicht die kapitalistischen Ausbeuter als private Aneigner und Krisenfaktoren der „gesellschaftlichen Produktion" erscheinen. Die „Suche nach Schuldigen" drückt sich in diesem Theorem besonders krass aus.

Die Brisanz des Themas bringt es allerdings mit sich, daß diese mit überhöhten Löhnen operierende Krisentheorie in der Regel nicht so ausformuliert und auch nicht als ausschließliche, sondern meist nur als zusätzliche Erklärung des Krisengeschehens ins Spiel gebracht wird; im rhetorischen Vordergrund der angeblichen Krisenursachen bleibt die „verfehlte Wirtschaftspolitik", welche die „verfehlte Lohnpolitik" stillschweigend mit einschließt, in diesem Stillschweigen aber nicht so faßbar und angreifbar erscheint. *Ausschließlich* wird das Argument der überhöhten Löhne nur zur Erklärung und Rechtfertigung der Arbeitslosigkeit als einer Teilerscheinung der Krise verwendet, hier dann aber mit aller Brutalität und mit sophistischer Demagogie. So etwa hält es Friedrich von Hayek „für die erste Pflicht jedes Ökonomen, der diesen Namen verdient, bei jeder Gelegenheit zu wiederholen, daß die gegenwärtige Arbeitslosigkeit die unmittelbare und unvermeidliche Konsequenz der sogenannten Vollbeschäftigungspolitik ist, die während der letzten 25 Jahre verfolgt wurde . . ."[15]

Die Autoren der „Memoranden" für eine alternative Wirtschaftspolitik charakterisieren die inneren Widersprüche und Tautologien in der diesbezüglichen Argumentation des Sachverständigenrates und seiner Ideenlieferanten wie folgt: „Auf einen Satz gebracht, lautet die angebotsorientierte Argumentation des

[14] Vgl. G. Zinn, Lohnkosten und Arbeitslosigkeit, in: H. Markmann/D. B. Simmert (Hrsg.), Krise der Wirtschaftspolitik, Köln 1978, S. 503: „In der jüngeren Vergangenheit wurde dieser theoretische Ansatz, der den Lohnbewegungen die Hauptschuld an gesamtwirtschaftlichen Fehlentwicklungen zuweist, zu einer Art Krisentheorie ausgebaut."

[15] F. A. v. Hayek, Full Employment at any Price. IEA Eccasional Papers 45, London 1975, S. 43.

SVR also folgendermaßen: Arbeitslosigkeit ist eine Folge zu hoher Löhne, daß die Löhne zu hoch sind, erkennt man an der bestehenden Arbeitslosigkeit. Die Reallöhne mögen gesunken sein und noch weiter gesenkt werden, die Gewerkschaften mögen die lohnpolitischen Empfehlungen des SVR beachten oder nicht – so lange noch Arbeitslosigkeit herrscht, sind sie auf jeden Fall nicht niedrig genug."[16] Man erkennt auch in dieser von den Memoranden-Autoren vorgenommenen pointierenden Umschreibung, daß hier mit einem fiktiven Gleichgewichtsmodell argumentiert wird, wonach es angeblich auf dem Arbeitsmarkt zu jedem Zeitpunkt und in jeder konjunkturellen Situation eine Lohnhöhe gibt, den sogenannten Gleichgewichtslohn, der über kurz oder lang durch „Aufsaugen" der Arbeitslosigkeit zur Vollbeschäftigung führe. Die Ursachen der Arbeitslosigkeit und der anderen Krisenerscheinungen liegen nach dieser lohnpolitisch eingefärbten Krisenerklärung nicht im System, sondern in der Verletzung der Systemgesetzlichkeiten; sie werde von den Arbeitslosen und den noch in Arbeit Stehenden und vor allem von ihrer Vertretung, den Gewerkschaften, durch die Forderung nach „ungleichgewichtigen", das heißt überhöhten, Löhnen selbst erzeugt und müsse daher auch von dieser Seite verantwortet werden. Das Gleichgewichtsdogma der bürgerlichen Ökonomie – wir verweisen auf die im folgenden Abschnitt getroffenen Feststellungen – dient also nicht nur zur generellen Krisenverleugnung oder -verharmlosung, sondern auch zu einer speziellen Irreführung in wichtigen Teilbereichen, wie hier bei der Krisenursachenfestschreibung im Bereich der gewerkschaftlichen Lohnpolitik.

Die apologetische Stoßrichtung einer solchen auf dem Kopf stehenden Krisen„erklärung", die Marktversagen mit wirtschaftspolitischem Staatsversagen und lohnpolitischer Hybris kaschiert, liegt auf der Hand: Das System soll entlastet, dem politisch-sozialen Gegner der schwarze Peter zugeschoben und über die angeblich nicht marktkonformen Einkommensansprüche sich „fehlverhaltender" Gruppen soll der Stab gebrochen werden. Die im folgenden Teil ausführlich demonstrierte Unvereinbarkeit von Gleichgewichtsdogma und Krisenverständnis deutet sich bereits hier an als Kastrierung der Konjunktur- alias Krisentheorie zu einem wirtschaftspolitischen Sündenfallmythos.

3.2. *Die Krisenapologetik neoklassischer Richtung*

3.2.1. Die Verstrickung des neoklassischen Krisenerklärungskonzeptes im vulgärökonomischen Gleichgewichtsdogma

Wie wenig originell und stichhaltig die bisher vorgeführten monopolbourgeoisen Krisendeutungen sind, und wie sehr diese Krisenmißdeutungen von jenem uralten Mythos der bürgerlichen Vulgärökonomie geprägt sind, der auch heute

[16] Zit. nach: R. Faust, Sachverständigenrat zwischen Keynesianismus und Monetarismus, a. a. O., S. 89.

noch den Rahmen für die diversen Antworten der bürgerlichen Ökonomie auf die Frage nach den zyklischen Krisen darstellt, sollen in Ergänzung der bisher geführten Auseinandersetzung die folgenden theoriegeschichtlichen Ausführungen belegen. Wir beziehen uns hierzu auf das bereits mehrfach erwähnte Gleichgewichtstheorem, das seit dem einflußreichen Vulgärökonomen Say bis in die Gegenwart hinein das bürgerliche Nachdenken über den Krisenzyklus maßgeblich bestimmt und fehlleitet.

Herbert Meißner hat die Herausbildung, Verfestigung und schließlich partielle Durchlöcherung der bürgerlichen Gleichgewichtstheorie bereits 1962 als Ausdruck des Verfallsprozesses der bürgerlichen Ökonomie analysiert.[17] Er charakterisierte die Doktrin des wirtschaftlichen Gleichgewichts als eine zentrale Kategorie der bürgerlichen Ökonomie, die trotz verschiedener Modifikationen und Auslegungen seit über zweihundert Jahren nahezu unangefochten in der bürgerlichen Ökonomie dominiere. „Seit es bürgerliche Ökonomen gibt, dreht sich ihr Denken um die Frage nach dem Gleichgewicht wirtschaftlicher Potenzen (wie z. B. Angebot und Nachfrage), nach dem wirtschaftlichen Gleichgewicht zwischen den Gesellschaftsklassen, nach dem Gleichgewicht zwischen Güter- und Geldkreislauf, nach den das Gleichgewicht bestimmenden Faktoren usw. usf. Das ganze Funktionieren einer Wirtschaftsordnung sowie das Verständnis dieses Funktionierens ist für den bürgerlichen Ökonomen mit dem Begriff des Gleichgewichts aufs engste verbunden. Daß die zunehmende Schärfe und Tiefe der Wirtschaftskrisen . . . die Frage nach den Ursachen dieser ‚Gleichgewichtsstörungen' und nach dem Gleichgewicht selbst stets aktuell bleiben ließ, ist leicht verständlich."[18]

Im Speziellen fand sich die erste ausdrückliche Verwendung des Gleichgewichtsbegriffes bekanntlich in der sogenannten Theorie der Absatzwege von Say; die derzeit aktuellste explizite Berufung auf dieses Theorem erkennt man bei den Neoklassikern der Gegenwart. Dazwischen liegen der scharfe, aber für die bürgerliche Ökonomie folgenlos bleibende Angriff Sismondis auf dieses Theorem und die im negativen Sinne sehr folgenreiche, besonders von der Grenznutzentheorie vorgenommene endgültige Dogmatisierung und Festschreibung dieses apologetisch nützlichen Theorems. „So hatte der Franco-Schweizer Leon Walras, ausgehend von der von ihm mitbegründeten Grenznutzentheorie, eine mathematische Theorie des Marktgleichgewichts offeriert, die bei weit-

[17] Vgl. H. Meißner, Die Entwicklung der Gleichgewichtstheorie als Ausdruck des Verfallsprozesses der bürgerlichen politischen Ökonomie, in: Jahrbuch des Instituts für Wirtschaftswissenschaften bei der Akademie der Wissenschaften der DDR zu Berlin, Bd. 5, Berlin 1962, S. 199–251.

[18] Ebenda, S. 200; vgl. auch: K. W. Rothschild, Einführung in die Ungleichgewichtstheorie, Berlin (West) – Heidelberg – New York 1981, S. V: „Der Begriff des Gleichgewichts und die Vorstellung eines auf vielen Märkten zu einem Gleichgewicht tendierenden Wirtschaftsprozesses beherrschen seit mehr als hundert Jahren das Bild der traditionellen Wirtschaftstheorie."

gehender Negierung realer ökonomischer Prozesse und sozialer Strukturen ein abstraktes Bild vom Gleichgewicht zwischen den einzelnen Figuranten des ökonomischen Lebens und, darüber hinaus, des gesamten kapitalistischen Wirtschaftssystems darbot."[19] Im Anschluß an diese von Leon Walras und zum Teil auch von Alfred Marshall vollzogene Festschreibung und systematische Weiterführung des alten Dogmas galt die Gleichgewichtstheorie von der Jahrhundertwende bis in die Gegenwart hinein als der „Stolz der theoretischen Ökonomie" und als „Fundament" und „Kerngedanke" aller wissenschaftlichen Ökonomie."[20] Es fehlte zwar nicht an kritischen Stimmen, die wie Oskar von Morgenstern davon sprachen, daß „die Schule des allgemeinen Gleichgewichts in zunehmender Erstarrung begriffen"[21] sei, aber das änderte wenig am allgemeinen Trend neoklassischer Denkweise.

Eine echte Erschütterung des bürgerlichen Festhaltens am Gleichgewichtsdogma bewirkte erst John Maynard Keynes mit seiner 1936 erschienenen „Allgemeinen Theorie der Beschäftigung, des Zinses und des Geldes". Gleich im Vorwort seines Werkes stellte er sich den Gleichgewichtsvorstellungen der zeitgenössischen bürgerlichen Theorie – in wie auch immer inkonsequenter Weise – entgegen und relativierte sie zu einem Sonderfall. Er wolle darlegen, „daß die Postulate der klassischen Theorie nur in einem Sonderfall, aber nicht im Allgemeinen gültig sind, weil der Zustand, den sie voraussetzt, nur ein Grenzpunkt der möglichen Gleichgewichtslagen ist"[22]. Das war Kritik und Verteidigung der Gleichgewichtstheorie in einem: Kritik an ihrer neoklassischen Verabsolutierung, Verteidigung als eine wirtschaftspolitische Zielvorstellung, die vom bürgerlichen Staat angeblich realisiert werden könne; es war eine Relativierung des Gleichgewichtstheorems, aber nicht seine Verabschiedung.

Die auf diese Weise von Keynes bewirkte Erschütterung der vulgärökonomischen Gleichgewichtsvorstellung wirkte nachhaltig, aber schließlich doch nur auf Zeit; die von Keynes aus der Relativierung der alten Gleichgewichtsvorstellung gewonnenen Konzepte vermochten jahrzehntelang die Wirtschaftspolitik wichtiger kapitalistischer Kernländer zu beeinflussen, sie vermochten aber schließlich nicht, die alteingewurzelte neoklassische Gleichgewichtsökonomie völlig aus dem Felde zu schlagen.[23]

Schon nach dem zweiten Weltkrieg gab es in der Form des Neoliberalismus

19 Vgl. H. Meißner (Hrsg.), Bürgerliche Ökonomie ohne Perspektive, Berlin 1976, S. 22.

20 Vgl. ebenda, S. 21.

21 Vgl. Der Stand und die nächste Zukunft der Konjunkturforschung. Festschrift für Arthur Spiethoff, München 1933, S. 195.

22 J. M. Keynes, Allgemeine Theorie der Beschäftigung, des Zinses und des Geldes, Berlin 1955, S. 3.

23 „Die Stärke der Selbstregulierungs-Schule", so formulierte Keynes einmal selbst, „hängt davon ab, daß hinter ihr fast die Gesamtheit des organisierten ökonomischen Denkens sowie die Doktrinen der letzten hundert Jahre stehen" (J. M. Keynes, zit. nach: Don Patikin, Die Geldlehre von John M. Keynes, München 1979, S. 113).

einen relativ wichtigen Versuch, die alten Gleichgewichtsvorstellungen zu restaurieren, und gerade in der Gegenwart zeigt das Zurücktreten der neokeynesianischen und das Vordrängen marktwirtschaftlicher Theoreme, daß der Kampf der beiden Hauptrichtungen keineswegs ausgetragen ist und die neoklassische Gleichgewichtsökonomie weiter virulent bleibt. Für die Gegenwart hat Hans Werner Holub in seinem Beitrag „Zur Leistungsfähigkeit der Gleichgewichtstheorie für die Wirtschaftspolitik" nachgewiesen, daß „die herrschende Wirtschaftstheorie, wie sie sich in Lehrbüchern und Fachzeitschriften präsentiert, . . . die Gleichgewichtstheorie"[24] ist. Diese Virulenz der alten marktwirtschaftlichen Gleichgewichtsökonomie geht in ihrer ideologischen Integration streckenweise so weit, daß Keynes selbst zum Bestandteil der Neoklassik gemacht wird. Eine solche Vereinnahmungstendenz wurde bereits 1937 in der von John R. Hicks veröffentlichten Schrift „Mr. Keynes and the Classics" sichtbar. Keynes, so urteilt auch Jürgen Frank im selben kritischen Sammelband, „wurde nach einer kurzen Zeit der Verunsicherung ganz nach dem Muster der normalen Wissenschaft in die Orthodoxie einbezogen . . . Keynes Analyse der Instabilität des kapitalistischen Wirtschaftsprozesses wurde zum Sonderfall der allgemeinen Theorie der Neoklassik degeneriert"[25].

Versuchen wir die Frage zu beantworten, weshalb das immer wieder und in ständig neuen Versionen beschworene Gleichgewichtstheorem bis heute den Rahmen abgibt für die verschiedenen, aber immer irreführenden Antworten der bürgerlichen Vulgärökonomie auf das Problem der zyklischen Krisen, so läßt sich folgendes feststellen: Dem Gleichgewichtstheorem liegt, wie Meißner in der bereits angeführten Arbeit feststellte, „die prinzipielle Anerkennung der Möglichkeit zugrunde, eine krisenfreie proportionale Entwicklung der kapitalistischen Wirtschaft zu erreichen. Diese Annahme hat ihre letzte und tiefste Wurzel darin, daß die Klassenposition der bürgerlichen Ökonomie aller Schulen mit einer a-priori-Harmonievorstellung belastet ist, die infolge ihres Anspruches auf Wissenschaftlichkeit einer ökonomischen Begründung bedarf. Diese Begründung soll die Gleichgewichtstheorie liefern."[26]

[24] Vgl. H. Markmann/D. B. Simmert (Hrsg.), Krise der Wirtschaftspolitik, a. a. O., S. 75.

[25] J. Frank, Wirtschaftspolitische Implikationen der Neoklassik, in: H. Markmann/D. B. Simmert (Hrsg.), Krise der Wirtschaftspolitik, a. a. O., S. 111. – Zum Problem des Gleichgewichtsdogmas, seiner Festhaltung durch die Neoklassiker und seiner Relativierung durch den Neokeynesianer R. Harrod vgl. auch: I. M. Ossadtschaja, Von Keynes zur neoklassischen Synthese. Eine kritische Analyse, Berlin 1976, Kap. 3: Das dynamische Gleichgewicht und das Problem des Wirtschaftszyklus, S. 51–67 u. Abschn. 4.3.: Das Problem des dynamischen Gleichgewichts in der neoklassischen Wachstumstheorie, S. 79–85; P. Kalmbach/H. D. Kurz, Klassik, Neoklassik und Neuklassik, in: P. de Gijsal/T. Schmidt-Schöbein u. a. (Hrsg.), Die Neoklassik und ihre Herausforderungen, Frankfurt a. M. – New York 1983, S. 57.

[26] H. Meißner, Die Entwicklung der Gleichgewichtstheorie als Ausdruck des Verfallsprozesses der bürgerlichen Ökonomie, a. a. O., S. 201.

Mit anderen Worten: Das zuerst von Say in der Form der Theorie der Absatzwege ausdrücklich begründete Gleichgewichtstheorem fungierte von Anfang an als Krisenleugnungskonzept, im speziellen Fall als Antithese zur Krisentheorie Sismondis, die einen Widerspruch, also ein Ungleichgewicht zwischen Produktion und Konsumtion, als Krisenursache hervorgehoben hatte. Da der naive Glaube an die Natürlichkeit und Harmonie des bürgerlichen Wirtschaftssystems in dieser Zeit des bürgerlichen Aufstiegs im allgemeinen noch relativ ungetrübt war, gab es zunächst trotz Sismondi keine größeren Probleme für die bürgerlichen Ökonomen. Krisen, wenn man bürgerlicherseits überhaupt dieses Wort gebrauchte, waren einfach mehr oder weniger zufällige und selbstverständlich von außen kommende „Störungen" des über allen Zweifel erhabenen Gleichgewichts der Käufer und Verkäufer. Diese krisentheoretische Unschuld und Simplizität währte für das Gros der bürgerlichen Ökonomen relativ lange, sie reicht bei den eingeschworensten Vertretern der kapitalistischen Marktwirtschaft zwar nicht mehr als Unschuld aber doch in unverminderter Simplizität bis in die Gegenwart (der erste Teil dieses Kapitels gab einen Einblick in diese Art von Argumentation).

Die theoretischen Schwierigkeiten, zunächst für die Nachdenklicheren unter den bürgerlichen Ökonomen, setzten ein, als die ständige Wiederkehr der Krisen seit Clemens Juglars Buch[27] die Annahme einer Periodizität und Gesetzmäßigkeit nahelegten und auch dem bürgerlichen Verstand die Frage nach einer endogenen Verursachung aufdrängten. Wie konnte ein System, das periodisch zu Zusammenbrüchen führte und eine Wirtschaft, die „nach den ihr innewohnenden Gesetzen" zum Wechsel „von Aufschwung und Depression in ewiger Wiederholung" verurteilt war,[28] mit dem bislang bewährten und aus gutem bürgerlichen Grund festgeschriebenen Dogma des ökonomischen Gleichgewichts in Einklang gebracht werden? Juglar selbst, der die Erkenntnis von der Periodizität 1862 auf seine Weise aussprach und ins bürgerliche Bewußtsein einbrachte, ließ sich in seiner naiven positivistischen Theorielosigkeit von diesem Kontrast zwischen periodischem Zusammenbruch und Gleichgewichtsdoktrin nicht weiter beeindrucken. Auch die Ökonomen der älteren und jüngeren Historischen Schule waren durch ihre mehr oder weniger weitgehende empiristische

[27] Jürgen Kuczynski verbindet den „einzigen Fortschritt, den die bürgerliche Krisenlehre nach 1825 macht", mit dem 1862 erschienenen Buch des französischen Sozialwissenschaftlers Clemens Juglar „Des Crises Commerciales et de leur Retour periodique . . .", welches die Einsicht von der Periodizität der Wirtschaftskrisen widerspiegelt und der bürgerlichen Ökonomie vermittelte. Es enthalte zwar eine Fülle interessanter Beobachtungen und Daten zum zyklisch verlaufenden kapitalistischen Wirtschaftsprozeß, erschöpfe sich aber schließlich in positivistischer Manier im Konstatieren empirischer Oberflächenphänomene (vgl. J. Kuczynski, Zur Geschichte der bürgerlichen Krisentheorie, in: ders., zur Geschichte der Lage der Arbeiter unter dem Kapitalismus, Bd. 11, Berlin 1961, S. 7).

[28] F. Lutz, Das Konjunkturproblem in der Nationalökonomie, Jena 1932, S. 75.

Theoriefeindschaft ihres methodologischen Konzepts gegen die klare Einsicht in die theoretische Paradoxie des Befunds immunisiert, so daß die durch Juglar und seine Anhänger konzedierte Annahme einer Periodizität des Krisengeschehens und die Behauptung der apologetisch geforderten Gleichgewichtsdoktrin über Jahrzehnte in unreflektierter, unkritischer Weise nebeneinander existieren konnten, ohne daß sich jemand besonders daran störte. Die Bourgeoisie, eingeübt in doppelter Buchführung, doppelter Moral, doppelter Methodologie, dualistischer Weltanschauung und sonstigen Pluralismen, ließ es in dieser Zeit, die noch keinen Weltkrieg, keine Oktoberrevolution und damit auch noch keine allgemeine kapitalistische Systemkrise erlebt hatte, einfach pragmatisch dabei bewenden, daß beides irgendwie richtig und zutreffend sei. Es schien so, als sei der ursprüngliche Stabilitätsoptimismus stationärer Marktwirtschaften auch auf eine sich selbst regelnde Zyklizität übertragbar geworden. Es blieb dabei allerdings nicht aus, daß der Krisenzyklus zum Wellengesäusel harmonisiert und das prinzipiell unbezweifelbare ökonomische Gleichgewicht als mit kleinen Schönheitsfehlern (wie monetären Störfaktoren) behaftet vorgestellt wurde. Die Harmonisierung des Zyklus konnte dabei bizarre und geschmacklos-zynische Formen annehmen und in ein Loblied auf die wohltätige Kraft der Krisen und Konjunkturen umschlagen wie bei Julius Wolf, Gustav Cassel und dem bekannten Konjunkturforscher Arthur Spiethoff, der die Krisen als „das stärkste Mittel" pries, „aus dem Menschen an wirtschaftlicher Kraftentfaltung herauszupressen, was er herzugeben vermag. Im Aufschwung das Zuckerbrot des Gewinnes, in der Stockung die Peitsche der Not. Was ist Wirkungsvolleres erfindbar?"[29]

Die Relativierung des zum Dogma erhobenen Gleichgewichts hingegen hielt sich immer in bescheidenen Grenzen. Herbert Meißner hat diese Relativierung der Gleichgewichtstheorie in der bereits angeführten Arbeit wie folgt nachgezeichnet: Der Glaube „an das immer automatisch vorhandene Gleichgewicht" sei abgeschwächt und relativiert worden zur Annahme einer objektiven, aber nur langfristig wirkenden Gleichgewichtstendenz und schließlich zur Formulierung des Gleichgewichts als eines lediglich per Wirtschaftspolitik herstellbaren Zieles.[30] Die von Meißner als weitere Stufe dieser Relativierung vertretene These vom „schließlichen Bankrott der ganzen Gleichgewichtsidee" behält sicher auch weiterhin ihre Gültigkeit hinsichtlich der prinzipiellen theoretischen Beurteilung dieser unter dem Zwang der Tatsachen vorgenommenen Relativierungen des Gleichgewichtsdogmas, darf jedoch nicht in dem Sinne mißverstanden werden, als hätte die bürgerliche Ökonomie das für sie so nützliche Gleichgewichtstheorem generell und gleichsam im Bewußtsein dieses Bankrotts ad acta gelegt und als gäbe es hier nur noch offene Türen zum Einrennen.

[29] A. Spiethoff, Die wirtschaftlichen Wechsellagen. Aufschwung, Krise, Stockung, mit einer Einl. neu hg. von E. Salin, Tübingen – Zürich 1955, S. 198.

[30] H. Meißner, Die Entwicklung der Gleichgewichtstheorie als Ausdruck des Verfallsprozesses der bürgerlichen Ökonomie, a. a. O., S. 250.

Es bedurfte demgemäß tiefgreifender sozialer Erschütterungen des bürgerlichen Herrschaftssystems, der mit dem ersten Weltkrieg und der siegreichen Oktoberrevolution einsetzenden allgemeinen Krise des Kapitalismus und der in der Weltwirtschaftskrise von 1929 bis 1932 eklatierenden sozialen Widersprüche, um auch nur bei einzelnen bürgerlichen Ökonomen die mehr oder weniger klare Einsicht hervorzurufen, daß mit dem bislang dominierenden pragmatischen Schwanken zwischen Annahme eines Konjunkturzyklus und uneingeschränkter Behauptung der Gleichgewichtstheorie keine auch nur annähernd erfolgversprechende Systemauseinandersetzung zu betreiben ist.

Aus dieser prekären Situation heraus wiesen der bürgerlich-demokratische Schüler Franz Oppenheimers[31], Adolf Löwe[32] und der mit dem Begründer der neoliberalen Richtung, Walter Eucken, eng zusammen arbeitende Friedrich Lutz fast gleichzeitig auf die prinzipielle Unvereinbarkeit von Krisentheorie und Gleichgewichtsdoktrin hin. Die aus diesem übereinstimmenden Befund gezogenen Schlußfolgerungen wiesen jedoch in extrem verschiedene Richtungen: Während Löwe dafür eintrat, das Prokrustesbett der Gleichgewichtstheorie ganz fallenzulassen, um den Weg frei zu machen für eine Konjunktur- oder Krisentheorie, die ihren Gegenstand nicht mehr als exogen verursachte „Gleichgewichtsstörung" fehlinterpretieren muß,[33] trat der Anhänger der Freiburger

31 Franz Oppenheimer (geb. 1864 in Berlin, gest. 1943 in Los Angeles) ursprünglich Arzt, bürgerlich-demokratischer Soziologe, Bodenreformer und Ökonom, seit 1917 Prof. der Volkswirtschaftslehre in Berlin, seit 1919 in Frankfurt a. M. („Frankfurter Schule"), trat ungeachtet seiner polemischen Haltung zu speziellen Teilen der marxistischen Kapitalismustheorie als scharfer Kritiker des kapitalistischen Systems und als Warner vor den Gefahren des Faschismus auf. 1933 mußte Oppenheimer emigrieren. Er verfaßte zahlreiche Schriften, u. a. „Theorie der reinen und politischen Ökonomie", 5. Aufl., Jena 1922 und „Das Kapital. Kritik der politischen Ökonomie", Leiden (Holland) 1938.

32 Adolph Löwe (geb. 4. 3. 1893 in Stuttgart), bis zu seiner Emigration 1933 Professor am Weltwirtschaftlichen Institut in Kiel, trat bereits in den 20er Jahren als Kritiker Joseph A. Schumpeters hervor und berief sich hierbei zustimmend auf Aussagen von Karl Marx und Rosa Luxemburg. Die von Löwe verfaßte kritische Darstellung der bürgerlichen Konjunkturtheorien (vgl. Die Wirtschaftswissenschaft nach dem Kriege, Festgabe für Lujo Brentano zum 80. Geburtstag, München – Leipzig 1925, Bd. 2, S. 329–377) und die im Text angeführte Abhandlung „Wie ist Konjunkturtheorie überhaupt möglich" können unter theorienkritischem Aspekt auch heute noch mit Gewinn gelesen werden.

33 Löwe argumentiert wie folgt: „Wer das Konjunkturproblem lösen will, muß das statische System opfern. Wer am statischen System festhält, muß das Konjunkturproblem preisgeben. J. B. Say, der diesen Schritt bewußt vollzog, geriet freilich damit gegenüber der Wirklichkeit in die logische Nachbarschaft Palmströms, der messerscharf schließt, ‚daß nicht sein kann, was nicht sein darf'" (vgl. A. Löwe, Wie ist Konjunkturpolitik überhaupt möglich?, in: Weltwirtschaftliches Archiv, Bd. 24, Kiel 1926, Teil II, S. 165–197, bes. S. 193).

Schule, Friedrich Lutz, für ein Aufopfern der allgemeinen Konjunktur- oder Krisentheorie zugunsten eines starren Festhaltens an der herkömmlichen Gleichgewichtsdoktrin ein. In Polemik gegen Juglar, Spiethoff, Aftalion und andere bürgerliche Konjunkturforscher prägte Lutz den bezeichnenden Satz, daß „in der Konjunkturforschung . . . wahrlich alles problematisch (sei), selbst das Problem"[34], um damit zum Ausdruck zu bringen, daß gerade der von Juglar (wie auch immer unzulänglich) eingebrachte Fortschritt im bürgerlichen Krisenverständnis, nämlich das Akzeptieren einer gesetzmäßigen Zyklizität, nach Ansicht von Eucken/Lutz *rückgängig* zu machen wäre. Durch Juglar und seine Anhänger und Fortbildner sei, wie Lutz polemisch feststellt, eine angeblich unlösbare Problemerweiterung entstanden: „Aufschwung und Periodizität der Krisen galt es von nun an *mit* zu erklären"[35].

Mit dieser neuen Problemstellung habe man der theoretischen Konjunkturforschung nach Ansicht von Lutz einen schweren Ballast mit auf den Weg gegeben: „Weil man die Notwendigkeit der Wiederkehr des Konjunkturzyklus aus der Erfahrung übernahm und sie von vornherein zum theoretischen Problem erhob, mußte man *mit dem Gleichgewichtsgedanken*, auf dem die Theorie sonst aufbaut, *in Konflikt* geraten."[36] Auch an weiteren Stellen seiner für die neoklassische Argumentation durchaus repräsentativen Arbeit betonte Lutz die Unvereinbarkeit von Gleichgewichtstheorem und Annahme eines gesetzmäßig ablaufenden Konjunktur- oder Krisenzyklus.[37] Von seinen Prämissen her durchaus folgerichtig machte Lutz Front gegen Juglar und kennzeichnete die „vielberufene und als Fortschritt gepriesene neue Problemstellung Juglars" als ein „Danaergeschenk", also als ein mit feindlichen Kräften gefülltes „Trojanisches Pferd", das die Grundfesten der marktwirtschaftlichen Theorie ins Wanken bringen könne.

Die gleichgewichtstheoretisch motivierte Wendung von Eucken/Lutz gegen die zunächst hingenommene Juglar-These eines gesetzmäßigen Konjunktur- und Krisenzyklus hatte bezeichnenderweise nicht die kritische Revision des Gleichgewichtstheorems, sondern die strikte Zurückweisung einer diese Vorgänge abbildenden *allgemeinen* Konjunkturtheorie zur Folge, hatte die verzerrende Betrachtung der faktisch nicht mehr zu negierenden Krisenerscheinungen unter dem Gesichtspunkt ihrer *Besonderheit und Individualität* zur Folge, zielte unter starrer Bewahrung des Gleichgewichtsdogmas und unter wohlgezielter Ignoranz allgemeiner Gesetzmäßigkeiten auf die Erfassung der „*konkreten* Konjunkturerscheinung"[38]. Nach Ansicht von Eucken/Lutz ist eine solche individualisierende beziehungsweise singularisierende Konjunkturtheorie die „einzige, die in den Rahmen *des* theoretischen Systems paßt, mit dessen Grundgedanken

[34] F. Lutz, Das Konjunkturproblem in der Nationalökonomie, a. a. O., S. 40.

[35] Ebenda, S. 47.

[36] Ebenda.

[37] Vgl. ebenda, S. 171.

[38] Ebenda, S. 169.

des Gleichgewichts der Nachweis einer Denknotwendigkeit des Zyklus *nicht* vereinbar ist ... "[39]

Das war vom Standpunkt des Gleichgewichtsdogmas einigermaßen konsequent gedacht, vom Standpunkt der Wirklichkeitserkenntnis aber ein großer Schritt zurück in das Stadium bürgerlicher Konjunkturdeutung vor Juglar, welches sich durchweg auf die „Erklärung" bestimmter einzelner Krisen zu beschränken trachtete, die als Zu- oder Unfall gewertet wurden und nicht als Regelfall. Es war methodologisch ein reaktionärer Vorstoß, mit neokantianisch-positivistischen Denkmitteln[40] die im Juglarschen Zykluskonzept – wenn auch sehr unzulänglich – enthaltene Kausalitäts- und Gesetzesauffassung zu bekämpfen, um den immer zahlreicher andrängenden unbequemen Fragen (auch aus den eigenen Reihen wie bei A. Löwe) nach der Verursachung von vornherein den Ansatzpunkt zu entziehen.

Da die Existenz der Krisen alias Konjunkturen auch dem blindesten Auge nicht mehr verborgen bleiben konnte, mußte unter den gegebenen Umständen wenigstens die Frage nach ihrer Verursachung und nach ihrer periodischen Wiederkehr auf ein genehmeres Gleis gebracht werden. Wenn sich schon die Tatsache der Krisen nicht mehr verleugnen ließ, mußten wenigstens die Existenz eines allgemeinen Krisen*gesetzes* und der von Ernst Wagemann und anderen verketzerte „Kausalmonismus"[41] in Abrede gestellt und die Meinung verbreitet werden, daß jede Krise oder „Konjunkturschwäche" ihre besondere, ihre individuelle, ihre singulare Ursache habe; auch eine Bündelung oder Verflechtung besonderer und individueller Ursachen war nach diesem Konzept für die jeweils ganz speziell zu erfolgende Krisen- oder Konjunktur„erklärung" zu tolerieren, es mußte nur darauf gesehen und bestanden werden, daß diese jeweils besonderen „Ursachen" auch in ihrer Bündelung nicht als systemimmanente (kapitalismusendogene) Faktoren auslegbar sind.

Der auch bei den neokonservativen Ökonomen von heute unverändert hoch im Kurs stehende Walter Eucken hat wenig später diese gleiche Auffassung vom individuellen und konkreten Charakter einer jeden Konjunkturbewegung zum Bestandteil seiner zuerst 1939 erschienenen „Grundlagen der National-

39 Ebenda, S. 171.

40 Neokantianismus und Positivismus, als wesensverwandte agnostische Strömungen der bürgerlichen Philosophie des 19. und 20. Jahrhunderts, versuchten durch ihre programmatische Beschränkung auf die durch bloße Wahrnehmung widergespiegelten „positiven" Tatsachen grundlegende Kategorien des entwicklungstheoretischen Denkens wie z. B. Kausalität und Gesetzmäßigkeit in Frage zu stellen. Zum Positivismus in der bürgerlichen Ökonomie vgl. u. a.: W. Krause/G. Rudolph, Grundlinien des ökonomischen Denkens in Deutschland. 1848 bis 1945, Berlin 1980, Kap. 4.5.: Die bürgerliche Wirtschaftsphilosophie und der Positivismus, S. 376–388.

41 E. Wagemann, Struktur und Rhythmus der Weltwirtschaft. Grundlagen einer weltwirtschaftlichen Konjunkturlehre, Berlin 1931, S. 173.

ökonomie" gemacht: „Jede Konjunkturbewegung, also *jede* Veränderung des wirtschaftlichen Alltags ist individuell; sie ist eine ,einzigartige historische Episode, die von allen anderen in wichtigen Zügen abweicht und nie wiederkommt' (W. C. Mitchell). Jede Konjunkturlage . . . jeder Aufschwung und jede Depression muß in ihrer besonderen Zeit und in ihrem besonderen Lande gesehen werden. Die Konjunkturbewegungen sind nicht gleichförmig. *Es gibt keinen Normalzyklus der Konjunktur.*"[42]

Aus dieser Betonung einzelner und besonderer Krisen und der damit verquickten positivistischen Negierung *allgemeiner* Gesetzeszusammenhänge zwischen den immer nur als zufällige Einzelerscheinungen gesehenen Krisen leitet Eucken die gleichermaßen apologetisch motivierte These ab, „daß alle ,Konjunkturtheorien'", die „allgemeingültige Aussagen über angeblich wiederkehrende Verschiebungen des konkreten wirtschaftlichen Alltags versuchen, scheitern müssen".[43] Dies sei besonders deshalb der Fall, und diese Argumentation zieht sich bis in die krisenapologetische Argumentation der Gegenwart, weil diese *allgemeinen* Konjunkturtheorien „die entscheidenden Einflüsse nicht berücksichtigen, welche das wirtschaftliche Werden fortwährend von *außerwirtschaftlichen* Fakten erhält"[44]. Das als angebliche Krisenursache heute weithin strapazierte Argument der „verfehlten Wirtschaftspolitik" fand in dieser Euckenschen These vom entscheidenden Einfluß „außerwirtschaftlicher Fakten" seine theoriegeschichtliche Wurzel und systematische Grundlegung.

Eucken selbst führt als ein Beispiel für den krisenverursachenden Einfluß „außerwirtschaftlicher Fakten" die Entstehung der Weltwirtschaftskrise von 1929 an, wie er sie gesehen haben will. Der „Zusammenbruch der internationalen politischen Ordnung", so Euckens grundfalsche Behauptung, habe diese Weltwirtschaftskrise hervorgerufen.[45] „Wie aber", und damit zielt Eucken wieder auf seine These von der Singularität einer jeden Erscheinung, also auch jeder Krise, „soll ein solches großes, einmaliges politisches Faktum in Konjunkturtheorien berücksichtigt werden, welche allgemeingültige Erklärungen für den Konjunkturverlauf geben wollen?"[46] Eucken und die ihm folgende neoklassische Argumentation sind *gegen* „allgemeingültige Erklärungen"[47] und *für* die isolierende,

[42] W. Eucken, Die Grundlagen der Nationalökonomie, 6. Aufl., Berlin (West) – Göttingen – Heidelberg 1950, S. 182.

[43] Ebenda.

[44] Ebenda, S. 183.

[45] Vgl. ebenda.

[46] Ebenda, S. 184.

[47] Die programmatische Ablehnung einer *allgemeinen* Konjunkturtheorie erfolgt jedoch bei Eucken nicht nur aus dem naheliegenden apologetischen Grund, weil damit die de facto-Anerkennung einer gesetzmäßig-periodischen Wiederkehr der „Konjunkturen" verbunden wäre, sondern auch deshalb, weil damit im Bannkreis des bürgerlichen Denkens, welches die wirklich krisenverursachenden Dinge nicht beim Namen nennen darf, eine Blamage zu befürchten wäre. Eucken

individualisierende Betrachtung der „konkreten Konjunktur" als einer von zufälligen politischen Faktoren ausgelösten Erscheinung. Diese Betrachtungsweise dient der apologetischen Verharmlosung. Die Bekämpfung oder Milderung einer Krise als einer zufälligen *Einzelerscheinung* erscheint glaubhafter und machbarer als die Bekämpfung eines wie Naturgewalt wirkenden Krisengesetzes.[48]

Wenden wir uns schließlich der kritischen Auseinandersetzung mit zwei weiteren neokonservativen Ökonomen zu und untersuchen wir die Art ihres Beitrages zum hier interessierenden Thema.

3.2.2. Joseph Alois Schumpeter und Friedrich August von Hayek – Quellen neoklassischer Krisendeutung

Der 1950 verstorbene Joseph A. Schumpeter und der heute über 80jährige Friedrich A. von Hayek sind durch die Verschiebung des Stellenwerts der beiden Hauptrichtungen der modernen bürgerlichen Ökonomie in ihrer Relevanz für die staatsmonopolistische Wirtschaftspolitik wieder verstärkt in den Vordergrund gerückt. Der folgende Abschnitt geht den Gründen und inhaltlichen Aspekten nach, die für diese programmatische Hinwendung zu Schumpeterschen und Hayekschen Konzeptionen von Bedeutung sein konnten.

Bereits 1976 hatte der bürgerliche Ökonom Herbert Giersch dazu aufgefordert, „das Buch von Keynes in die Ecke zu stellen", weil Schumpeter und nicht Keynes die Stunde regiere.[49] Es gebe, so Heiner Flassbeck 1982 in der Zeitschrift „Konjunkturpolitik", „heute nur eine einzige Theorie der wirtschaftlichen Entwicklung, die diesen Namen verdient, nämlich die Schumpeters . . ."[50]

formuliert dieses zweite wirksame Motiv für seinen Verzicht auf eine *allgemeine* Konjunkturtheorie wie folgt: „Das ältere Verfahren (der von ihm abgelehnten allgemeinen Konjunkturtheorie – d. A.) muß also gerade heute zu Mißerfolgen führen, und diese Mißerfolge erwecken den peinlichen Eindruck, als ob eine wirtschaftswissenschaftliche Bewältigung der Konjunkturprobleme überhaupt unmöglich wäre" (W. Eucken, Die Grundlagen der Nationalökonomie, a. a. O., S. 191).

48 Vgl. hierzu u. a. die kritische Anmerkung von Fritz Neumark aus der bereits zitierten Festschrift für Arthur Spiethoff: Der Stand und die nächste Zukunft der Konjunkturforschung, a. a. O., S. 221: „Wer jeden Konjunkturablauf als etwas ‚Individuelles' und insbesondere die Krise als durch einmalig zufällige Ergebnisse verursacht sieht, wird sich eher zu der Hoffnung verleitet fühlen, durch spezifische – präventive oder regressive – Maßnahmen den konjunkturellen Schwankungen begegnen zu können, als der Anhänger einer Lehre, die zumindest die rein phänomenale Wiederkehr der Wechsellagen und -stufen als zwangsläufig betrachtet."

49 Zit. nach: D. B. Simmert (Hrsg.), Wirtschaftspolitik – kontrovers, Köln 1980, S. 334.

50 Konjunkturpolitik. Zeitschrift für angewandte Konjunkturpolitik, Berlin (West), 2–3/1982, S. 87.

In einem Beiheft zu dieser Zeitschrift konnte man bereits 1977 lesen, „daß wir nicht den Unternehmer vom Keynestyp brauchen, der auf Nachfragewellen wartet, die die konjukturpolitischen Instanzen erzeugt haben, sondern den Unternehmer vom Schumpetertyp, der sich selbst die Nachfrage durch Verwirklichung ‚neuer Kombinationen' verschafft und die Wirtschaft in einen neuen Aufschwung zieht"[51].

Schumpeter hatte die Frage nach der Ursache der zyklischen Entwicklung der kapitalistischen Wirtschaft, die Frage „warum der Zug der Entwicklung nicht stetig seinen Weg geht, sondern ruckweise, so daß der Aufwärts- eine Abwärtsbewegung folgt . . .", tatsächlich und allen Ernstes damit „erklären" wollen, daß dynamische Unternehmerpersönlichkeiten und die von diesen durchgesetzten „neuen Kombinationen" nicht „in der Zeit gleichmäßig verteilt", sondern nur „wenn überhaupt, scharenweise auftreten . . ."[52]

Das war eine psychologisch-personalistische Krisendeutung, die viel Raum ließ für bürgerlichen Pragmatismus und erwünschten Optimismus. Da die zyklischen Bewegungen der Wirtschaft durch das „scharenweise" Auftreten der Unternehmer *selbst* hervorgerufen sein sollten, schien das System entlastet und Optimismus angebracht. Das scharenweise Auftreten dynamischer Unternehmer bedeute zwar jeweils eine „größere ruckweise Störung des Gleichgewichtszustandes . . ."[53], aber eine Abwärtsbewegung des Wirtschaftslebens im Ganzen sei in keiner Weise etwas Notwendiges, und daher seien auch die Krisen „nichts Wesentliches in dem Sinne, daß sie sich mit Notwendigkeit aus den Grundlagen der Wirtschaft ergeben würden". Ein „Prinzip der Krisen", also ein *allgemeines* Gesetz, das die zyklische Wiederkehr der Wirtschaftskrisen bestimme, gibt es für Schumpeter nicht.[54] In dieser Hinsicht zeigt sich eine wichtige Entsprechung zu den bereits vorgestellten Anschauungen der Neoliberalen Friedrich Lutz und Walter Eucken[55], die in diesem Punkt Schumpeter also nur repetieren. Schumpeters vielfach verklausulierte Argumentation läuft insgesamt auf ein Wegdiskutieren und Wegwischen der Krisenproblematik zugunsten einer dezidiert prokapitalistischen Innovationswellentheorie hinaus, nach der sich krisenhafte Gleichgewichtsstörungen zu belanglosen und zeitweiligen Durchgangsmomenten verflüchtigen. Den Krisenbegriff selbst bezeichnete Schumpeter abwertend als „populären Begriff", als „unpräzis, als eine papierne Waffe", der kein besonderes theoretisches Interesse zukäme.[56] Diese Schum-

[51] J. Starbatty, Konjunktur und Konjunkturpolitik im letzten Jahrzehnt, in: Beihefte der Zeitschrift für Konjunkturpolitik, Berlin (West), 24/1977, S. 25.

[52] J. A. Schumpeter, Theorie der wirtschaftlichen Entwicklung, 2. Aufl., München – Leipzig 1926, S. 334 (vgl. auch: 1. Aufl., Leipzig 1912, S. 426).

[53] Ebenda, 2. Aufl., S. 342.

[54] Ebenda, 1. Aufl., S. 457.

[55] Vgl. S. 67 ff. in diesem Kapitel.

[56] Vgl. J. A. Schumpeter, Theorie der wirtschaftlichen Entwicklung, 1. Aufl., a. a. O., S. 426.

petersche Zyklustheorie ist kausal auf diskontinuierlich angestaute und periodisch ausbrechende Innovationsschübe ausgerichtet, wobei die hochgradige Unbestimmtheit ihres zentralen Begriffes „Innovation" sich schon bei immanenter Betrachtung als höchst problematisch darstellt. Schwerer wiegt der auch dieser bürgerlichen Zyklustheorie anhaftende Grundfehler, den Konjunkturzyklus nicht aus den Gesetzmäßigkeiten des realen Kapitalismus herzuleiten, sondern umgekehrt den Kapitalismus, wie er nach Schumpeter gesehen werden soll, aus dem isoliert betrachteten und psychologisch-personalistisch gedeuteten Zyklus. So etwa erzeuge der Konjunkturzyklus die neue Gleichgewichtssituation, diese die verbesserte Kalkulationsgrundlage und das scharenweise Auftreten der Innovateure, die wiederum die Kreditbeschaffung und damit den Kapitalismus, wie Schumpeter ihn versteht, in Gang setzen.

Methodologisch argumentiert auch Schumpeter noch ganz aus der Sicht des Gleichgewichtsdogmas. In der bürgerlichen Ökonomie berühmt wurde seine Argumentation jedoch gerade deshalb, weil es ihm anscheinend gelungen war, Gleichgewichtsdoktrin und Konjunkturdeutung in eine akzeptable Beziehung zu setzen, ohne das eine dem anderen opfern zu müssen, wie Lutz auf der einen und Löwe auf der anderen Seite.[57] Schumpeter gewinnt dieses Arrangement zwischen Gleichgewichtstheorie und Krisenerklärung bezeichnenderweise jedoch nur durch eine Aufgabe der methodologischen Einheit der bürgerlichen Ökonomie und durch die nachträgliche Einführung zusätzlicher Prämissen. Da die Konstruktion des gleichgewichtigen, statischen „Normalzustandes" der Wirtschaft keinen theoretischen Ansatzpunkt für Krisen alias „Gleichgewichtsstörungen" bot, mußte dem statischen System ein „dynamisches System" beigeordnet werden.

Schumpeter selbst beschreibt dieses Verfahren als ein Aufpfropfen eines fremden Reises auf den Baum der alten Theorie: Man müsse dem herkömmlichen Gleichgewichtssystem „Reiser aufpfropfen – d. h. Prinzipien und Tatsachen zuführen –, die seiner allgemeinen Grundform fremd sind."[58] Man hat diese methodologische Doppelgleisigkeit, diese im nachhinein erfolgende „Datenänderung" Schumpeters vereinzelt als Inkonsequenz gerügt, dominierend blieb die bürgerliche Bewunderung für diesen methodologischen Dualismus, der es ermöglichte, statisches Gleichgewichtssystem und dynamische Konjunkturerklärung in eben so eleganter wie nützlicher Weise unter einen, wenn auch zweigeteilten Hut zu bringen. Sogar der durchweg argwöhnisch auf der Ungebrochenheit der Geichgewichtstheorie bestehende Friedrich Lutz äußert prinzipielle Zustimmung.[59] Nur durch „die meisterhafte Einführung einer einzigen weiteren Voraussetzung" (des eben scharenweisen Auftretens der dynamischen

[57] Vgl. S. 67 ff. in diesem Kapitel.

[58] J. A. Schumpeter, Deutschland, in: H. Mayer (Hrsg.), Die Wirtschaftstheorie der Gegenwart, Bd. 1: Gesamtbild der Forschung in den einzelnen Ländern, Wien 1927, S. 14.

[59] Vgl. F. Lutz, Das Konjunkturproblem in der Nationalökonomie, a. a. O., S. 90.

Unternehmer) gelinge es Schumpeter zu zeigen, „daß und wie sich diese Entwicklung in der Form der Wellenbewegung abspielt"[60].

Entscheidend für die begierige Aufnahme der Schumpeterschen Theorien waren jedoch schließlich nicht ihre methodologischen Charakteristika, nicht die Frage des Dualismus und der Datenänderung, sondern ihre inhaltlichen Aspekte, besonders der Aspekt der Unternehmerverherrlichung[61] und der damit verquickten Systementlastung, indem die Ursachen der zur „Wellenbewegung" verniedlichten Krise gerade in das „Auftreten" dieser um das „Durchsetzen neuer Kombinationen" besorgten dynamischen Unternehmerpersönlichkeiten verlegt wurde. Hinzu kam, daß es auf diese personalistisch zugespitzte Weise leichter möglich schien, auch an anderen unbequemen Tatsachen des staatsmonopolistischen Systems vorbei zu argumentieren. „Der dynamische Unternehmer Schumpeters", so die Charakteristik von Joachim Starbatty in der „Zeitschrift für angewandte Konjunkturforschung", „fühlt keine Verantwortung für das Gesamtgesellschaftliche"; er „sei eher vom Zuschnitt der spanischen Konquistatoren, ein Kämpfer um des Kampfes willen, ‚egoistisch gefärbt. – auch in der Bedeutung von . . . Rücksichtslosigkeit'" (so Schumpeter in der Zitierung von Starbatty).[62] Schumpeter steht für unternehmerische Offensive und als Synonym für Wachstumsprozesse, wenn von Lothar Rall (Institut für angewandte Wirtschaftsforschung, Tübingen) der Erwartung Ausdruck gegeben wird, „daß die Unternehmer offensiv würden und ein *Schumpeterprozeß* in Gang käme"[63]. Schließlich und endlich hält sich auch George Gilder, das wirtschaftspublizistische Sprachrohr der Reagan-Administration, wenn er gegenwärtig auf Schumpeter Bezug nimmt, nicht mit methodologischen Finessen und Bedenklichkeiten auf, sondern preist schlichtweg den kapitalistischen Geist und Grundinhalt der Schumpeterschen Konzepte: „Bereits Schumpeter hatte erkannt: ‚Kreative Zerstörung ist der hervorstechendste Wesenszug des Kapitalismus . . .'"[64] Mit solchen und ähnlichen Halbwahrheiten aus Schumpeterschem Arsenal brüskiert Gilder die von Krieg und Ausbeutung gekennzeichneten leidvollen Erfahrungen derer, die den Kapitalismus nicht als „kreativ", sondern als schlechthin nihilistische Zerstörung aller menschlichen Werte erleben.

Als ein weiterer wichtiger Kronzeuge der gegenwärtigen Argumentation in der neoklassischen Krisendeutung muß Friedrich August von Hayek angesehen werden. Ralph Dahrendorf charakterisierte das als Ausdruck eines konservativ-autoritären Trends: Nicht nur „Friedman, Nobelpreis gestärkt, beherrscht die Fernsehschirme und die Paläste der Mächtigen", sondern „Friedrich von Hayek . . . Nobelpreisträger für Ökonomie, ist . . . wieder ganz in den Vorder-

60 Ebenda, S. 98.

61 Vgl. auch S. 46 f. der vorliegenden Arbeit.

62 J. Starbatty, Konjunktur und Konjunkturpolitik im letzten Jahrzehnt, a. a. O., S. 25.

63 L. Rall, in: Beihefte der Zeitschrift für Konjunkturpolitik, Berlin (West), 24/1977.

64 G. Gilder, Reichtum und Armut, Berlin (West) 1982, S. 259.

grund der politisch-ökonomischen Diskussion gerückt. Dagegen" finde sich „heute in der Defensive, wer für Umverteilung, für den Ausbau der Sozialpolitik, ja sogar für Vollbeschäftigung, für Demokratisierung ist"[65]. Wie zur Bestätigung hierfür stellt die „Wirtschaftswoche" vom 6. März 1981 Hayek in einem Interview als den „bedeutendsten Theoretiker der liberalen Gesellschaft dieses Jahrhunderts"[66] vor und wählte als programmatische Hauptüberschrift des Beitrages den gegen den „Sozialstaat" polemisierenden Hayek-Satz „Ungleichheit ist nötig". Der redaktionelle Interviewer charakterisiert Keynes als den großen Gegenspieler von Hayek und läßt diesen seine Genugtuung darüber aussprechen, daß sich heute „immer mehr Mächtige dieser Erde" zu den Hayekschen Ideen bekennen.[67] Der Beitrag erwähnt auch das zuerst 1944 erschienene Buch Hayeks „Der Weg zur Knechtschaft", in dem unter Verwendung der Totalitarismusdoktrin auch die bescheidenste Abweichung von Liberalismus und Marktwirtschaft als Weg zur Knechtschaft bezeichnet wird und das gerade heute wieder den Neokonservativen aller Schattierungen bis hin zu Franz Joseph Strauß als Grundbuch ihrer Konzeptionen gilt.[68] In diesem Buch gibt es eine Passage, in der Hayek die „Bekämpfung der Konjunkturschwankungen" als ein „äußerst wichtiges Problem" bezeichnet und die Hoffnung ausdrückt, „daß die letzte Lösung (des Konjunkturproblems – d. A.) auf dem Gebiet der Währungspolitik gefunden werden kann, und zwar durch Maßnahmen, die selbst mit dem Liberalismus des 19. Jahrhunderts vereinbar wären".[69]

Schauen wir uns diese „letzte Lösung" des Konjunkturproblems kurz an: Hayek, ein Schüler von Ludwig Mises hat sie bereits in jungen Jahren als Direktor des Österreichischen Instituts für Konjunkturforschung in Wien veröffentlichen lassen.[70] Diese „letzte Lösung" wird als „Kreditzirkulationstheorie" bezeichnet und sei, wie Schumpeter einmal anmerkte, von Mises entworfen und von Hayek zum Erfolg (in der bürgerlichen Welt) gebracht worden; sie sei eine „monetäre Konjunkturtheorie", das heißt eine erklärende Hypothese des Konjunkturzyklus, die mit Geld und Kredit arbeitet.[71] Ludwig Mises be-

65 R. Dahrendorf, Freie Welt in Gefahr, in: Die Zeit (Hamburg) vom 9. 1. 1981.

66 Ungleichheit ist nötig [Interview der Wirtschaftswoche mit F. A. von Hayek], in: Wirtschaftswoche (Düsseldorf), 11/1981, S. 36.

67 Ebenda, S. 40.

68 Vgl. u. a.: M. Friedman/R. Friedman, Chancen, die ich meine, Berlin(West) – Frankfurt a. M. – Wien 1980, S. 19: „Noch sind wir freie Menschen und können uns entscheiden, ob wir weiterhin vollen Kurs auf die ‚Straße der Knechtschaft' nehmen sollen – wie Friedrich Hayek sein scharfsinniges und einflußreiches Buch genannt hat . . ."

69 F. A. v. Hayek, Der Weg zur Knechtschaft, hg. von W. Röpke, Zürich 1952, S. 158.

70 F. A. v. Hayek, Geldtheorie und Konjunkturtheorie, in: Beiträge zur Konjunkturforschung, hg. vom Österreichischen Institut für Konjunkturforschung, Bd. 1, Wien – Leipzig 1929.

71 J. A. Schumpeter, Geschichte der ökonomischen Analyse. Teil II, Göttingen 1965, S. 1359/1360 und S. 1361 Anm.

zeichnete diese Art von Konjunkturtheorie als eine Weiterentwicklung der Ansichten der Currency-Schule[72], und Hayek selbst[73] charakterisiert sie in seinem Buch als die Marshall-Wicksell-Misessche Theorie[74].

Das Gegenteil einer monetären Konjunkturtheorie wäre im bürgerlichen Sprachgebrauch eine Konjunkturtheorie, die die Verursachung der Krisenerscheinungen nicht auf der Geld-, sondern auf der Warenseite sucht; dazu gehören, nur zum Beispiel, die verschiedenen Überproduktions- und Unterkonsumtionstheorien, die sich aus bestimmten Gründen jedoch nie so recht allgemeiner Wertschätzung erfreuen konnten, wie die monetären Konjunkturtheorien, die im angelsächsischen Bereich in verschiedenen Varianten geradezu *den* herrschenden Typ der bürgerlichen Konjunkturtheorie darstellen, während auf dem Kontinent bei französischen, deutschen und skandinavischen Ökonomen die hierzu gegensätzliche sismondistische Tradition nie ganz erlosch und eine partielle Beeinflussung bürgerlicher Konjunkturkonzepte durch die Überzeugungskraft der marxistischen Krisentheorie, besonders zur Zeit der revolutionären Nachkriegskrise und in den Jahren der großen Weltwirtschaftkrise, immer wieder auch andere als nur monetäre Konzepte möglich machte.[75]

[72] Die Currency-School, eine von englischen Ökonomen in der ersten Hälfte des 19. Jahrhunderts getragene bürgerliche wirtschaftspolitische Strömung, die in ihrer Währungstheorie im Unterschied zur Banking-School für volle Banknotendeckung eintrat. Die Krisenursachen suchte die Currency-School ähnlich wie die gegenwärtigen Monetaristen innerhalb der Sphäre der Geldzirkulation. Ihre praktischen Versuche (Peelsche Bankakte) zur geldpolitischen Antikrisensteuerung scheiterten bereits 1857 kläglich.

[73] Vgl. F. A. v. Hayek, Geldtheorie und Konjunkturtheorie, a. a. O., S. 16.

[74] Alfred Marshall (1842–1924), führender Vertreter der sogenannten Cambridger Schule; Knut Wicksel (1851–1926), schwedischer Grenznutzentheoretiker; Ludwig Mises (1881–1973), Vertreter eines orthodoxen Liberalismus, Verfechter einer monetären Konjunkturtheorie, die den Krisenzyklus als vermeidbaren Irrweg der Geldpolitik fehlinterpretiert.

[75] Der bürgerliche Konjunkturforscher Erich Preiser glaubt aus der Sicht von 1933 die Vielfalt der Krisenerklärungen auf zwei Grundtypen zurückführen zu können, die einander „schroff gegenüber" stünden: „In der Theorie stehen sich seit langem zwei Ansichten schroff gegenüber. Die eine, am schärfsten vertreten von dem Kreis um *Mises*, vertraut auf die Selbststeuerung der Marktwirtschaft und behauptet die Notwendigkeit einer völligen Überwindung der Krise, wenn man nur überhaupt auf jeden Eingriff verzichte; die andere, an *Marx* orientiert, sieht in jeder Krise eine Generalprobe für den völligen Zusammenbruch des kapitalistischen Wirtschaftssystems" (vgl. E. Preiser, Grundzüge der Konjunkturtheorie, Tübingen 1933, S. 123). – Bei aller Vereinfachung dieser Gegenüberstellung und ungeachtet der teilweise verzerrenden Wiedergabe der Marxschen Krisentheorie (die keine Theorie des automatischen Zusammenbruchs darstellt) besteht der richtige Kern dieser Aussage darin, in der Mises-Hayekischen Krisendeutung einen höchst einflußreichen, weitverbreiteten und langfristig immer wieder dominierenden Grundtypus bürgerlicher Krisenverharmlosung und -theorie zu erkennen.

Die Bewertung der monetären Konjunkturtheorien ist demnach auch im Lager der bürgerlichen Ökonomen einigermaßen differenziert: Während der Eucken-Schüler Friedrich Lutz positiv vermerkt, daß sich in ihnen und durch sie die Erkenntnis Bahn gebrochen habe, „daß in der Geldwirtschaft die Dinge anders laufen können, als sie Say geschildert hat"[76], sieht sie Fritz Buchardt, ein Schüler Adolf Löwes, durchweg kritisch als „echtes Kind der liberalen Doktrin, erwachsen auf dem Hintergrund der monopolistisch-organwirtschaftlichen Geldverfassung des Kapitalismus. Nicht im Marktzusammenhang, sondern in einer zu den Markttendenzen gegensätzlich handelnden *Wirtschaftspolitik* verankert sie den Zyklus."[77] Mit diesem kritischen Hinweis auf die fälschlich vorgenommene Verankerung des Zyklus in einer „zu den Markttendenzen gegensätzlich handelnden Wirtschaftspolitik" verurteilte Buchardt die neoklassische Krisenapologetik der 20er Jahre; er konnte dabei nicht ahnen, daß er damit auch noch die krisenapologetische Argumentation der 80er Jahre im Kern treffen würde.[78]

Im Sinne seiner monetären Konjunkturerklärungshypothese entwickelte Hayek unter ausdrücklicher Bezugnahme auf das Gleichgewichtsdogma folgende Gedankengänge: „Wo", so die Hayeksche Frage nach dem das Gleichgewicht störenden Faktor, „steckt eigentlich das Loch im Reaktionsmechanismus der modernen Wirtschaft, das Schuld daran ist, daß sie auf gewisse Datenänderungen nicht mit einer prompten Anpassung, d. h. Herstellung eines neuen Gleichgewichtszustandes antwortet, sondern diese Datenänderungen regelmäßig Verschiebungen hervorrufen können, die schließlich zur Herstellung eines neuen Gleichgewichtszustandes wieder rückgängig gemacht werden müssen?"[79] Die Antwort auf diese für alle Gleichgewichts-Ökonomen höchst fatale Grundfrage lautet bei Hayek wie folgt: Der „einzig mögliche Ausweg aus diesem Dilemma . . . zwischen dem von der statischen Theorie *beschriebenen* Verhalten" und „dem *wirklichen* Verhalten der Wirtschaft" bestehe in der Erklärung, „daß mit dem Eintritt des Geldes in die Wirtschaft ein neuer Bestimmungsgrund hinzutritt, der, weil das Geld . . . die strenge Interdependenz und Geschlossenheit des Gleichgewichtssystems aufhebt, Bewegungen der Wirtschaft ermöglicht, die innerhalb des Gleichgewichtssystems unvorstellbar sind".[80] Das Geld, so an anderer Stelle, „hebt . . . die Endlichkeit und daher die Geschlossenheit des Systems auf, die die Grundvoraussetzung aller statischen Theorie bildet, und vermag daher Vorgänge auszulösen, die innerhalb des geschlossenen Gleichgewichtssystems nicht denkbar sind"[81].

76 F. Lutz, Das Konjunkturproblem in der Nationalökonomie, a. a. O., S. 107.

77 F. Burchardt, Zur Geschichte der monetären Konjunkturtheorie, in: Weltwirtschaftliches Archiv, Bd. 28, Kiel 1928, Teil II, S. 142.

78 Vgl. S. 57 ff. in diesem Kapitel.

79 F. A. v. Hayek, Geldtheorie und Konjunkturtheorie, a. a. O., S. 75.

80 Ebenda, S. 14.

81 Ebenda, S. 47.

Diese Argumentation scheint sich auf den ersten Blick mit der von Marx getroffenen Feststellung zu berühren, wonach „Krisen . . . nicht stattfinden (können) ohne Geldzirkulation"[82], bedeutet aber im Hayekschen Zusammenhang etwas grundsätzlich anderes: Die Marxsche Feststellung kennzeichnet den Gegensatz von Ware und Geld als „die abstrakte und allgemeine Form aller in der bürgerlichen Arbeit enthaltenen Gegensätze" und damit den dialektisch-historischen Charakter der bürgerlichen Produktionsweise schlechthin; die Hayeksche Feststellung vom „Eintritt des Geldes in die Wirtschaft" will damit nur das vermittels Gleichgewichtsdogma harmonisierte kapitalistische System von dem Odium, widersprüchlich und krisenhaft zu sein, reinwaschen und so verteidigen. Für Marx sind die in ihrer Komplexität gesehenen monetären Vorgänge widersprüchlicher Bestandteil eines widersprüchlichen Systems; für Hayek und seinesgleichen sind die isoliert und verabsolutiert aufgefaßten monetären Vorgänge eine Art „Sündenbock" beziehungsweise eine als wirkliche Ursache ausgegebene Scheinursache zur demagogischen Erklärung oder Wegerklärung unerwünschter Krisen oder „Konjunkturen".

Durch ein solches Vorgehen glauben Hayek und seine Anhänger den Ansatzpunkt für eine „systemkonforme" Konjunkturtheorie gewonnen zu haben. Eine derartige Theorie, so die Erwartung, müßte die durch Konjunktur und Krise verursachten Störungen zu erklären in der Lage sein, ohne das Gleichgewichtstheorem grundsätzlich in Frage stellen zu müssen. Die „Geschlossenheit des Gleichgewichtssystems" könne zwar möglicherweise eine gelinde Auflockerung dabei erleiden oder erfahren, aber eine Notwendigkeit zur Aufgabe des alten Systemsbegriffs und zur Begründung eines „offenen Systems" bestehe in keiner Weise, wie Hayek in Polemik gegen die bereits zitierte Arbeit von Adolf Löwe „Wie ist Konjunkturtheorie überhaupt möglich?" ausführt.[83]

Es geht Hayek, wie er ausdrücklich erklärt, um einen „Einbau der Konjunkturtheorie in das allen wirtschaftstheoretischen Überlegungen zugrunde liegende statische System".[84] Das „Geld" mag „stören" und das sogenannte „Loch im Reaktionsmechanismus" darstellen und auf diese Weise eine Alibi-Erklärung für das System abgeben, weshalb also die „Gleichgewichtskräfte" zeitweilig *nicht* wirken[85] – am System selbst, auch als „Gleichgewichtssystem", ist nach Hayek unbedingt festzuhalten.

Aus Gründen wissenschaftlicher Reputation legt Hayek Wert darauf, seine Konjunkturerklärung durch monetäre Verursachung als „endogen" anerkennen zu lassen, da sich eine verbreitete Abneigung gegen die monetäre Konjunkturtheorie aus der nach seiner Ansicht irrigen Meinung herleite, daß sie sich „eines ‚deus ex machina' in der Form eines falschen bankpolitischen Eingriffes

[82] Wohl kann aber Geldzirkulation ohne Krisen stattfinden (vgl. K. Marx, Zur Kritik der politischen Ökonomie, in: K. Marx/F. Engels, Werke (im folgenden MEW), Bd. 13, Berlin 1961, S. 77).

[83] Vgl. F. A. v. Hayek, Geldtheorie und Konjunkturtheorie, a. a. O., S. 47.

[84] Ebenda, S. 50. [85] Ebenda, S. 27.

bedienen" müsse, um zu ihren Ableitungen zu kommen.[86] Die späteren Hayekisten werden diese Bedenklichkeit des Meisters fallen lassen und die vorgeblichen Krisenursachen ungeniert mit zufälligen „äußeren Schocks" zu rechtfertigen sich anheischig machen. Doch auch Hayek selbst leidet nicht an Skrupeln, wenn er behauptet, „daß nicht nur unsere Theorie zweifellos monetär, sondern eine andere als eine monetäre Konjunkturtheorie wohl überhaupt nicht denkbar ist"[87].

Verbal zwieschlächtig, aber doch von *einer* Logik bestimmt ist Hayeks Verhältnis zu der von ihm zu einer Art Sündenbock herausgestellten Rolle der monetären Vorgänge: Grundsätzlich sollen die monetären Vorgänge eine Alibi- oder Ersatzerklärung für die faktisch nicht zu übersehenden zyklischen Krisenerscheinungen abgeben, ohne jedoch das Gleichgewichtstheorem in Frage zu stellen (ähnlich wie Schumpeters „neue Kombinationen" durchsetzende „dynamische Unternehmer"). Der heikle Punkt dieser Argumentation besteht darin, daß diese monetären Prozesse einerseits eine Sündenbockfunktion ausüben müssen, andererseits aber, da sie Fleisch vom Fleisch des Systems selbst sind, keineswegs absolut verketzert, sondern nur sehr relativ und maßvoll gerügt werden dürfen.[88] Ein Gramm zuviel Verketzerung oder Schuldzuweisung und die Banken oder gar das Bankkapital geraten in ein antikapitalistisches Zwielicht; ein Gramm zu wenig Schuldzuweisung hingegen macht die so liebevoll gezimmerte monetäre Konjunkturerklärung zunichte; eine Ursache, die aus lauter theoretischer Bedenklichkeit minimiert werden muß, hat auch nur minimalen Erklärungswert.

In der Zwickmühle dieses Dilemmas sieht sich Hayek schließlich zu der Feststellung veranlaßt, „wie unsinnig es ist, die Frage der Ursachen der Konjunkturschwankungen als Schuldfrage zu formulieren und etwa die Banken als die 'Schuldigen' an den Schwankungen der wirtschaftlichen Entwicklung hinzustellen". Es habe, wie Hayek hinzufügt, „nicht nur niemand je von ihnen eine andere Politik verlangt, als jene, die die Konjunkturschwankungen bedingt", sondern es stehe „auch gar nicht in ihrer Macht, die Ursachen der Konjunkturschwankungen zu beseitigen, weil diese nicht erst in ihrer Politik, sondern schon in dem Bestehen der modernen Kreditorganisation begründet sind".[89]

86 Ebenda, S. 79. 87 Ebenda.

88 Der BRD-Ökonom Hajo Riese verkennt diese mit der Sündenbock- und Alibifunktion der monetären Prozesse verquickte Dialektik, wenn er die Monetaristen „einer ausgesprochen feindseligen Haltung zum Geld" bezichtigt, „dessen Existenz letztlich bedauerlich bleibt, weil es einen Störfaktor des Wirtschaftsprozesses bildet und eine Politik monetärer Kontrolle notwendig macht . . ." (vgl. H. Riese, Ökonomie und Gesellschaft, in: Jahrbuch 1: Die Neoklassik und ihre Herausforderungen, hg. von P. Gijsel/T. Schmidt-Schönbein u. a., Frankfurt a. M. – New York 1983, S. 112).

89 F. A. v. Hayek, Geldtheorie und Konjunkturtheorie, a. a. O., S. 111.

Es entbehrt nicht einer gewissen Kuriosität, wie Hayek auch an verschiedenen anderen Stellen seines Buches mit aller ihm zu Gebote stehenden Subtilität des Ausdrucks bemüht ist, die Banken und Bankleitungen von subjektiver „Schuld" und „Willkür" freizusprechen und zugleich die Annahme zu entkräften, daß zur Erklärung der konjunkturellen Erscheinungen „irgendein mangelhaftes Funktionieren eines speziellen Teiles des Systems besonders angenommen werden müßte"[90]. Kein Kapitalist und speziell kein Bankkonsortium, so darf man diese Argumentation deuten, soll durch die Hayeksche Konjunkturerklärungshypothese verschreckt oder verprellt werden.

Auch das sichtbar werdende Zurückschieben der nach dem konjunkturverursachenden Faktor zielenden heiklen Frage vom „Geld" und von den „Banken" auf die über allen Zweifel erhabene „moderne Kreditorganisation" dient letztlich einer solchen Beschwichtigung. Hierbei ist allerdings anzuerkennen, daß auch nach Marx Zusammenhänge zwischen Kreditwesen und Krisenproblematik bestehen.[91] Der springende Punkt, wo sich die Geister von vornherein gründlich geschieden haben, besteht darin, daß für Marx der Kredit nur ein Nährboden und Beschleunigungsfaktor der konjunkturellen Entwicklung darstellt, und nicht, wie hier bei Hayek und anderen Vertretern der „Kreditzirkulationstheorie", die angeblich eigentliche Ursache der Krisen. Da es jedoch für Hayek als einen militant bourgeoisen Ökonomen kaum um die wahrheitsgemäße Herausstellung der wirklichen Krisenursachen, sondern im wesentlichen nur um eine Alibi-Erklärung für das von ihm im Hinblick auf das kapitalistische Wirtschaftssystem behauptete Gleichgewichtstheorem geht, und da er aus gleichen Gründen nicht im entferntesten daran denken kann, die „moderne Kreditorganisation", weil krisenverursachend, in Acht und Bann zu tun, kommt er nur zu folgender apologetisch fatalistischen Empfehlung: „Solange wir uns des Mittels des Bankkredits bedienen (der nach Ansicht Hayeks als Hauptinstrument der Geldmengensteuerung gilt – d. A.), um die Entwicklung zu fördern, werden wir auch die Konjunkturschwankungen mit in Kauf nehmen müssen, die durch ihn verursacht werden."[92] Diese Konjunkturschwankungen, so die zynisch bankrotte Formulierung, seien „gewissermaßen der Preis des Fortschritts über jenes Maß, den die Menschen freiwillig durch ihr Sparen ermöglichen, und der ihnen darum abgelistet werden muß"[93]. Nur wenn es gelänge, „die gesamte Bankkreditmenge völlig unverändert zu erhalten", wäre nach Hayek „das einzige Mittel gefunden, mit dem man die Konjunkturschwankungen wirklich beseitigen könnte"[94].

Aus diesen Hayekschen Prämissen wird wenig später von Friedman und anderen das monetaristische Konzept bloßer Geldmengensteuerung entwickelt,

[90] Ebenda, S. 83 und S. 94, S. 97.

[91] Vgl. K. Marx, Das Kapital. Dritter Band, in: MEW, Bd. 25, Berlin 1962, S. 457.

[92] F. A. v. Hayek, Geldtheorie und Konjunkturtheorie, a. a. O., S. 111.

[93] Ebenda.

[94] Ebenda, S. 112.

das die monetären Vorgänge aus einer demagogischen Scheinursache der Theorie zu einem demagogischen Pseudoinstrument der monopolbourgeoisen Wirtschaftspolitik werden läßt.[95] Mit diesem aus Hayekschen Prämissen entwickelten Instrumentarium sollen die das Gleichgewicht störenden monetären Vorgänge nunmehr in richtiger Steuerung und Dosierung auch zur Bewahrung beziehungsweise Wiederherstellung des wirtschaftlichen Gleichgewichts auf möglichst höherer Grundlage geeignet sein.

Die sich bei Hayek selbst am Ende seiner Darlegungen zur Konjunkturtheorie teilweise ausbreitende Skepsis bezieht sich ironischerweise gerade auf die praktische konjunkturpolitische Umsetzbarkeit seiner monetären Konjunkturtheorie.[96] Dieselbe konjunkturpolitische Skepsis führt jedoch zugleich zu einer fast doppelgleisig zu nennenden Differenzierung seiner Konjunkturtheorie: Obwohl er „glaube, daß die periodischen Krisen nur durch monetäre Faktoren zu erklären" seien, so glaube er „doch nicht, daß sich auf diese Weise alle wirtschaftlichen Depressionen erklären lassen".[97] Hayek unterscheidet damit die „normalen", durch „monetäre Faktoren" zu erklärenden „periodischen Krisen", von „langdauernden, chronischen Depressionen, die gewisse europäische Länder während der letzten 8 Jahre durchgemacht haben"[98]. Diese „langdauernden chronischen Depressionen" seien „mittels der gleichen Gedankengänge" als Folgeerscheinung „bestimmte(r) staatliche(r) Eingriffe" zu erklären, die „eine andauernde Schrumpfung des kapitalistischen Aufbaus der Produktion und damit eine dauernde Stagnation hervorrufen können"[99]. Hayek spezifiziert diese als Krisen- oder Depressionsursache bezeichneten „bestimmten staatlichen Eingriffe" als „gesteigerten öffentlichen Aufwand, im allgemeinen" und als „bestimmte Formen der Besteuerung im besonderen"; „in einer solchen Situation" könne „natürlich keinerlei Herumdoktern an der Währung, sondern ausschließlich eine radikale Änderung der Finanzpolitik helfen".[100] In einer sich darauf beziehenden Anmerkung heißt es, „daß diese Form von Staatseingriffen . . . eine sehr wichtige Ursache der chronischen Arbeitslosigkeit darstellen . . ., die sich somit als ein chronischer Prozeß der Kapitalaufzehrung erklären würde"[101].

Bemerkenswert, daß diese angeblich durch „staatliche Eingriffe" bewirkte und durch „gesteigerten öffentlichen Aufwand" und „Kapitalaufzehrung" charakterisierten „chronischen Depressionen", ähnlich wie oben bei Friedrich Lutz und Walter Eucken beschrieben, auch von Hayek als besondere von außen bewirkte Einzelerscheinung und nicht als Auswirkung eines periodisch zum Durchbruch drängenden allgemeinen Krisengesetzes gesehen und bewertet werden.

[95] Vgl. auch S. 128 ff. der vorliegenden Arbeit.

[96] F. A. v. Hayek, Preise und Produktion, Wien 1931, S. 118.

[97] Ebenda, S. 120.

[98] Ebenda.

[99] Ebenda.

[100] Ebenda.

[101] Ebenda, S. 121 Anm. 1.

Genau an dieser, auf mißliche staatliche Eingriffe sich beziehenden singularen Krisenerklärung verschmolz auch bei Hayek die zunächst diplomatisch zurückgewiesene „Schuldfrage" wieder mit der „Ursachenfrage"; genau an dieser Stelle konnten die krisentheoretischen Argumentationen der im ersten Abschnitt behandelten gegenwärtigen Hayekisten und anderen neokonservativen Ökonomen einhaken. Genau an dieser Stelle erwuchs im Zusammenwirken mit den von Walter Eucken, Joseph Schumpeter und anderen entwickelten Instrumentarien jenes eingangs skizzierte apologetische Krisenerklärungsmuster, das die „Suche nach Schuldigen" höchst eilfertig durch den flachen Hinweis auf die „verfehlte Wirtschaftspolitik" des jeweiligen parteipolitischen Gegners zu beendigen trachtet.

In fragmentarischer Weise sei abschließend auf die Schlüsselfunktion bestimmter Argumentationsfiguren und Motive im Grundmuster der hier untersuchten Hauptart bürgerlichen Krisendenkens verwiesen. Hierbei sei hervorgehoben, daß gerade das Nachdenken über die durch ihre ständige Wiederholung oft schon gewöhnlich und trivial erscheinenden Kategorien und Motive der bürgerlichen Krisendeutung in der Regel mehr Aufschluß über die dieser Kriseninterpretation zugrundeliegende Ideologiestruktur vermitteln kann, als die oft vordergründig bleibende Auseinandersetzung mit der jeweils neuesten und spektakulärsten konjunkturpolitischen Verlautbarung, die sich über ihre theoretischen Prämissen ausschweigt.

Da ist einmal das immer wiederkehrende Motiv des „Verschuldens", wonach Krisen nicht das Ergebnis des Wirkens objektiver Gesetze darstellen, sondern aus dem subjektiven „Fehlverhalten" bestimmter Personen, Gruppen oder Instanzen resultieren sollen. Der erste Teil des Kapitals brachte zahlreiche Belege für solches vorgebliche „Verschulden" und „Fehlverhalten", das auch als „Verstoß" oder „wirtschaftspolitische Sünde wider den Geist der sozialen Marktwirtschaft" (E. Tuchtfeldt), als „Irrtum der Marktteilnehmer", als „außerökonomisches Miß-Management" oder „verfehlte Wirtschaftspolitik" bezeichnet wurde, ohne das hierbei immer die diesen Wertungen zugrunde liegende systemtheoretische Grundstruktur kenntlich gemacht worden wäre.

Da ist zum anderen das den zweiten Teil des Kapitels durchziehende Motiv des „Gleichgewichts", das seit Jean Baptiste Say, also seit über 150 Jahren, eine zentrale auf Harmonisierung und Krisenleugnung abzielende Kategorie der bürgerlichen Vulgärökonomie darstellt. Die Krisen hatten in einer solchen unhistorischen Konstruktion des ein für allemal gegebenen oder dahin tendierenden „natürlichen Gleichgewichts" theoretisch einfach keinen Platz, das heißt, sie waren als „Störungen" dieses „Gleichgewichts" aus den Prämissen dieses Gleichgewichtszustandes oder dieser Gleichgewichtstendenz nicht begründbar.

Für die bürgerliche Vulgärökonomie war so mit zunehmender Verschärfung und Aktualisierung der Krisenproblematik bei gleichzeitigem starren Festhalten am Gleichgewichtsdogma die unter diesen Umständen prinzipiell unlösbare Aufgabe erwachsen, die Theorie einer immer wiederkehrenden allgemeinen „Störung" aus theoretischen Voraussetzungen ableiten zu müssen, gemäß denen eine solche Störung durch den sich selbst regelnden Wirtschaftsmechanismus geradezu unmöglich sein müßte. Die bürgerliche Ökonomie konnte die so gestellte Aufgabe verständlicherweise nicht lösen, sie mußte aber zu einigermaßen akzeptablen Antworten kommen, um wenigstens die verfänglichsten Fragestellungen und Zweifel abzublocken. Wenn es also nicht angängig war, aus den Prämissen ihres unhistorischen Harmonie- und Gleichgewichtsdogmas so ungleichgewichtige Tatsachen wie die Wirtschaftskrisen herauszudeduzieren, mußte versucht werden, den umgekehrten Weg zu gehen und die Ursache des als Krise erscheinenden Ungleichgewichts in einem zweiten von „außen" wirkenden Störfaktor anzusiedeln. Die verschiedenen Generationen der Gleichgewichtsökonomie, einschließlich der neoklassischen, mußten also geradezu zwangsläufig zu exogenen und damit dualistischen Krisendeutungen kommen.

Das Spektrum dieses methodologischen Dualismus reicht von den extrem groben Formen der Jevonschen Sonnenfleckentheorie[102] und der metereologischen Verursachung bis hin zu den sublimen Formen der monetären Konjunkturdeutung, die, wie am Beispiel Hayek demonstriert, zwar den Anspruch erhebt, eine „endogene" Erklärung zu geben, aber schließlich nicht umhin kann, die isoliert und verdinglicht aufgefaßten monetären Vorgänge als ein zweites, doch wieder von „außen" auf das Gleichgewichtssystem wirkendes Prinzip darzustellen[103]. Bei Schumpeter, so wurde gezeigt, drückt sich der Dualismus in der Preisgabe der methodologischen Einheit der theoretischen Ökonomie aus, das heißt in der Teilung in eine Statik und Dynamik, sowie in der nachträglichen Einführung zusätzlicher Prämissen.

Auch die durch Walter Eucken, Friedrich Lutz und deren Anhänger propagierte singularisierende Konjunkturdeutung, die jede Krise als angeblich individuelle und isolierte Einzelerscheinung aus „außerwirtschaftlichen Fakten" (W. Eucken) zu „erklären" vorgibt, bleibt notwendig „exogen" und damit dualistisch und unwissenschaftlich. Für die von den Hayekschen, Schumpeterschen und Euckenschen Vorleistungen nahezu völlig abhängigen konservativen Ökonomen der Gegenwart ergibt sich das gleiche Urteil; schon das in vielfacher Abschattierung vorgebrachte Motiv subjektiven „Verschuldens" und „Fehlver-

102 William Stanley Jevons (1835–1882), ein zur Grenznutzenschule zählender englischer Ökonom, behauptete nach der schweren Krise von 1873 (die von Fred Oelßner als die „umfassendste, tiefste und verheerendste Krise" des 19. Jahrhunderts eingeschätzt wurde; vgl. F. Oelßner, Die Wirtschaftskrisen, 3. Aufl., Berlin 1952, S. 244) eine Kausalbeziehung zwischen den etwa alle 11 Jahre auftretenden Sonnenflecken und den periodischen Wirtschaftskrisen (vgl. W. S. Jevons, The Solar Period and the Price of Corn, London 1875; ders., The Periodicity of Commercial Crises and its Physical Explanation, London 1878; ders., Commercial Crises and Sunspots, London 1879).

103 Vgl. auch S. 77 ff. der vorliegenden Arbeit.

haltens", wodurch die an sich makellos stabile kapitalistische Marktwirtschaft von Zeit zu Zeit fahrlässig oder böswillig von außen ins Straucheln gebracht wird, deutet auf den hier zur Kritik stehenden dualistischen Aspekt dieser unwissenschaftlichen Krisendeutung hin.

Und noch eine letzte geradewegs auf mythologisch-theologische Hintergründe dieser exogen-dualistischen Argumentation zielende Anmerkung: Bereits Marx hatte sich veranlaßt gesehen, gewisse Analogiebeziehungen zwischen allgemein theologischer und speziell vulgärökonomischer Apologetik hervorzukehren. Er hatte dabei nicht nur den Fetischcharakter der Ware als einen mit „metaphysischer Spitzfindigkeit und theologische(n) Mucken"[104] beladenen Sachverhalt analysiert, sondern auch eine mehr als metaphorisch zu lesende Beziehung zwischen Sündenfallmythos und vulgärökonomischer Argumentationsweise hergestellt: „Diese ursprüngliche Akkumulation", so Marx, „spielt in der politischen Ökonomie ungefähr dieselbe Rolle wie der Sündenfall in der Theologie."[105]

Zu dieser Art entlarvender Analogiebetrachtung hier eine auf die bürgerliche Krisendeutung bezügliche Ergänzung: Die erwähnte dualistische Betrachtungsweise, die die Krisen nicht aus den immanenten Widersprüchen des Kapitalismus selbst, sondern aus einem zweiten als Störfaktor einwirkenden Prinzip zu erklären sich bemüht, zeigt bei näherer Betrachtung fatale Ähnlichkeiten mit höchst fragwürdigen mythologischen Konstruktionen, die in der klerikalen Apologetik bis in die Neuzeit hinein zur Rechtfertigung des menschlichen und gesellschaftlichen Elends dienten und als Theodizee bezeichnet werden. Wie, so die Fragestellung der herkömmlichen Theodizee-Apologetik, sind unbezweifelbare göttliche Omnipotenz mit den nicht zu übersehenden „Übeln" der menschlichen und gesellschaftlichen Verhältnisse zu vereinbaren? Wie, so die Fragestellung der als Spiegelbild analog hierzu entwickelten vulgärökonomischen Theodizee-Apologetik (und die bloße Möglichkeit einer solchen Analogiebildung dürfte kaum ein Empfehlungsbrief darstellen), (wie) ist die in ihrer angeblichen Stabilität und Makellosigkeit nicht anzuzweifelnde kapitalistische „Gleichgewichtsökonomie" mit den periodisch wiederkehrenden Krisen und Zusammenbrüchen vereinbar? Beide Fragestellungen, so die Lehren der allgemeinen Theoriegeschichte, konnten diesen Widerspruch zwischen idealistisch-mythologisch postulierter „Vollkommenheit" (Deus sive Aequilibrium) und höchst realer Mangelhaftigkeit nur um den Preis der Annahme eines zweiten „widersacherischen" Prinzips überspielen, durch einen per Teufelsmythos inszenierten „Sündenfall" bei der ersten Fragestellung, durch einen vermittels „Schuld" und „Fehlverhalten" (und auch Fehlsteuerung monetärer Vorgänge) bewirkten „Störungsfall" in der zweiten speziell ökonomischen Variante dieses apologetischen Grundmusters.

104 K. Marx, Das Kapital. Erster Band, in: MEW, Bd. 23, Berlin 1962, S. 85.
105 Ebenda, S. 741.

Beide Fragestellungen dieses Grundmusters, und auch das kann die Geschichte für die Gegenwart lehren, wurden und werden letztendlich von Entwicklungsgesetzen des gesellschaftlichen Lebens gründlich widerlegt, so hoch auch immer man den Anteil der spezifisch theoretisch-ideologischen Widerlegung bei der Durchsetzung dieser Entwicklungsgesetze veranschlage. So wenig also die allgemeinen Theodizee-Verfasser ungeachtet ihres nicht unbeträchlichen apologetischen Scharfsinns verhindern konnten, daß Aufklärung und atheistisch-wissenschaftliche Weltanschauung zunehmend zu einer säkularen Massenerscheinung wurden, so wenig werden die speziell ökonomischen Theodizee-Schreiber davon abhalten können, daß die Krisenursachen durch immer breitere Volksmassen und ihre immer mehr erstarkenden marxistischen Parteien entgegen aller neoklassischen Legendenbildung mit zunehmender Wirksamkeit dort gepackt werden, wo sie sich *wirklich* befinden.

Kapitel 4

Die Theorie der Wirtschaftspolitik

4.1. *Gegenstand und Aufgaben*

Es wurde bereits bei der Darstellung der Grundzüge des Verhältnisses von bürgerlicher Wirtschaftstheorie und staatsmonopolistischer Wirtschaftspolitik darauf verwiesen, daß sich unter *den* Bedingungen des entwickelten staatsmonopolistischen Kapitalismus ein enges Verhältnis zwischen Ökonomie und Politik herausgebildet hat.[1] Ganz besonders bei der Analyse der bürgerlichen Theorie der Wirtschaftspolitik ist speziell von den Erkenntnissen über dieses Verhältnis auszugehen, hat doch gerade diese Theorie im Vergleich zu anderen Teilkomplexen der heutigen bürgerlichen politischen Ökonomie, wie im folgenden zu zeigen sein wird, eine eminent wichtige und spezifische Aufgabe für die ökonomisch-theoretische Fundierung der ökonomischen Politik des kapitalistischen Staates zu erfüllen.

Unter dem Aspekt der Analyse des Wechselverhältnisses von Ökonomie und Politik im staatsmonopolistischen Kapitalismus ist jene marxistisch-leninistische Erkenntnis von prinzipieller Bedeutung, daß der zur permanenten Notwendigkeit gewordene Einsatz der ökonomischen und außerökonomischen Staatsgewalt im Gesamtrahmen der staatlichen Politik erfolgt. So heißt es hierzu im Lehrbuch der „Politischen Ökonomie des Kapitalismus": „Die gesamte Wirtschaftsaktivität des imperialistischen Staates hat politischen Inhalt, wird in starkem Maße von den politischen Zielen des Monopolkapitals im Klassenkampf bestimmt und hat die ökonomischen Mittel für die Gesamtpolitik des Finanzkapitals zu realisieren."[2] Unter diesen konkret-historischen Bedingungen, also bei Existenz dieses engen und dauerhaften Wechselverhältnisses von Ökonomie und staatlicher Wirtschaftspolitik im Kapitalismus, kommt es innerhalb der bürgerlichen politischen Ökonomie zur Herausbildung und Etablierung der Theorie der Wirtschaftspolitik, die sich – im Unterschied zu den anderen Teilkomplexen der bürgerlichen Ökonomie – der verallgemeinernden Untersuchung der Bedingungen, Instrumentarien, Ziele und Träger der Wirtschaftspolitik im staatsmonopolistischen Kapitalismus widmet. Bereits diese erste generalisierende Einschätzung soll deutlich machen, daß sie sich in ihrer Aufgabenstellung von den Hauptströmungen der gegenwärtigen bürgerlichen poli-

[1] Vgl. hierzu: Kapitel 1 der vorliegenden Arbeit.

[2] Politische Ökonomie des Kapitalismus. Lehrbuch, Berlin 1980, S. 556.

tischen Ökonomie[3] im gewissen Sinne unterscheidet, diese aber in den für die staatliche Wirtschaftspolitik relevanten Aspekten innerhalb dieser Hauptströmungen ergänzt.

Jede der beiden Hauptrichtungen der heutigen monopolbourgeoisen politischen Ökonomie ist in ihrem Wirkungsspektrum viel breiter angelegt, als daß sie nur die spezifischen Aspekte der theoretischen Untermauerung der staatlichen Wirtschaftspolitik im staatsmonopolistischen Kapitalismus abzudecken hätte. Die Theorie der Wirtschaftspolitik als eine Teildisziplin im Gesamtsystem der heutigen bürgerlichen politischen Ökonomie ist aber dieser Aufgabe unter ganz spezifischem Aspekt, dem der wirtschaftspolitischen Ziel-Mittel-Relation, in erster Linie gewidmet.[4] Diese Theorie ist deshalb auch an die Bedingungen des entwickelten staatsmonopolistischen Kapitalismus gebunden.

In der Tat bildete sich im Prozeß der Differenzierung und Spezialisierung in der bürgerlichen politischen Ökonomie erst nach dem zweiten Weltkrieg die Theorie der Wirtschaftspolitik heraus. Eine derartige Feststellung ignoriert in keiner Weise die Tatsache, daß es bereits schon weit vor dieser Zeit Formen von staatlicher Wirtschaftspolitik im Kapitalismus gab und daß auch die bürgerliche politische Ökonomie diese Politik theoretisch zu begründen hatte – und es auch tat –, worauf bereits verwiesen wurde.[5] Dies alles trug aber nur punktuellen, partiellen Charakter. Denn *vor* dem imperialistischen Stadium des Kapitalismus kam dem Staat in ökonomischer Hinsicht eine untergeordnete Rolle zu. Die Theorie der Wirtschaftspolitik ist also ihren objektiven Grundlagen nach ein Produkt der neueren Entwicklung des Kapitalismus.

Der österreichische Ökonom Theodor Pütz, einer der führenden Vertreter dieser Theorie, bemerkt hierzu: „Die theoretische Wirtschaftspolitik ist eine junge wissenschaftliche Disziplin. Sie hat sich – von früheren Ansätzen abgesehen – erst nach dem II. Weltkrieg entwickelt und nur relativ wenig Werke lehrbuchartigen Charakters hervorgebracht."[6] Und Anfang der 60er Jahre bezeichnete der bekannte BRD-Ökonom Hans Ohm in seinem Lehrbuch „Allgemeine Volkswirtschaftspolitik" diese Theorie beziehungsweise die Allgemeine Volkswirtschaftspolitik noch „als eine der jüngsten Teildisziplinen der Volkswirtschaftslehre", die „noch nicht ihre endgültige Form nach Methode und Inhalt

3 Vgl. hierzu: Kapitel 2 der vorliegenden Arbeit.

4 Im Zusammenhang mit ihren Darlegungen zu den Problemlehren innerhalb des Gesamtsystems der gegenwärtigen bürgerlichen politischen Ökonomie verwiesen G. Fabiunke und P. Thal auch auf die Wirtschaftspolitik als eines jener Felder, worauf sich die problemorientierten bürgerlichen Spezialtheorien richten (vgl. G. Fabiunke/P. Thal, Geschichte der politischen Ökonomie. Leitfaden, Berlin 1981, S. 117). In diesem Sinne wäre die Theorie der Wirtschaftspolitik als eine Problemlehre zu charakterisieren.

5 Vgl. hierzu S. 12 f. der vorliegenden Arbeit.

6 T. Pütz, Grundlagen der theoretischen Wirtschaftspolitik, Stuttgart – New York 1979, S. 3.

gefunden haben kann".[7] Mittlerweile hat sich die Lage geändert. An der „Freien Universität" in Westberlin beispielsweise wurde ein Institut für die Theorie der Wirtschaftspolitik gebildet, das eine eigene Schriftenreihe herausgibt.[8] In dieser Schriftenreihe, die der renommierte bürgerliche Wirtschaftstheoretiker Carl Föhl aufgelegt hat, „sollen von den Mitarbeitern des Instituts erarbeitete Beiträge veröffentlicht werden, die einer Nutzbarmachung der Wirtschaftstheorie zur Lösung aktueller wirtschaftspolitischer Aufgabenstellungen dienen"[9].

Die Entwicklung der Theorie der Wirtschaftspolitik hat sich seit den 70er Jahren zweifellos beschleunigt. In diesem Zusammenhang stellt sich die Frage, ob angesichts der akuten Krise der staatsmonopolistischen Regulierungstheorien, auch eingedenk ihrer gegenwärtigen Rettungsversuche, der Theorie der Wirtschaftspolitik möglicherweise die Aufgabe zukommt, als *integratives* Element, also zur Überwindung des Differenzierungs- und Zersetzungsprozesses in der bürgerlichen politischen Ökonomie, wirksam zu werden. Dieser Aspekt bedarf einer eingehenden kritischen Analyse, da er für die Gesamteinschätzung der heutigen bürgerlichen politischen Ökonomie von prinzipieller Bedeutung ist. Es ist deshalb jegliches voreiliges Urteil zu vermeiden, dem man aber begegnet,[10] wenn bereits jetzt schon behauptet wird, daß sich „die bürgerliche Ökonomie seit mehreren Jahren (bemüht), die . . . entstandene Zersplitterung und Vielschichtigkeit durch die Schaffung einer T. (Theorie der Wirtschaftspolitik – d. A.) zu überwinden"[11].

Die Theorie der Wirtschaftspolitik soll die Wirksamkeit der staatlichen Wirtschaftspolitik zur Absicherung des staatsmonopolistischen Systems ebenso wie der maximalen Profite verbessern. Im staatsmonopolistischen Kapitalismus funktioniert der alte vormonopolistische Markt-Preis-Mechanismus nicht mehr, und der gesamte Reproduktionsprozeß wird nur dadurch aufrechterhalten, daß der Staat zum aktiven Faktor des Wirtschaftsprozesses geworden ist und daß Staat und Monopole regulierend in das Wirtschaftsgeschehen eingreifen. Dadurch wird die Ausarbeitung wirtschaftspolitischer Konzeptionen und Strategien im Interesse der Kapitalverwertung und auf der Grundlage politischer Interessen unter Zuhilfenahme wirtschaftswissenschaftlicher Analysen und

[7] H. Ohm, Allgemeine Volkswirtschaftspolitik, Bd. 1: Systematisch-theoretische Grundlegung, Berlin (West) 1962, S. 5. – Auch die marxistischen Ökonomen A. Bönisch und J. Iša verweisen auf den relativ neuartigen Charakter dieser Theorie (vgl. A. Bönisch/J. Iša, Keynes oder Friedman? Wirtschaftstheorie und -praxis im Kapitalismus, Berlin 1978, S. 145).

[8] Vgl. Schriften des Instituts für Theorie der Wirtschaftspolitik, hg. von C. Föhl, Berlin (West), erschienen seit 1969.

[9] Schriften des Instituts für Theorie der Wirtschaftspolitik, Bd. 6, Berlin (West) 1971, Klappentext.

[10] Vgl. Theorie der Wirtschaftspolitik, in: Ökonomisches Lexikon Q–Z, Berlin 1980, S. 662.

[11] Ebenda, S. 662.

eines entsprechenden Instrumentariums zum *objektiven Erfordernis* kapitalistischer Wirtschaftspolitik. Der bürgerlichen politischen Ökonomie war unter den Bedingungen des qualitativen Wandels in der Funktionsweise der kapitalistischen Reproduktion mit der Entfaltung des *staatsmonopolitischen Kapitalismus* die für sie qualitativ neue Funktion erwachsen, „praktisch anwendbare Leitungsinstrumente . . . zu liefern"[12]. Die Theorie der Wirtschaftspolitik entspricht diesem Auftrag am weitgehendsten von allen Teildisziplinen der gegenwärtigen bürgerlichen politischen Ökonomie. Als zentrale Aufgabenstellung für sie wird ganz in diesem Sinne in einem der Standardwerke zu dieser Theorie definiert: „Die praktische Bedeutung der theoretischen Wirtschaftspolitik sehen wir darin, daß sie zur *Rationalisierung* der praktischen Wirtschaftspolitik einen Beitrag leisten kann."[13] In ähnlicher Weise äußerte sich auch der ebenfalls den führenden Repräsentanten dieser Theorie zuzurechnende Manfred E. Streit in seinem 1982 wiederholt aufgelegten Lehrbuch zur Theorie der Wirtschaftspolitik, indem er konstatierte: „Eine wissenschaftliche Beschäftigung mit Wirtschaftspolitik kann neben Beschreibung und Erklärung der praktischen Wirtschaftspolitik sowie der Prognose des Verhaltens von Trägern der Wirtschaftspolitik dazu dienen, die Grundlagen für eine rationale Politik zu verbessern."[14] Und Udo Müller verweist in seinem Beitrag im Handwörterbuch der Volkswirtschaft auf folgendes: „Die *allgemeine Theorie der W.* (Wirtschaftspolitik – d. A.) stellt die begrifflichen und systematischen Grundlagen bereit. In ihrem Mittelpunkt steht die Frage der Rationalität der Ziele und des darauf gerichteten Handelns."[15]

Seitens der marxistisch-leninistischen Kritik der modernen bürgerlichen politischen Ökonomie wurde in dem Werk „Bürgerliche Ökonomie ohne Perspektive" erstmalig auf die Relevanz der kritischen Analyse dieser für die theoretische Fundierung der staatsmonopolistischen Wirtschaftspolitik wichtigen Entwicklung verwiesen,[16] ohne daß sich diese Anregung aber in weiterer Literatur niederschlug. Eine Ausnahme hiervon stellt eine Arbeit von Alfred Bönisch und Jan Iša von Ende der 70er Jahre dar, die sich dem Anliegen verpflichtet fühlt, „einige wesentliche Trends und Zusammenhänge des Wechselverhältnisses von bürgerlicher Wirtschaftstheorie und staatlicher Wirtschaftspolitik imperialistischer Länder sichtbar zu machen"[17].

[12] H. Meißner (Hrsg.), Bürgerliche Ökonomie ohne Perspektive, Berlin 1976, S. 56; K. Müller, Zu den Grundfunktionen der bürgerlichen politischen Ökonomie, in: Wirtschaftswissenschaft, 5/1984, S. 692.

[13] T. Pütz, Grundlagen der theoretischen Wirtschaftspolitik, a. a. O., S. 16.

[14] M. E. Streit, Theorie der Wirtschaftspolitik, Düsseldorf 1979, S. 102.

[15] U. Müller, Theoretische Grundlagen der Wirtschaftspolitik, in: Handwörterbuch der Volkswirtschaft, Wiesbaden 1980, S. 1589.

[16] Vgl. H. Meißner (Hrsg.), Bürgerliche Ökonomie ohne Perspektive, a. a. O., S. 247.

[17] A. Bönisch/J. Iša, Keynes oder Friedman? Wirtschaftstheorie und -praxis im Kapitalismus, a. a. O., S. 9.

Die Theorie der Wirtschaftspolitik ist in ihrer Entstehung, Entwicklung und weiteren Ausprägung an die objektiven Bedingungen des staatsmonopolistischen Kapitalismus mit seinem objektiven Zwang nach staatlicher – neben der privatmonopolistischen – Regulierung gebunden. Die spezifische Aufgabe dieser Theorie besteht darin, die staatliche Wirtschaftspolitik, das heißt die hier angewandten Instrumentarien, ihre Rahmenbedingungen, die Ziele und ihre Träger in *verallgemeinernder,* theoretisch-abstrakter Form zu analysieren. Da diese Wirtschaftspolitik mit der zunehmenden Ausprägung des staatsmonopolistischen Kapitalismus an Gewicht zunimmt und sie sich in ihren einzelnen Formen weiter ausprägt, wird ihre politökonomisch-theoretische Verarbeitung für die Monopolbourgeoisie und ihre staatlichen Interessenvertreter mehr und mehr zu einer notwendigen Aufgabe.

Die Theorie der Wirtschaftspolitik reagiert also aus monopolbourgeoiser Sicht auf jenen objektiven Tatbestand, daß sich der Widerspruch zwischen der zunehmenden Vergesellschaftung der Produktivkräfte im Kapitalismus und den privatkapitalistischen Eigentumsverhältnissen so zugespitzt hat, daß die diesem Widerspruch entgegenwirkende staatliche Wirtschaftspolitik einen so essentiellen Stellenwert im staatsmonopolistischen Regulierungssystem erhält, daß die Politik des sogenannten „unternehmerischen Fingerspitzengefühls"[18], also die privatmonopolistische Regulierung, durch eine angeblich verwissenschaftliche staatliche Wirtschaftspolitik mehr denn je ergänzt werden müsse. Die marxistischen Ökonomen Bönisch und Iša sprechen sogar uneingeschränkt davon, daß ein „wichtiger Trend der staatlichen Wirtschaftspolitik (im gegenwärtigen Kapitalismus – d. A.) . . . darin (besteht), daß diese zunehmend mit wissenschaftlichen Methoden durchsetzt wird", und sind mit W. Wurm einer Meinung, daß dies damit korrespondiert, „daß alle ‚für den Spätkapitalismus konstitutiven Entwicklungen, wie etwa die Automatisierung der Produktion und Distribution, die Entwicklung neuer Formen der Kooperation und der Arbeitsteilung, die intensive Ausschöpfung der inneren Märkte, aber auch der Staatsinterventionismus selbst' durch die Wissenschaft' überhaupt erst ermöglicht wurden".[19] Die Herausbildung der Theorie der Wirtschaftspolitik ist also ihrem Wesen nach der monopolbourgeoise Ausdruck der sich weiter zuspitzenden Widerspruchsdialektik von Produktivkräften und Produktionsverhältnissen im monopolkapitalistischen Kapitalismus seit der zweiten Etappe der allgemeinen Krise des Kapitalismus. Dieser Widerspruch hat sich in der gegenwärtigen Etappe der allgemeinen Krise des Kapitalismus enorm verschärft. Es

[18] Pütz bemerkt dazu ironisch: „Aber auch bei Annahme der Gegebenheiten reicher Erfahrungen und hoch entwickelten Fingerspitzengefühls könnte der Grad der *Rationalität der heutigen Wirtschaftspolitik* nicht hoch sein, wenn auf die Hilfe der Wissenschaft verzichtet würde . . ." (vgl. T. Pütz, Grundlagen der theoretischen Wirtschaftspolitik, a. a. O., S. 16).

[19] A. Bönisch/J. Iša, Keynes oder Friedman? Wirtschaftstheorie und -praxis im Kapitalismus, a. a. O., S. 34.

ist bei der Analyse der neuesten Erscheinungen des Imperialismus auf ökonomischem Gebiet davon auszugehen, „daß sich seit Beginn der siebziger Jahre eine ganz besondere Art der Verflechtung von zyklischer und allgemeiner Krise des Kapitalismus zeigt"[20].

Im konkreten stellt sich nun für die Theorie der Wirtschaftspolitik die Aufgabe, verallgemeinernde Aussage zu den folgenden Komplexen staatlichen wirtschaftspolitischen Handelns zu treffen[21]:

- Ziele des wirtschaftspolitischen Handelns,
- Bedingungen der Wirtschaftspolitik in makro- wie auch in mikroökonomischer Hinsicht (die sogenannten Rahmenbedingungen der Wirtschaftspolitik);
- Instrumentarien der Wirtschaftspolitik;
- Träger (Akteure) der Wirtschaftspolitik.

Gemäß dieser Aufgabenstellung wird die Theorie der Wirtschaftspolitik definiert als „Lehre von der Gestaltung wirtschaftlicher Tatbestände durch die für diese Aufgaben gesamtwirtschaftlich legitimierten oder tatsächlichen Einfluß ausübenden Instanzen"[22].

Diese generelle Aufgabenstellung wird oft so interpretiert, daß die wirksamsten wirtschaftspolitischen Instrumentarien und Methoden für die Realisierung des wirtschaftspolitischen Zieles klar herausgearbeitet werden sollen. So definiert zum Beispiel Theodor Pütz das Kernproblem der theoretischen Wirtschaftspolitik als „Frage nach den geeignetsten Mitteln für die optimale Verwirklichung eines oder mehrerer Ziele. Mit anderen Worten handelt es sich in der theoretischen Wirtschaftspolitik um die Lösung von *Zweck-Mittel-Fragen* (teleologische Probleme), um instrumentale Fragen."[23]

Die Theorie der Wirtschaftspolitik widmet sich also speziellen Aspekten der staatsmonopolistischen Regulierung des kapitalistischen Reproduktionsprozesses, und zwar den Problemen der staatlichen Wirtschaftspolitik unter dem Aspekt ihrer Ziel-Mittel-Relation. Sie stellt sich im weitergefaßten Rahmen der staatsmonopolistischen Wirtschaftspolitik dar als ein „theoretisches Instrumentarium für die staatliche Wirtschaftspolitik in der Periode der Entwicklung des

20 K. Hager, Gesetzmäßigkeiten unserer Epoche – Triebkräfte und Werte des Sozialismus. Rede auf der Gesellschaftswissenschaftlichen Konferenz des Zentralkomitees der SED am 15. und 16. Dezember 1983 in Berlin, Berlin 1984, S. 21.

21 Vgl. hierzu u. a.: E. Tuchtfeldt, Bausteine zur Theorie der Wirtschaftspolitik, Bern – Stuttgart 1983; G. Poser, Wirtschaftspolitik. Eine Einführung, Stuttgart 1982; M. E. Streit, Theorie der Wirtschaftspolitik, a. a. O.; P. Dobias, Wirtschaftspolitik. Einführung in ihre Grundlagen und Hauptprobleme, Paderborn – München – Wien – Zürich 1980.

22 G. Gäfgen, Allgemeine Wirtschaftspolitik, in: Kompendium der Volkswirtschaftslehre, hg. von W. Ehrlicher/I. Esenwein-Rothe/H. Jürgensen/K. Rose, Bd. 2, Göttingen 1968, S. 118.

23 T. Pütz, Grundlagen der theoretischen Wirtschaftspolitik, a. a. O., S. 5.

staatsmonopolistischen Kapitalismus"[24]. Ihr Gegenstand kann also folgendermaßen definiert werden: Er „ist die theoretische Ordnung und Begründung aller wirtschaftspolitischen Regulierungsmöglichkeiten des kapitalistischen Staates"[25].

Als das *Kernproblem* der theoretischen Wirtschaftspolitik wird von ihren Vertretern die theoretische Analyse des wirtschaftspolitischen *Ziel-Mittel-Problems* deklariert.[26] Diese prinzipielle Orientierung wird in der Aufgliederung dieses Problems weiter ausgeprägt. So habe diese Theorie auf die eindeutige Bestimmung und Formulierung des Zieles – in der Regel eines Zielbündels – des staatlichen wirtschaftspolitischen Handelns Einfluß zu nehmen. Dies wird als eine der Voraussetzungen für die Festlegung eines zielkonformen wirtschaftspolitischen Instrumentariums angesehen. Die Analyse des Zielkomplexes schließt verallgemeinernde Aussagen über die Vereinbarkeit von mehreren Zielen ein, wie sie zum Beispiel in der Zielkombination der sogenannten *magischen Vielecke* artikuliert sind. Der Nestor der deutschsprachigen Repräsentanten der Theorie der Wirtschaftspolitik, der österreichische Ökonom Egon Tuchtfeldt, verweist darauf, daß heute im allgemeinen *fünf* Hauptziele der Wirtschaftspolitik unterschieden werden: Vollbeschäftigung, Preisniveaustabilität, Zahlungsbilanzgleichgewicht, stetiges Wachstum und gerechte Verteilung.[27] Wenn er im gleichen Kontext darauf verweist, daß die gemeinsame Verwirklichung dieser Ziele auf große Schwierigkeiten stoße und man in der Regel Prioritäten setzen müsse, das heißt, daß „das jeweils am meisten gefährdete Ziel temporäre Priorität"[28] genießt, so deutet sich hier ein gewisser Realitätssinn in der Einschätzung der Möglichkeiten und Grenzen der kapitalistischen staatlichen Wirtschaftspolitik an, die seit Jahren dokumentiert, daß von einer Realisierung der Ziele des sogenannten magischen Vielecks keine Rede sein kann, sondern tiefgreifende krisenhafte Erschütterungen des Reproduktionsprozesses das Bild der kapitalistischen Wirtschaft kennzeichnen.

In diesem Kontext sei auch darauf verwiesen, daß das, was hier von den Repräsentanten der Theorie der Wirtschaftspolitik als *Ziele der Wirtschaftspolitik* angeführt wird, also die Bestandteile der sogenannten magischen Vielecke, keinesfalls die wirklichen Ziele imperialistischer Wirtschaftspolitik darstellen, sondern lediglich allgemeine Bedingungen oder Voraussetzungen für die Erreichung ihrer wahren Ziele sind: Profitmaximierung und Systemsicherung. Zwei Beispiele mögen hier genügen: Der im Rahmen des sogenannten magischen Vielecks geforderte Ausgleich der Zahlungsbilanz eines Landes muß in der Tat (über das Maß einer kurzfristigen Sicht hinaus) als eine sine qua

[24] Theorie der Wirtschaftspolitik, in: Ökonomisches Lexikon O–Z, a. a. O., S. 662.

[25] Ebenda.

[26] Vgl. z. B.: M. E. Streit, Theorie der Wirtschaftspolitik, a. a. O., S. 130.

[27] Vgl. E. Tuchtfeldt, Wirtschaftspolitik, in: Gablers Wirtschaftslexikon, Wiesbaden 1981, S. 610.

[28] Ebenda.

non des „normal" verlaufenden kapitalistischen Reproduktionsprozesses angesehen werden. Es ist also völlig legitim, wenn sich die staatliche Wirtschaftspolitik verpflichtet fühlt, diese Bedingung abzusichern. Inwieweit ihr das gelingt, ist bereits eine andere Frage. Demagogischen Charakter trägt dagegen die ebenfalls im Rahmen der magischen Vielecke proklamierte Zielfixierung der sogenannten Vollbeschäftigung. Bereits Karl Marx wies nach, daß „die kapitalistische Akkumulation . . . und zwar im Verhältnis zu ihrer Energie und ihrem Umfang, beständig eine relative, d. h. für die mittleren Verwertungsbedürfnisse des Kapitals überschüssige, daher überflüssige oder Zuschuß-Arbeiterbevölkerung"[29] produziert. Dieses objektive ökonomische Gesetz der kapitalistischen Produktionsweise setzt auch die staatsmonopolistische Wirtschaftspolitik, trotz aller Beteuerungen der bürgerlichen Ökonomie und Wirtschaftspolitiker, wie die ökonomische Praxis in den kapitalistischen Ländern beweist, nicht außer Kraft. Im Gegenteil: Seit den 70er Jahren ist die kapitalistische Weltwirtschaft mit dem Problem der Existenz einer vom *zyklischen* Verlauf der kapitalistischen Reproduktionsprozesse weitgehend unabhängigen *Massen*arbeitslosigkeit konfrontiert.[30]

Den gesamten Komplex des Zieles des wirtschaftspolitischen Handelns des kapitalistischen Staates sehen die Vertreter der Theorie der Wirtschaftspolitik als eines der gravierenden Probleme dieser Theorie überhaupt an. Hieraus leiten sich auch die Frage nach der Auswahl und die nach den einzusetzenden Instrumentarien, ihrer richtigen Dosierung, bis hin zum Zeitpunkt des Einsatzes ab. Die Auswahl der staatlichen wirtschaftspolitischen Mittel muß die Zielkonformität dieser Mittel berücksichtigen.

Die Theorie der Wirtschaftspolitik hat sich weiterhin der institutionellen Organisation staatlicher Wirtschaftspolitik zu widmen. Die Aussage, daß der kapitalistische Staat regulierenden Einfluß auf den Reproduktionsprozeß ausübt, ist eine Verallgemeinerung und bedeutet, daß einzelne staatliche Institutionen in Abhängigkeit von der konkreten Staatsform in der Lage sind, durchaus differenzierten Einfluß auszuüben. Dieser Einfluß ist unterschiedlich stark, je nachdem, ob es sich um Exekutiv- oder Legislativorgane auf zentraler, mittlerer oder unterer Verwaltungsebene handelt. In den imperialistischen Industrieländern entsteht dabei das Problem der Koordinierung der wirtschaftspolitischen Aktivitäten der verschiedensten Träger dieser Politik, wobei auch eine Abstimmung mit den direkten Regulierungsmöglichkeiten der Monopole

29 K. Marx, Das Kapital. Erster Band, in: K. Marx/F. Engels, Werke, Bd. 23, Berlin 1962, S. 658.

30 In den Thesen des Zentralkomitees der SED zum Karl-Marx-Jahr 1983 wurde in diesem Zusammenhang nachgewiesen, daß als Folge der Verflechtung von allgemeiner und zyklischer Krise des Kapitalismus eine starke Zunahme der Massenarbeitslosigkeit zu beobachten sei (vgl. Thesen des Zentralkomitees der SED zum Karl-Marx-Jahr 1983, a. a. O., S. 26).

erfolgen müßte. Hierzu versucht die Theorie der Wirtschaftspolitik ebenfalls theoretisch verallgemeinernde Aussagen zu treffen.

Letztlich hat die Theorie der Wirtschaftspolitik nicht nur die teleologischen Aspekte der Wirtschaftspolitik zu untersuchen, sondern sich auch morphologischen Problemen der gegebenen Wirtschaftssysteme zu widmen. Das kann man bereits seit Beginn einer systematischen Ausarbeitung der Theorie der Wirtschaftspolitik nachweisen. Beispielsweise formulierte der westdeutsche Ökonom Gérard Gäfgen, einer der ersten Systematiker der Theorie der Wirtschaftspolitik, bereits in den 60er Jahren unter anderem: „Die Lehre von der Wirtschaftspolitik kann die Träger der wirtschaftspolitischen Willensbildung und der Maßnahmen nicht einfach als gegeben voraussetzen; vielmehr ist die Konstituierung wirtschaftspolitischer Instanzen und die Regelung ihres Zusammenspiels selbst wieder ein wirtschaftspolitisches Problem."[31] Er bezog sich damit auf Grundprobleme der Wirtschaftsordnung.

Eine entscheidende Basis für die Rezeption der Dogmen monopolbourgeoiser Wirtschaftstheorie ist das wirtschaftsordnungstheoretische Denken in der bürgerlichen Ökonomie, so wie es insbesondere durch die neoliberale Theorie der Wirtschaftsordnungen seit den 30er Jahren entwickelt wurde.[32] Im ordnungstheoretischen Denken sind Aussagen über die sogenannten Rahmenbedingungen des Wirtschaftens und ihrer bewußten Beeinflussung im Sinne der Absicherung des kapitalistischen Profitwirtschaftssystems formuliert. Speziell die neoliberalen Ökonomen haben mit ihrer Konzipierung von sogenannten Wirtschaftsordnungen wesentliche Grundlagen für die Verherrlichung der kapitalistischen Markt- und die Verketzerung der sozialistischen Planwirtschaft artikuliert.

Die Theoretiker der Wirtschaftspolitik beziehen eine durchaus realistische Position, wenn sie zur Begründung der Berechtigung ihrer Disziplin darauf verweisen, daß regulierende Einflußnahme auf die Wirtschaft ohne die Zuhilfenahme von wirtschaftstheoretischen Erkenntnissen nicht mehr vertretbar sei. Dieses Erfordernis resultiere sowohl aus dem hohen Vergesellschaftungsgrad des kapitalistischen Reproduktionsprozesses wie auch aus der sich daraus ableitenden zwangsläufigen Koordination der wirtschaftspolitischen Aktionen der einzelnen Träger dieser Politik. Ressortgeist und regionaler Partikularismus, bedingt durch die Aufsplitterung der wirtschaftspolitischen Verantwortlichkeiten in der kapitalistischen Gesellschaft, machen verallgemeinernde Aussagen über das Zusammenwirken, die Effekte und Möglichkeiten der aufgegliederten wirtschaftspolitischen Trägerschaft erforderlich. Hierzu hat die Theorie der Wirtschaftspolitik ihren Beitrag zu leisten. Konkret impliziert dies zweierlei Prinzipien:

1. Alle mit der Fixierung des wirtschaftspolitischen Zieles zusammenhängen-

[31] G. Gäfgen, Allgemeine Wirtschaftspolitik, a. a. O., S. 168.

[32] Vgl. W. Eucken, Die Grundlagen der Nationalökonomie, Jena 1940; ders., Grundsätze der Wirtschaftspolitik, Berlin (West) – Tübingen 1952.

den Empfehlungen und Einschätzungen sind so zu formulieren, daß sie durch Eindeutigkeit und innere Widerspruchsfreiheit die Möglichkeit bieten, die wirtschaftspolitischen Instrumentarien zur Zielrealisierung optimal zu bestimmen und einzusetzen.

2. Die Theorie der Wirtschaftspolitik orientiert darauf, jene staatlichen wirtschaftspolitischen Mittel zum Einsatz zu bringen, die eine optimale Zielverwirklichung in Abhängigkeit von der gegebenen konkreten Lage gewährleisten.

Das Wirkungsspektrum der Theorie der Wirtschaftspolitik ist natürlich nicht allein – und auch nicht in erster Linie – von den subjektiven Vorstellungen ihrer Vertreter abhängig. Primär sind die Grenzen und Möglichkeiten der Wirtschaftspolitik durch die *objektiven* Gesetze und Entwicklungsbedingungen des kapitalistischen Reproduktionsprozesses fixiert. Zugleich wirken sich aber auch die erkenntnistheoretischen und methodologischen Grundlagen dieser Theorie auf die theoretische Fundierung der staatsmonopolistischen Wirtschaftspolitik aus. In diesem Zusammenhang ist abschließend noch detaillierter auf das Verhältnis der Theorie der Wirtschaftspolitik zur heutigen bürgerlichen Wirtschaftstheorie in ihrer Komplexität einzugehen.

In spezifischer Weise tritt hier das Verhältnis von Problemlehren zu den Hauptrichtungen der gegenwärtigen bürgerlichen politischen Ökonomie in Erscheinung. Bekanntlich besteht für die Hauptströmungen der heutigen bürgerlichen politischen Ökonomie die Notwendigkeit, „ausgehend vom jeweiligen Grundkonzept spezielle Theorien zu entwickeln (die Problemlehren – d. A.), die als Anschlußstücke für wirtschafts- und sozialpolitische Rezepturen dienen können . . . Die Verselbständigung einzelner theoretischer Bestandteile der bürgerlichen Ökonomie zu spezifischen Seiten oder Teilbereichen angeblich allgemeiner ökonomischer Strukturen ist also nur relativer Natur. Letztlich bezieht sie sich doch auf bestimmte Abschnitte oder Sphären der Reproduktion und (oder) Zirkulation des *Kapitals* oder auf pragmatisch verstandene Teilgebiete der *staatsmonopolistischen* Wirtschaftspolitik . . ."[33] Die hier angedeutete Relativität der Problemlehren reflektiert sich im Verhältnis der Theorie der Wirtschaftspolitik (mit ihrer spezifischen Aufgabenstellung) zur bürgerlichen Wirtschaftstheorie überhaupt. Letztere wird nämlich – ganz in Analogie zum Verhältnis der Problem- zu den Systemlehren – als die entscheidende Basis für die Theorie der Wirtschaftspolitik angesehen. Hans Ohm definiert in diesem Sinne die wissenschaftliche Wirtschaftspolitik als „angewandte" Wirtschaftstheorie;[34] und Theodor Pütz geht von folgendem aus: „Die fundamentale Methode der theoretischen Wirtschaftspolitik besteht in der Verwendung der Ergebnisse der beschreibenden und erklärenden Sozialökonomie für die Lösung teleologischer (Zweck-Mittel-)Probleme . . . Die wissenschaftliche

[33] G. Fabiunke/P. Thal, Geschichte der politischen Ökonomie. Leitfaden, a. a. O., S. 117.

[34] Vgl. H. Ohm, Allgemeine Wirtschaftspolitik, a. a. O., S. 20.

Wirtschaftspolitik besteht in einer Anwendung der ökonomischen Theorie auf teleologische Fragen, d. h. auf Ziel-Mittel-Beziehungen."[35] Dieser Zusammenhang wird auf folgende Beziehung verkürzt: Die Wirtschaftstheorie sei imstande – formal ausgedrückt –, *y* aus *x* zu erklären. Daraus folgt, daß sie auch sagen kann, welches *x* gegeben sein muß, damit *y* folgt. Die Übertragung dieser „Wenn-Dann-Relation" auf die Sphäre der Wirtschaftspolitik bedeutet: „Die dementsprechende wirtschaftspolitische Fragestellung lautet: Welches Mittel *x* ist geeignet für die Verwirklichung des Zieles *y*?"[36] Der Wirtschaftstheorie wird also ein hoher Stellenwert zur Absicherung der staatsmonopolistischen Wirtschaftspolitik beigemessen.

Das Wechselverhältnis von bürgerlicher Wirtschaftstheorie und Theorie der Wirtschaftspolitik reduziert sich nicht nur auf die Aussagen über die funktionalen Beziehungen innerhalb des kapitalistischen Reproduktionsprozesses. Es geht nicht nur um die theoretische Klärung von ablaufs- beziehungsweise prozeßpolitischen Prozessen. Darüber hinaus rezipiert der Theoretiker der Wirtschaftspolitik wirtschaftstheoretische Aussagen speziell auch wirtschaftsordnungstheoretischen Charakters.[37] Bereits Anfang der 60er Jahre deutete Hans Ohm an, daß die Theorie der Wirtschaftspolitik zwar vornehmlich, wenn auch nicht ausschließlich, eine Zweck-Mittel-Analyse darstellt,[38] sie also bei der Auswahl der wirtschaftspolitischen Mittel nicht nur dem Gesichtspunkt der *Ziel*konformität dieser Mittel, sondern auch dem ihrer *System*konformität Rechnung zu tragen habe.[39] Es versteht sich fast von selbst, daß dabei auf die ordnungstheoretischen Auffassungen Walter Euckens Bezug genommen wird.[40] In der gegenwärtigen Literatur zur Theorie der Wirtschaftspolitik sind die sogenannten ordnungspolitischen Grundsätze der staatsmonopolistischen Wirtschaftspolitik detaillierter ausgearbeitet worden. Der BRD-Ökonom Udo Müller drückt diesen spezifischen Aspekt innerhalb der Theorie der Wirtschaftspolitik in recht geschickter Weise aus: „Die Unterschätzung der natürlichen Selbstheilungskräfte gerade marktwirtschaftlicher Systeme und die Überschätzung der Kapazitäten der Legislative und Exekutive können zu einer unsachgemäßen Überaktivität *(wirtschaftspolitische Polypragmasie)* als Verstoß gegen das *Prinzip der Konstanz in der W.* (Wirtschaftspolitik – d. A.) *(Eucken)* führen."[41]

So wie das auf Euckenschen Grundlagen basierende bürgerliche ordnungstheoretische Denken in der Hauptsache auf eine Kapitalismusapologetik bei gleichzeitiger Verzerrung des Bildes vom realen Sozialismus, bis hin zu seiner

[35] T. Pütz, Grundlagen der theoretischen Wirtschaftspolitik, a. a. O., S. 13/14.
[36] Ebenda, S. 14.
[37] Vgl. hierzu auch S. 102 der vorliegenden Arbeit.
[38] Vgl. H. Ohm, Allgemeine Volkswirtschaftspolitik, a. a. O., S. 70.
[39] Vgl. ebenda, S. 98.
[40] Vgl. ebenda, S. 100.
[41] U. Müller, Theoretische Grundlagen der Wirtschaftspolitik, a. a. O., S. 1611.

ökonomischen und darauf basierenden ethisch-moralischen Verketzerung, ausgerichtet ist,[42] so stellt sich dieser reaktionäre Charakterzug dieses Teils der neueren bürgerlichen Wirtschaftstheorie in ihrer Beziehung zur Theorie der Wirtschaftspolitik ebenfalls als das übergreifende Moment dar: Die in einer hochgradig arbeitsteilig organisierten Wirtschaft (Industrienation) zu lösenden sogenannten fundamentalen Ordnungsprobleme[43] würden am besten in den kapitalistischen Marktwirtschaftssystemen bewältigt. Den Wirtschaftsordnungen wird von den Vertretern der Theorie der Wirtschaftspolitik ein Eigenwert zugesprochen. Dies ist hinsichtlich der im kapitalistischen oder sozialistischen Wirtschaftssystem praktizierten Wirtschaftspolitik sicher berechtigt. Die differentia spezifica besteht nur darin, woran dieser Eigenwert gemessen wird. Die Frage reduziert sich also auf die Hervorhebung der Klassenposition des jeweiligen Ökonomen, hier im konkreten auf das Wechselverhältnis zwischen ökonomischer Theorie und Wirtschaftspolitik im heutigen Kapitalismus.

4.2. Die theoriegeschichtliche Genesis

Die bürgerliche Theorie der Wirtschaftspolitik entstand mit der Entfaltung des staatsmonopolistischen Kapitalismus nach dem zweiten Weltkrieg. Bedeutsame Keimformen dieser Theorie gehen allerdings bis auf den deutschen bürgerlichen Soziologen, Ökonomen und Philosophen *Max Weber* (1864–1920) zurück. Wenn hier auf den Beitrag von Max Weber zur theoretischen Formierung der staatsmonopolistischen Wirtschaftspolitik verwiesen wird, so bedeutet das nicht, daß nicht schon vor Max Weber bürgerliche Ökonomen wirtschaftstheoretische Ableitungen für wirtschaftspolitische Zwecke getroffen haben. Das spezifische Element, das die Theorie der Wirtschaftspolitik charakterisiert, also die teleologische Fragestellung, findet sich aber erst bei Weber.

Max Weber war ein so weitblickender und strategisch denkender Apologet des kapitalistischen Systems in der Niedergangsphase, daß er bereits in der Frühphase dieses Verfallsprozesses auf die sich für die imperialistische Systemstabilisierung ergebende Notwendigkeit einer theoretisch-systematischen Behandlung der staatlichen *Wirtschaftspolitik* verwiesen hat. 1978 hat der marxistische Ökonom und Soziologe Kurt Braunreuther in einer kritisch-analytischen Studie über Max Weber[44] darauf aufmerksam gemacht, daß sich Weber

[42] Vgl. H. Meißner (Hrsg.), Bürgerliche Ökonomie ohne Perspektive, a. a. O., S. 641.

[43] Hierunter sind das Koordinations- und das Subordinationsproblem zu verstehen. Das Koordinationsproblem bezieht sich auf die Herstellung der inneren Proportionalität des gesellschaftlichen Reproduktionsprozesses in all seinen Teilen, das Subordinationsproblem ist auf die Frage nach dem Verhältnis des Staates (als Subjekt der Wirtschaftspolitik) zu den Einzelwirtschaften oder Gruppen von Einzelwirtschaften gerichtet.

[44] Vgl. K. Braunreuther, Max Weber (1864–1920) – der bedeutendste Vertreter der

auch als Theoretiker der Politik bestätigt hat, „wobei die Politik als ein Gegenstand der Wissenschaft vom scheinbar anstandhaltenden Gelehrten, scheinbar ‚sine ira et studio' untersucht wird"[45], ohne daß dieser Hinweis weiter verfolgt worden ist.[46] Durch die jetzt an Einfluß und Gewicht zunehmende Theorie der Wirtschaftspolitik wird eine gezielte Auseinandersetzung mit Weber auch in diesem Punkte notwendig. Worum es hierbei konkret geht, ist, daß Weber bereits 1895 in seiner Akademischen Antrittsrede „Der Nationalstaat und die Volkswirtschaftspolitik" und später in seinem Aufsatz „Der Sinn der Wertfreiheit der Sozialwissenschaften"[47] den bürgerlichen Ökonomen die Aufgabe gestellt hatte, der Lehre von der Wirtschaftspolitik gebührende Beachtung zu schenken. Für ihn war klar, „daß es selbstverständlich möglich, wissenschaftlich nützlich und nötig ist, Sätze zu entwickeln von dem Typus: Für die Erreichung des (wirtschaftspolitischen) Erfolges x ist y das einzige oder sind (unter den Bedingungen b_1, b_2, b_3) y_1, y_2, y_3 die einzigen oder die erfolgreichsten Mittel . . ."[48] Weber hat neben dieser Betonung des notwendig teleologischen Charakters einer noch zu erarbeitenden Theorie der Wirtschaftspolitik bereits unmißverständlich den instrumentalen Charakter der Wirtschaftstheorie in bezug zur Wirtschaftspolitik herausgestellt, wenn er resümiert: „. . . *die Wissenschaft von der Volkswirtschaftspolitik ist eine politische Wissenschaft.* Sie ist eine *Dienerin der Politik,* nicht der Tagespolitik der jeweils herrschenden Machthaber und Klassen, sondern der dauernden machtpolitischen Interessen der Nation."[49]

Bei Weber finden wir in der Tat Keimformen zur Instrumentalisierung der bürgerlichen politischen Ökonomie im Sinne der heutigen Theorie der Wirtschaftspolitik. Es ist berechtigt, zumindest der weiteren Diskussion würdig, in diesem Weberschen, wenn auch nur embryonalen Ansatz einer Theorie der Wirtschaftspolitik, eine Reaktion der sich formierenden *monopolbourgeoisen* politischen Ökonomie auf den sich herauszubilden beginnenden staatsmonopolistischen Kapitalismus zu sehen. Auf diese Entwicklung hatten schon Marx

modernen bürgerlichen Soziologie in Deutschland, in: K. Braunreuther, Studien zur Geschichte der politischen Ökonomie und Soziologie, Berlin 1978.

[45] Ebenda, S. 328.

[46] Eine rühmliche Ausnahme dürften diesbezügliche Anmerkungen zur kritischen Einschätzung des Beitrags Max Webers in politökonomischer Hinsicht durch die marxistischen Ökonomen W. Krause und G. Rudolph sein (vgl. W. Krause/G. Rudolph, Grundlinien des ökonomischen Denkens in Deutschland 1848 bis 1945, Berlin 1980, S. 268).

[47] Vgl. M. Weber, Soziologie. Weltgeschichtliche Analysen. Politik, Stuttgart 1956, insbes. S. 306/307.

[48] Ebenda. S. 307.

[49] M. Weber, Gesammelte Politische Schriften, hg. von J. Winckelmann, Tübingen 1958, S. 14 (Hier zit. nach: W. Krause/G. Rudolph, Grundlinien des ökonomischen Denkens in Deutschland 1848 bis 1945, a. a. O., S. 270).

und Engels in ihren Spätwerken verwiesen.[50] Daß sich im Werk von Weber dieser Ansatz nicht weiter ausprägen konnte, daß also „dieser Prozeß der Instrumentalisierung entsprechend dem Reifegrad des Imperialismus zur Zeit des ersten Weltkrieges und des davon abhängigen Reifegrades der bürgerlichen ökonomischen Theorie nicht jenes *umfassende* Stadium erreichte, das für die gegenwärtigen Theorien der staatsmonopolistischen Regulierung charakteristisch geworden ist"[51], ist eine berechtigte Feststellung.

In der bürgerlichen Theorie der Wirtschaftspolitik realisiert sich nun dieser Webersche „Denkanstoß" in der schon langandauernden theoretischen Kontroverse um Max Webers „Werturteilsfreiheit"-Postulat.[52] Danach sollten die wissenschaftlichen Informationen für die Monopolbourgeoisie nicht mit Wertungen belastet werden, die sie sich selber vorbehielten. Webers Forderung nach „Werturteilsfreiheit" wird in spezifischer Weise von den heutigen Repräsentanten der bürgerlichen Theorie der Wirtschaftspolitik rezipiert. Zunächst zeigt sich, daß sie in der verabsolutierenden Weise, wie Weber selbst die Enthaltung des Theoretikers von politischen Postulaten gefordert hat, jetzt nicht mehr akzeptiert wird. Bereits Anfang der 60er Jahre polemisierte Hans Ohm scharf gegen die Forderung nach Abstinenz in der politischen Willensäußerung durch den ökonomischen Theoretiker. Er sah hierin zu Recht eine Gefahr des Mißbrauchs der Wissenschaft. Für ihn sind deshalb „die aufgezeigten Möglichkeiten für den wissenschaftlichen Wirtschaftspolitiker der Gegenwart, zu den Zielsetzungen der Wirtschaftspolitik Stellung zu beziehen"[53], um so bedeutsamer.

Die Bezugnahme der Vertreter der Theorie der Wirtschaftspolitik auf Webers „Werturteilsfreiheit" ist bereits vom Gegenstand dieser Theorie her ein dringendes Erfordernis. Das hängt mit der teleologischen Orientierung dieser Theorie zusammen. Pütz und andere heutige Repräsentanten der Theorie der Wirtschaftspolitik interpretieren Webers „Werturteilsfreiheit" allerdings nun nicht in dem Sinne, daß die Wertefrage und das wertfundierte Ziel aus der wissenschaftlichen Behandlung zu verbannen seien. „Verzicht auf Werturteile bedeutet *nicht*", so Pütz, „daß sich der theoretische Wirtschaftspolitiker wertneutral, standpunktlos in den Dienst jedweder politischer Ideologie und Zielsetzung stellt oder stellen müsse."[54] Der bürgerliche Ökonom habe sich zumindest systemloyal zu verhalten. Dies vorausgesetzt, kann und soll er dann über durchaus wichtige Aspekte der Realisierung des Ziels der staatlichen Wirtschaftspolitik nachdenken und solche Empfehlungen für den imperialistischen Staat auf dem Gebiet der Wirtschaftspolitik erarbeiten, die unter teleologischem

50 Vgl. hierzu den Quellenhinweis bei: D. Baudis, H. Nußbaum, Wirtschaft und Staat in Deutschland vom Ende des 19. Jahrhunderts bis 1918/19, Berlin 1978, S. 9.

51 W. Krause/G. Rudolph, Grundlinien des ökonomischen Denkens in Deutschland 1848 bis 1945, a. a. O., S. 271.

52 Vgl. H. Meißner (Hrsg.), Bürgerliche Ökonomie ohne Perspektive, a. a. O., S. 31.

53 H. Ohm, Allgemeine Volkswirtschaftspolitik, a. a. O., S. 26.

54 T. Pütz, Grundlagen der theoretischen Wirtschaftspolitik, a. a. O., S. 12.

Aspekt relevant sind. Das ist unter anderem die Frage, ob eine Kombination von mehreren wirtschaftspolitischen Zielgrößen, wie sie beispielsweise in den sogenannten magischen Vielecken gegeben ist, überhaupt als möglich angesehen werden kann, und wenn ja, mit welchem Instrumentarium und durch welche wirtschaftspolitischen Institutionen sie sich realisieren läßt. Um es deutlicher zu formulieren: Der Vertreter der Theorie der Wirtschaftspolitik hat das wirtschaftspolitische Ziel des kapitalistischen Staates auf seine „Machbarkeit" hin zu „bewerten".

Hinsichtlich der für die Theorie der Wirtschaftspolitik entscheidenden Frage nach dem Ziel-Mittel-Verhältnis wird nun an Webers „Werturteilsfreiheit"-Postulat in recht modifizierender Weise angeknüpft.[55] Einerseits kann man unter den heutigen Bedingungen der verschärften Systemauseinandersetzung Webers Forderung nach Enthaltung von normativen Aussagen im politischen Spektrum nicht mehr in dieser offenen Form propagieren, will man den bürgerlichen Gesellschaftswissenschaftler nicht dem Vorwurf geistiger Entmündigung aussetzen; andererseits will und darf man aber den Schein der wissenschaftlichen Objektivität im positivistischen Sinne nicht aufs Spiel setzen: Die „Werturteilsfreiheit" muß also doch gefordert werden. Die Lösung dieses Widerspruchs liegt in der allein instrumentalen Behandlung des Ziel-Mittel-Problems. Die „Werturteilsfreiheit" bleibt gewahrt, und damit Objektivität vorgetäuscht, und zugleich können die wirklich relevanten Zielaspekte behandelt werden, und dies alles auf dem Hintergrund des a priori unterstellten Bekenntnisses des bürgerlichen Ökonomen zum imperialistischen System und seiner staatsmonopolistischen Wirtschaftspolitik.

Die Vertreter der Theorie der Wirtschaftspolitik sind – wie bereits angedeutet wurde –[56] mit dem Anspruch nach theoretischer Absicherung einer rationalen praktischen Wirtschaftspolitik angetreten. Bei Max Weber handelt es sich bekanntlich um eine *subjektive* Auffassung der Rationalität des wirtschaftspolitisch Handelnden. In seiner bekannten Arbeit „Über einige Kategorien der verstehenden Soziologie" hat er klar definiert: „Die unmittelbar ‚verständlichste Art' der sinnhaften Struktur eines Handelns ist ja das subjektiv streng rational orientierte Handeln nach Mitteln, welche (subjektiv) für eindeutig adäquat zur Erreichung von (subjektiv) eindeutig und klar erfaßten Zwecken gehalten werden. Und zwar am meisten dann, wenn auch dem Forscher jene Mittel für diese Zwecke geeignet scheinen."[57] Diese subjektivistische Determinierung der Rationalität wird jetzt aufgegeben. Die Theorie der Wirtschaftspolitik ist auf einen *objektiven*, rationalen Zweck gerichtet. „Eine wesentliche *Funktion der theoretischen* Wirtschaftspolitik besteht darin", so hierzu Theodor Pütz, „die Bedingungen eines rationalen Handelns des Entscheidungsträgers der Wirtschafts-

[55] Hier und im folgenden sollen nur einige wichtigte Aspekte der gesamten Werturteilsfrage angesprochen werden.

[56] Vgl. hierzu S. 89 der vorliegenden Arbeit.

[57] M. Weber, Soziologie. Weltgeschichtliche Analysen. Politik, a. a. O., S. 102.

politik aufzuzeigen."[58] Das nun aber bedeutet im Verständnis der heutigen bürgerlichen Ökonomen nichts anderes, als die Frage nach der subjektiv determinierten Zielsetzung des wirtschaftspolitischen Handelns *nicht* in den Mittelpunkt der Untersuchung zu stellen, sondern nach der Objektivierung der Rationalität im Einsatz der Mittel zu streben.[59] Da im Profit – neben der Systemsicherung – die übergreifende Zielsetzung der Wirtschaftspolitik eindeutig bestimmt ist, oder – wie Marx lehrt –: „Produktion von Mehrwert oder Plusmacherei ist das absolute Gesetz dieser Produktionsweise"[60], bedarf der wirtschaftspolitische Akteur des Kapitals über die subjektive Determinierung der Zielsetzung im Grunde genommen keinerlei „Belehrung" mehr, wohl aber über die Wege und Mittel zur Erreichung dieses Ziels. Das ist das Ausschlaggebende. Zur angestrebten Rationalisierung der nur instrumental aufgefaßten Wirtschaftspolitik werden dann die vielfältigsten Vorschläge unterbreitet, auf die hier nur verwiesen sei und die durch die marxistisch-leninistische Kritik noch weiter analysiert werden müßten.

Das sogenannte Rationalitäts-Argument erfüllt nicht nur wirtschaftspolitische Ansprüche; es ist zugleich auch zutiefst ideologisch-apologetischen Charakters. So erweckt es den Anschein, oder versucht zumindest, diesen Anschein zu erzeugen, daß heutige staatsmonopolistische Regulierungspolitik *rational* sei oder sein könne. Wenn dem so wäre, dann wären die ökonomischen und sozialen Widersprüche des kapitalistischen Systems über den Weg einer Qualifizierung der Wirtschaftspolitik lösbar. Der demagogische Charakter dieses Anspruchs ist offenkundig.

Zusammenfassend zeigt sich also: Max Weber war ein so vielseitiger und tiefgreifender Interessenvertreter des imperialistischen Systems, daß seine positivistischen Orientierungsanstöße auch im Bereich der heutigen bürgerlichen politischen Ökonomie noch wirken, ihnen sich hier sogar neue Sphären – wie die der bürgerlichen Theorie der Wirtschaftspolitik – erschließen.

In theoriegeschichtlicher Hinsicht gab nach Max Weber zweifellos der englische bürgerliche Ökonom und Politiker John Maynard Keynes mit seiner prononcierten Hervorhebung dieses Problemkreises den entscheidenden Anstoß für die besondere Analyse wirtschaftspolitischer Probleme. In seinem theoriegeschichtlichen Exkurs zur Entstehung der Lehre von der Wirtschaftspolitik betont Gérard Gäfgen zu Recht, daß Keynes' Theorie „einerseits immer weiter zum Instrument der Erklärung gesamtwirtschaftlicher Prozesse (Beschäftigung, Konjunktur, Wachstum) ausgebaut wurde, andererseits sich zur theoretischen Basis einer sich herausbildenden Gesamtwirtschaftspolitik entwickelte"[61]. Keynes hat mit Nachdruck darauf verwiesen, daß die bis zu seiner Zeit vorherrschende bürgerliche politische Ökonomie den Fragen der staatlichen Wirt-

58 T. Pütz, Grundlagen der theoretischen Wirtschaftspolitik, a. a. O., S. 17.

59 Vgl. ebenda.

60 K. Marx, Das Kapital. Erster Band, a. a. O., S. 647.

61 G. Gäfgen, Allgemeine Wirtschaftspolitik, a. a. O., S. 122.

schaftspolitik nicht jene Beachtung geschenkt hatte, die entsprechend den konkret-historischen Bedingungen erforderlich gewesen wäre. Dies habe sich insbesondere hinsichtlich der wirtschaftspolitischen Entwicklungen nach dem ersten Weltkrieg nachteilig ausgewirkt (so unter anderem in der Reparationsfrage, in der Notwendigkeit der aktiven Einflußnahme auf die zyklische Entwicklung der Wirtschaft, insbesondere im Hinblick auf die Bekämpfung der großen Weltwirtschaftskrise vom Ende der 20er, Anfang der 30er Jahre). Das von Keynes konzipierte politökonomische Lehrsystem stellt sich so, in seiner Gesamtheit bewertet, als eine erste umfassende monopolbourgeoise Konzeption strategischer Natur dar, mit der die bürgerliche Ökonomie versucht, über die ideologischen Aufgaben hinaus der wirtschaftspolitischen Funktion der modernen bürgerlichen politischen Ökonomie gerecht zu werden.[62]

Keynes' wirtschaftspolitische Strategie stellt ein gewisses Novum in der bürgerlichen politischen Ökonomie dar. Abgesehen von allen überkommenen, traditionellen wirtschaftspolitischen Instrumentarien, etwa der Zoll-, Kredit-, Steuerpolitik, führt Keynes die umfassende Anwendung der defizitären Haushaltspolitik (Politik des deficit spending) als legitimes wirtschaftspolitisches Mittel ein. Die Keynessche Fiskalpolitik bedeutete eine qualitativ neue Stufe im System der kapitalistischen Wirtschaftspolitik insofern, als sie die umfassende Umverteilung des Nationaleinkommens über den in der Regel defizitär finanzierten Staatshaushalt als das entscheidende regulierungspolitische Instrumentarium deklarierte. Seit jenen Zeiten wird im wachsenden Umfange diese Politik in den imperialistischen Ländern betrieben.

Nachhaltige Impulse empfing die Theorie der Wirtschaftspolitik nach Keynes nicht zuletzt auch durch die Vertreter der neoliberalen Richtung in der bürgerlichen politischen Ökonomie. Walter Euckens Werk „Grundsätze der Wirtschaftspolitik"[63], im Jahre 1952 aus seinem Nachlaß herausgegeben, verdeutlicht die exponierte Rolle der staatlichen Wirtschaftspolitik im staatsmonopolistischen Kapitalismus und ihre differenzierten Möglichkeiten in Abhängigkeit von den gegebenen ökonomischen Existenzbedingungen des Kapitals. Daß Euckens „Interpretation" dieser Existenzbedingungen in Form der Konstruktion von sogenannten ORDO-Wirtschaftstypen einen ausgeprägt antisozialistischen Charakter trägt, ist hier festzuhalten. Die deutschen bürgerlichen Ökonomen haben insbesondere den Aspekten der gesellschafts- und wirtschaftspolitischen Rahmenbedingungen der kapitalistischen Profitwirtschaft besondere Aufmerksamkeit gewidmet, zumindest mehr als die Vertreter der bürgerlichen Ökonomie aus dem angloamerikanischen Sprachbereich. Dabei standen dort die instrumentalen Probleme und die Fragen der wirtschaftspolitischen Zielfixierung stärker im Vordergrund. Dies kommt besonders bei der sogenannten Wohl-

[62] Vgl. K. O. W. Müller, Neokeynesianismus. Kritische Untersuchung einer modernen staatsmonopolkapitalistischen Wirtschaftslehre, Berlin 1974.

[63] Vgl. W. Eucken, Grundsätze der Wirtschaftspolitik, a. a. O.

fahrtsökonomie deutlich zum Ausdruck. Die „welfare economics" trugen bei zur „logischen Klärung der normativen Grundlagen, der Zielbegriffe und zum Teil auch der zieladäquaten Instrumente"[64].

Hinsichtlich der historischen Herausbildung der Theorie der Wirtschaftspolitik finden sich in den Auffassungen der heutigen bürgerlichen Ökonomen zwei nicht aufrecht zu erhaltende, extreme Standpunkte:

Einerseits wird die Rolle des kapitalistischen Staates als Subjekt der Wirtschaftspolitik verabsolutiert. Dies trifft zum Beispiel zu, wenn der bekannte Ökonom Helmut Arndt behauptet, daß es gesellschaftliche Wirtschaft nicht ohne Staat gebe.[65] Und die Geschichte der politischen Ökonomie wird von ihm zusätzlich fehlinterpretiert, wenn er die Auffassung vertritt, daß die „Wechselwirkungen, die sich zwischen Staat und Wirtschaft ergeben . . . von keiner dieser Schulen (hier schlägt Arndt die Brücke von der klassischen bürgerlichen politischen Ökonomie über Marx und die Grenznutzenschule bis hin zu Keynes – d. A.) erfaßt werden"[66].

Offensichtlich setzt Arndt jegliche Einmischung autonomer Institutionen in den Wirtschaftsprozeß mit staatlicher Wirtschaftspolitik gleich. Ohne in Abrede stellen zu wollen, daß bereits die Merkantilisten, als Vertreter von politökonomischen Auffassungen aus der Kindheitsperiode der bürgerlichen politischen Ökonomie, speziell auch *wirtschaftspolitische Ambitionen* artikuliert haben, auch abgesehen davon, daß die Repräsentanten des Kameralismus in der Phase des Feudalismus für die ökonomische Sicherstellung feudal-absolutistischer Machtentfaltung Sorge zu tragen hatten und sie hierzu direkt in den Reproduktionsprozeß eingriffen, hat dies alles nichts mit einer systematischen, sich auf etablierte und wohlorganisierte staatliche Institutionen stützende permanente Intervention in den Reproduktionsprozeß zu tun. Dies ist erst ein Produkt des 20. Jahrhunderts. Selbst der Kapitalismus der freien Konkurrenz war seinem Wesen nach ein von staatlicher Regulierung freier, dem Wesen nach ein über den konkurrenzwirtschaftlichen Preis-Markt-Mechanismus regulierter Kapitalismus. Daß ein bürgerlicher Staat existiert – gleich welcher konkreten Form –, und er allein schon aus Erhaltungszwang mit der Ökonomie des Landes verbunden sein muß, ist nicht mit *staatlicher Wirtschaftspolitik* als essentiellem Element der Staatspolitik jener Periode zu identifizieren. Der staatsmonopolistische Kapitalismus setzt hier neue Maßstäbe und determiniert eine staatliche Wirtschaftspolitik als *notwendiges Element der Systemsicherung* überhaupt. Diesen Unterschied in der historischen Entäußerung staatlicher, auf die Ökonomie bezogener Aktivität übersieht Arndt. Daraus leitet sich dann zwangsläufig auch seine Fehlinterpretation der politökonomischen Theoriengeschichte ab.

64 G. Gäfgen, Allgemeine Wirtschaftspolitik, a. a. O., S. 122.

65 Vgl. H. Arndt, Irrwege der Politischen Ökonomie. Die Notwendigkeit einer wirtschaftstheoretischen Revolution, München 1979, S. 172.

66 Ebenda, S. 171.

Das andere Extrem in der Fehlinterpretation der Genesis der Theorie der Wirtschaftspolitik stellt die Position des ebenfalls exponierten Repräsentanten der Theorie der Wirtschaftspolitik, Gérard Gäfgen, dar. Er verlegt die Entstehung der Lehre von der Wirtschaftspolitik bis in das vergangene Jahrhundert und verbindet sie insbesondere mit dem Namen John Stuart Mill (1806) bis 1873) und Karl Heinrich Rau (1792–1870).[67] Er geht davon aus, daß im 19. Jahrhundert die Trennung von theoretischer Volkswirtschaftslehre und ihrer wirtschaftspolitischen Anwendung vollzogen wurde. Es entwickelte sich im Unterschied zur allgemeinen, theoretischen Volkswirtschaftslehre eine „spezielle Volkswirtschaftslehre", die als Lehre von der Wirtschaftspolitik „zur Beschreibung der abhilfebedürftigen Sachverhalte und ihrer Entwicklung und zum Bericht über die vorgenommenen punktuellen Interventionen"[68] wurde, ohne nanatürlich schon mit der heutigen Theorie der Wirtschaftspolitik verglichen werden zu können.

Zweifellos hat Gäfgen recht, wenn er für das 19. Jahrhundert Mill und Rau mit Fragen der staatlichen Wirtschaftspolitik in Beziehung setzt. Beide Ökonomen haben in der Tat zu wirtschaftspolitischen Fragen Stellung bezogen. Auf Rau geht sogar die Einteilung der Nationalökonomie in Volkswirtschaftslehre, Volkswirtschaftspolitik und Finanzwissenschaft zurück, worauf die marxistischen Ökonomen Werner Krause und Günther Rudolph verwiesen haben.[69] Damit war aber noch keine eigenständige Lehre im Sinne einer Theorie der Wirtschaftspolitik geschaffen, da hierzu die sozialökonomische Basis noch nicht herangereift war. Erst nach Mill und Rau hat dann mit der Herausbildung des monopolistischen Kapitalismus Weber auf eine derartige Aufgabenstellung für die bürgerlichen Ökonomen in ersten Ansätzen verwiesen.

4.3. *Das wirtschaftspolitische Zielproblem*

Die Beschäftigung mit dem Ziel des wirtschaftspolitischen Handelns des kapitalistischen Staates nimmt in der Theorie der Wirtschaftspolitik einen relativ breiten Raum ein.[70] Durch diese Schwerpunktbildung wird der wirtschaftspolitischen Absicherung des ökonomischen Grundgesetzes der kapitalistischen Produktionsweise in theoretischer Hinsicht Aufmerksamkeit geschenkt. Das höchste Ziel des kapitalistischen Wirtschaftens besteht in der Kapitalverwertung. Im Profit konzentriert sich das Ergebnis aller ökonomischen Aktivitäten.

[67] Vgl. G. Gäfgen, Allgemeine Wirtschaftspolitik, a. a. O., S. 121.

[68] Ebenda.

[69] Vgl. W. Krause/G. Rudolph, Grundlinien des ökonomischen Denkens in Deutschland 1848 bis 1945, a. a. O., S. 145.

[70] Die Zielproblematik wird in allen neueren, lehrbuchartigen Publikationen zur Theorie der Wirtschaftspolitik sehr ausführlich behandelt.

Daran wird letztlich auch der Erfolg der staatlichen Wirtschaftspolitik gemessen.

Die Vertreter der Theorie der Wirtschaftspolitik als Repräsentanten bourgeoiser Klasseninteressen stellen aus ideologischen Gründen die Zielproblematik nicht als ein offenes Bekenntnis zum Profit dar. In demagogischer Weise greifen sie zunächst auf die eine abstrakte soziale Wohlfahrt als Zielmaxime artikulierende Wohlfahrtsökonomie (welfare economics) aus der Zeit noch vor dem ersten Weltkrieg zurück. Hierfür ist Hans Ohm ein typischer Vertreter. Er geht davon aus, daß „der Träger der Wirtschaftspolitik . . . entsprechend dieser Welfare-Funktion (entscheidet und handelt), die in einem bestimmten Zusammenhang mit den *individuellen* Welfare-Funktionen der Wirtschaftssubjekte steht, deren Wirtschaften durch die Wirtschaftspolitik beeinflußt werden soll"[71].

Die „welfare economics" in der Prägung von Arthur Cecil Pigou[72], inclusive deren weiterer Modifizierung und Ausprägung seit den 30er Jahren zu den „new welfare economics" durch John R. Hicks, Nicholas Kaldor, Oskar Lange und andere, haben sich für die Theoretiker der Wirtschaftspolitik hinsichtlich der *Ziel*problematik des wirtschaftspolitischen Handelns als unattraktiv erwiesen. Zu offen waren sie nur ideologisch-apologetischen Bedürfnissen untergeordnet, und selbst diese konnten sie nicht befriedigend erfüllen. Die Artikulierung einer „gesellschaftlichen Wohlfahrt" als Ziel für die staatliche Wirtschaftspolitik ist unter den konkreten Bedingungen der weiteren Polarisierung der sozialen Klassen und Schichten im imperialistischen Stadium des Kapitalismus zu fadenscheinig, als daß sie auf lange Sicht apologetische Effekte hervorbringen könnte. Die wohlfahrtstheoretischen Bemühungen der bürgerlichen Ökonomen werden deshalb von den heutigen Vertretern der Theorie der Wirtschaftspolitik als gescheitert angesehen. Ihnen wird nur noch didaktische Bedeutung beigemessen. So resümiert hierzu unter anderem Theodor Pütz: „Obwohl die Bemühungen der Welfare Theory um werturteilsfreie Kriterien der Wohlfahrt als gescheitert angesehen werden müssen und keine operationale Bedeutung für die Wirtschaftspolitik gewinnen konnten, sind sie doch nicht wertlos für die Verbesserung unseres Verständnisses wirtschaftspolitischer Probleme."[73]

Das Problem des Zieles der staatlichen Wirtschaftspolitik unter den Bedingungen des staatsmonopolistischen Kapitalismus wird heute – im Vergleich zu den ersten Ansätzen der Theorie der Wirtschaftspolitik – in anders nuancierter Art „gelöst": In pragmatischer Weise wird der Wirtschafts*theoretiker* von der Bestimmung des wirtschaftspolitischen Zieles suspendiert, diese Aufgabe allein dem Wirtschafts*politiker* übertragen. Dieser habe sich bei seiner Zielbestim-

71 H. Ohm, Allgemeine Wirtschaftspolitik, a. a. O., S. 52.

72 Vgl. A. C. Pigou, The Economics of Welfare, London 1950.

73 T. Pütz, Grundlagen der theoretischen Wirtschaftspolitik, a. a. O., S. 93.

mung auch von außerökonomischen Wertevorstellungen, so unter anderem Sicherheit, Freiheit, Gerechtigkeit leiten zu lassen.[74] Dem Theoretiker obliege es, gemäß der Grunddefinition, wonach „das Kernproblem der Wirtschaftspolitik . . . ein instrumentales Problem (ist), nämlich die Bestimmung derjenigen Mittelkombination, die eine optimale Verwirklichung eines bestimmten Bündels von Zielen gewährleistet"[75], Empfehlungen für den Politiker auszuarbeiten, wie und mit welchen Mitteln die angestrebten Ziele, die der Politiker zur Umschreibung des Profitzieles bei Beachtung des Erfordernisses der Systemsicherung fixiert hat, am besten zu realisieren sind. Kurz und bündig wird obige Aufgabe auch wie folgt formuliert: „Bei gegebener Zielfunktion stellt sich das Problem, *welche Mittel in welcher Dosierung zu welchem Zeitpunkt* einzusetzen sind."[76] Die sich in diesem Zusammenhang stellende Frage, wie sich diese wirtschaftspolitischen Wertvorstellungen und gegebenen praktischen Empfehlungen, insbesondere instrumentaler Art, dann in der praktischen Profiterzielung realisieren beziehungsweise überhaupt umsetzen lassen, ordnet sich in den weitergespannten Rahmen ein, in welchem Maße und über welche Zwischenglieder die bürgerliche Wirtschaftstheorie generell Einfluß auf die konkrete Realisierung der staatsmonopolistischen Wirtschaftspolitik ausübt. Daß zu diesem ganzen Problemkomplex noch weitere theoretische und wirtschaftsgeschichtliche Untersuchungen erforderlich sind, dürfte außer Zweifel stehen.

Die den Theoretikern der Wirtschaftspolitik diktierte Enthaltsamkeit bei der Zielartikulierung ist insofern nicht überraschend, als dieses Ziel in allgemeiner Form streng genommen bereits fixiert ist, und der Wirtschaftspolitiker in der Regel besser als der Wirtschaftstheoretiker darüber informiert sein dürfte, wie sich dieses Ziel unter den jeweils gegebenen *gesamtwirtschaftlichen* Bedingungen am besten realisieren läßt. In der Regel ist es doch so, daß der Politiker über die Grenzen des Ökonomischen hinaus über Kenntnisse der weiteren politischen Rahmenbedingungen verfügt, die dem Wirtschaftstheoretiker in der Regel weniger oder gar nicht zugänglich sind. Ein tiefergreifendes Verständnis des Verhältnisses von staatlicher Wirtschaftspolitik im heutigen Kapitalismus und bürgerlicher Wirtschaftstheorie – hier repräsentiert durch die Theorie der Wirtschaftspolitik – hat immer von den grundlegenden konkrethistorischen sozialökonomischen Bedingungen und Prozessen auszugehen. Der bürgerliche Ökonom in seiner Eigenschaft als *Wirtschaftstheoretiker* hat seine nur *beratende* Kompetenz nicht zu überschreiten. Der bürgerliche Ökonom ist Kommis im Wissenschaftsgeschäft; dies ist sein Handlungsspielraum, nicht der der politischen Entscheidung.

Bei der kritischen Auseinandersetzung mit den Fragen der Zielfixierung in der Theorie der Wirtschaftspolitik sind einige Aspekte von allgemeinerem Inter-

[74] Ebenda, S. 54/55.

[75] Ebenda, S. 71.

[76] H. Besters, Volkswirtschaftspolitik, in: Dr. Gablers Wirtschaftslexikon, 2. Bd., Wiesbaden 1976, S. 2070.

esse. Sie beziehen sich auf die Fragen der rationalen Zielbestimmung, einschließlich des Kompatibilitätsproblems, sowie auf Fragen der Quantifizierung des Zieles.

Das Problem der *Rationalität in der Zielfixierung* reduziert sich aus der Sicht der Vertreter der Theorie der Wirtschaftspolitik darauf, daß die zu einem Zielbündel zusammengefaßten Einzelziele eindeutig formuliert und sie auch quantitativ bestimmt sein müssen. Dies sei als eine unabdingbare Voraussetzung dafür anzusehen, daß wirtschaftspolitische Instrumentarien angewendet werden können, die in optimaler Weise zum Ziel führen. Die Theoretiker der Wirtschaftspolitik verweisen durchaus berechtigt darauf, daß in der praktischen Wirtschaftspolitik der kapitalistischen Länder diese Bedingungen nicht oder oftmals unzureichend erfüllt sind. Als Ursachen hierfür werden die noch ungenügend ausgeprägte Einsicht der Wirtschaftspolitiker, „daß die Interdependenz, der Wirkungszusammenhang aller ökonomischen Einzelerscheinungen, die Bestimmung eines konsistenten Ziel-Mittel-Programms notwendig macht"[77], und darüber hinaus die Notwendigkeit von Kompromissen bei der Zielformulierung in Staaten mit parlamentarischer Demokratie genannt, bis hin zu der Tatsache, daß Zielprogramme auch der Meinungsmanipulierung dienen.

Der letztgenannte Aspekt in der wirtschaftspolitischen Zielfixierung ist so eklatant, daß selbst in der großbürgerlichen Presse anläßlich der Besprechung einer neueren richtungsweisenden Arbeit zur Theorie der Wirtschaftspolitik – Egon Tuchfeldts „Bausteine zur Theorie der Wirtschaftspolitik"[78] – dem Autor dieses Werkes zugestimmt werden mußte, „wenn er begründet die Auffassung vertritt, daß ein Großteil der Wirtschaftspolitik aus *psychologischer Beeinflussung* besteht"[79], und der Rezensent die Mahnung ausspricht: „‚Du sollst nicht lügen' ist auch ein Gebot für die Wirtschaftspolitiker."[80] Diese realistische Selbstbeurteilung spricht für sich.

Die Formulierung eines in sich logisch konsistenten Zielbündels, also die Vereinbarkeit (Kompatibilität) der Einzelziele untereinander, ist in der Tat wegen der gegenseitigen Abhängigkeit der einzelnen Zielgrößen als Elementen des gesellschaftlichen Reproduktionsprozesses eine unabdingbare Voraussetzung für ihre Realisierung. Beispielsweise wäre es eine in sich widersprüchliche Wirtschaftspolitik, eine Politik des Wirtschaftswachstums (Erhöhung des Nationaleinkommens) bei gleichzeitiger Stabilität des Preisniveaus und der Konstanz des Geldvolumens zu betreiben, wenn keine positive Veränderung in der Umlaufgeschwindigkeit des Geldes angestrebt wird.

Die Ziele der Wirtschaftspolitik müssen in der Tat in sich kompatibel sein. Dies gilt allgemein, soll diese Politik dem Anspruch der Rationalität genügen.

77 T. Pütz, Grundlagen der theoretischen Wirtschaftspolitik, a. a. O., S. 71.

78 Vgl. E. Tuchfeldt, Bausteine zur Theorie der Wirtschaftspolitik, a. a. O.

79 H. Sieber (Muri), [Rez. zu:] Bausteine der Wirtschaftspolitik, in: Neue Zürcher Zeitung (Zürich) vom 8. 2. 1984.

80 Ebenda.

Rationale Wirtschaftspolitik ist damit aber noch nicht umfassend definiert. Ohne hier das Problem der Rationalität in der Wirtschaftspolitik im speziellen und in der Ökonomie des Kapitalismus im allgemeinen näher untersuchen zu können – hierzu sind noch weiterführende politökonomisch-theoretische Überlegungen notwendig –, ist bei der Beantwortung dieser Fragen von der prinzipiellen marxistisch-leninistischen Erkenntnis auszugehen, daß jede Gesellschaftsformation ihre eigene Spezifik in der Rationalitätsfrage aufweist. Hierzu nur soviel:

Die Vertreter der Theorie der Wirtschaftspolitik versuchen mit großem Engagement den Eindruck zu erwecken, daß kapitalistische Wirtschaftspolitik rationale Politik sein könne, und die Theorie der Wirtschaftspolitik hierzu einen Beitrag zu leisten imstande sei.[81] Unter Berücksichtigung aller hier bereits gegen diese Theorie und die kapitalistische Wirtschaftspolitik überhaupt vorgebrachten Einwände ist hinsichtlich der kritischen Zurückweisung des Rationalitätsanspruchs zusätzlich noch folgendes wichtig: Das Maß der ökonomischen Rationalität einer Gesellschaftsformation mißt sich letztlich daran, wie dem Gesetz der Ökonomie der Zeit entsprochen wird, oder – anders gesagt – daran, wie diese der Notwendigkeit entspricht, die Mittel für die Befriedigung menschlicher Bedürfnisse mit einem geringeren Aufwand an lebendiger und vergegenständlichter Arbeit sowie natürlichen Ressourcen zu produzieren, um so die „disposable time aller"[82] zu erhöhen. Unter kapitalistischen Produktionsverhältnissen wird dieser Rationalitätsanspruch über den Profit vermittelt. Er ist damit objektiv mit ökonomischer *Irrationalität* belastet. Das kapitalistische Wirtschaftssystem ist bezüglich seiner ökonomischen Rationalität dadurch gekennzeichnet, daß ein antagonistischer Widerspruch besteht zwischen der ökonomischen Rationalität des ökonomischen Handelns des *individuellen* Kapitals und der ökonomischen Irrationalität in der Verwirklichung des gesellschaftlichen Gesamtkapitals. Dieser Widerspruch belastet das System gravierend. Die Konkurrenz und Anarchie im kapitalistischen Wirtschaftssystem führen zur Vergeudung von lebendiger und vergegenständlichter Arbeit. Dies gilt für die Bedingungen des staatsmonopolistischen Kapitalismus in der gegenwärtigen Etappe der allgemeinen Krise des Kapitalismus mehr denn je. Diesen Charakterzug des Kapitalismus kann eine noch so detaillierte staatsmonopolistische Wirtschaftspolitik nicht überwinden, da sie immer nur eine Politik widerstreitender Kapitalinteressen ist.

Unter den Bedingungen des Kapitalismus ist der Terminus „rationale Wirtschaftspolitik" also demagogisch und irreführend. Eine wirklich rationale Wirtschaftspolitik kann erst unter Produktionsverhältnissen verwirklicht werden, die durch zwei völlig neuartige Wesenszüge charakterisiert sind: Festsetzung eines neuen Zieles des ökonomischen Handelns überhaupt (statt

[81] Vgl.: M. E. Streit, Theorie der Wirtschaftspolitik, a. a. O., S. 102.
[82] K. Marx, Grundrisse der Kritik der politischen Ökonomie, Berlin 1974, S. 596.

Profitziel) und Absicherung einer im gesamtgesellschaftlichen Maßstab planmäßigen Gestaltung des Reproduktionsprozesses (statt gesamtwirtschaftlicher Anarchie). Sozialismus und Kommunismus repräsentieren objektiv die höchsten Stufen in der ökonomischen Rationalität aller bisherigen Gesellschaftsformationen. Das Ziel der sozialistischen Rationalität sind allseitig entwickelte sozialistische Persönlichkeiten. Solange der Kapitalismus existiert, hat er trotz eines hohen Produktionsniveaus und trotz hohen Vergesellschaftungsgrades der Produktivkräfte nicht den ökonomischen Beweis erbringen können, ohne Vergeudung von Arbeit – gleich welcher Form – und natürlichen Ressourcen auszukommen. Die Aufwand-Nutzen-Relation, im weitesten ökonomischen Sinn gefaßt, ist durch Irrationalität gekennzeichnet. Dies gilt mehr denn je unter den konkret-historischen Bedingungen einer forcierten Militarisierung der gesamten Wirtschaft als Mittel imperialistischer Systemsicherung in der Gegenwart.

Unter kapitalistischen Produktionsverhältnissen kann also der Forderung nach einer rationalen Wirtschaftspolitik nicht entsprochen werden. Die Wirtschaftspolitik ist hier ihrem Wesen nach ein Interessenausdruck einer keinesfalls in sich homogenen Bourgeoisie, selbst nicht der Monopolbourgeoisie.[83] Auf der Basis der Konzentration und Zentralisation des Kapitals und insbesondere des zunehmenden Einflusses der multinationalen Monopole in der kapitalistischen Weltwirtschaft von heute verändert sich permanent das Kräfteverhältnis zwischen den einzelnen Fraktionen des personifizierten Kapitalverhältnisses.

Bei der kritischen Auseinandersetzung mit dem spezifischen Aspekt der Behandlung des Zielproblems in der Theorie der Wirtschaftspolitik ist also davon auszugehen, daß die Wirksamkeit der kapitalistischen staatlichen Wirtschaftspolitik in letzter Konsequenz natürlich nicht von der Kompatibilität der Ziele im Zielbündel abhängt, obwohl dies ihre Wirksamkeit beeinflußt, sondern daß letztlich die objektiven Widersprüche innerhalb des kapitalistischen Wirtschaftssystems selbst jegliche Form von Wirtschaftspolitik in diesem System relativieren. Der Widerspruch zwischen dem erreichten hohen Stand in der Vergesellschaftung der Produktivkräfte und den privatkapitalistischen Produktionsverhältnissen verhindert den Einsatz von wirtschaftspolitischen Mitteln und die Festlegung von Zielen, die diesem Entwicklungsstand gerecht werden würden. Dieser Widerspruch kann sich erst mit der Schaffung *sozialistischer* Produktionsverhältnisse auflösen. Wenn die Vertreter der Theorie der Wirtschaftspolitik auf die notwendige Sicherung der Kompatibilität der wirtschaftspolitischen Ziele verweisen, so geht es ihnen letztlich darum, daß sich der Wirtschafts*politiker* über mögliche, unter Umständen auch unangenehme *Nebenwirkungen* seiner Entscheidungen Klarheit im voraus zu verschaffen hat. Wird ein wirtschaftspolitisches Zielbündel zu realisieren versucht, wenn die Kompatibilität von vornherein nicht gewährleistet ist, so dürfte eine solche

83 Vgl. hierzu S. 117 f. der vorliegenden Arbeit.

Politik zu den „unangenehmen Nebenwirkungen" führen, die man gerade zu vermeiden versucht.

Die Theorie der Wirtschaftspolitik sieht eine ihrer spezifischen Aufgaben darin, zumindest die Minimierung der das generelle Ziel der kapitalistischen Wirtschaftspolitik beeinträchtigenden Nebenwirkungen herbeizuführen, indem sie auf allgemeingültige Kriterien für die Kombination von Detailzielen verweist. Dazu trägt zweifellos die Vermeidung von solchen Zielkombinationen bei, die in einem antinomischen, neutralen oder harmonischen Verhältnis zueinander stehen. Es ist eine Aufgabe der marxistisch-leninistischen Kritik der bürgerlichen politischen Ökonomie, die Spezifik derartiger Zielbündel, wie sie etwa in den sogenannten magischen Vielecken dargelegt sind, kritisch zu analysieren. So könnte in detaillierter Weise das reaktionäre Wesen der kapitalistischen Wirtschaftspolitik weiter aufgedeckt werden. Ausgehend von der Position der marxistisch-leninistischen politischen Ökonomie des Kapitalismus bestehen hierzu die besten Möglichkeiten. Die fundiertere Kenntnis der perspektivisch zu erwartenden Resultate kapitalistischer Wirtschaftspolitik ist für die offensive Auseinandersetzung mit dem imperialistischen System nicht nur im ideologischen Bereich von Bedeutung.

Die zu Zielbündeln zusammengefaßten Detailziele der kapitalistischen Wirtschaftspolitik sind durch eine Rangordnung untereinander abgestuft. Jeder Wirtschaftspolitiker hat unter dem Aspekt der Interdependenz der Detailziele und ausgehend von der Erkenntnis über die zu berücksichtigenden wirtschaftspolitischen Nebenwirkungen eine Zielpräferenz festzusetzen. Für ein tiefergehendes Verständnis der staatsmonopolistischen Wirtschaftspolitik ist in diesem Zusammenhang wichtig, daß die Rangordnung in der Zielfixierung im hohen Maße von den parteipolitischen Positionen der jeweiligen Regierung sowie von der jeweils gegebenen konkret-historischen Situation abhängig ist. Für längerfristige Zeiträume, so weist zum Beispiel Theodor Pütz nach, haben sich für die kapitalistischen Industriestaaten bestimmte Präferenzskalen im Hinblick auf die staatlichen wirtschaftspolitischen Ziele herausgebildet, die eindeutig mit parteipolitischen Programmen korrelieren. So wird nachgewiesen, daß sich über einen längeren Zeitraum für neun der wichtigsten imperialistischen Industriestaaten (Belgien, BRD, Frankreich, Großbritannien, Italien, Luxemburg, Niederlande, Norwegen, USA) eine Zielpräferenzskala verfestigt hat, die, um nur ganz wenige Beispiele hier anzuführen, bei den „sozialistischen" Parteien ein hohes Beschäftigungsniveau und eine Nivellierung der Einkommen als dominierende Ziele vorsieht, während bei den konservativen Parteien die Währungsstabilität den ersten Rangplatz einnimmt. Dagegen hat die Politik der Änderung von Einkommensverteilungen für die Konservativen im Vergleich zu anderen Zielen den letzten Platz.[84]

Für die prognostische Bewertung der wirtschaftspolitischen Aktivitäten in

[84] Vgl. T. Pütz, Grundlagen der theoretischen Wirtschaftspolitik, a. a. O., S. 84.

den kapitalistischen Ländern und den von neuen parteipolitischen Konstellationen in der jeweiligen Regierung abhängigen Veränderungen ist diese Präferenzstruktur von aktueller Bedeutung für die weltweite Systemauseinandersetzung zwischen Imperialismus und realem Sozialismus.

Die Quantifizierung des wirtschaftspolitischen Zieles wird ebenfalls als eine conditio sine qua non der staatlichen Wirtschaftspolitik angesehen. Die Vertreter der Theorie der Wirtschaftspolitik legen dazu durchaus beachtenswerte Überlegungen vor. Es wird von der Grundposition ausgegangen, daß „die Einzelziele (der Wirtschaftspolitik – d. A.) . . . qualitativ eindeutig formuliert und quantitativ bestimmt sein (müssen). Sind diese Bedingungen nicht erfüllt, dann können auch nicht die Größen der Instrumentvariablen bestimmt werden. Weiter ist es dann nicht möglich, Aussagen darüber zu machen, ob und in welchem Maße mehrere Ziele gleichzeitig realisiert sind, d. h., ob und wie weit die Verwirklichung eines Zieles die Verwirklichung anderer Ziele beeinträchtigt."[85]

Für die Quantifizierung von wirtschaftspolitischen Zielen werden drei Grundvarianten entwickelt. Als Zielvariable können in Betracht kommen: die Fixierung eines absoluten Niveaus, eine Änderungsquote sowie die Stabilisierung von Schwankungen im Zeitablauf.[86] Damit werden in der Tat Grundrichtungen der wirtschaftspolitischen Einwirkung auf den gesellschaftlichen Reproduktionsprozeß erfaßt.

Die Zielvariable, als absolutes Niveau ausgedrückt, schließt ein, daß Schwankungen in der quantitativen Fixierung ökonomischer Kategorien akzeptiert werden. Beispielsweise definieren bürgerliche Ökonomen das Ziel „Vollbeschäftigung" mit einem Schwankungsbereich von etwa 3 bis 5 Prozent unter dem 100prozentigen Beschäftigungsniveau des gegebenen Landes.

Es ist als ein Ausdruck ausgesprochen prokapitalistischen Denkens zu werten, wenn unterstellt wird, daß der Wirtschaftspolitiker nur dann vernünftig, das heißt national handele, wenn er ein bestimmtes Maß an Arbeitslosigkeit voraussetze.[87]

Wirtschaftspolitische Zielvariablen werden sowohl durch Änderungen als auch durch die Fixierung von Schwankungsbereichen für die verschiedenen ökonomischen Kategorien quantifiziert. Derartige Zielfixierungen dienen so als Orientierungspunkte für die als opportun angesehenen wirtschaftspolitischen Instrumentarien in der adäquaten Proportionierung. Zugleich bieten sich auch hier Möglichkeiten für die bürgerlichen Ökonomen und Wirtschaftspolitiker an, zweckoptimistische Vorstellungen über die Ausrichtung und Zielsetzung der staatlichen Wirtschaftspolitik zu propagieren. Es ist für bürgerliche Wirtschaftstheoretiker bezeichnend, wenn sie zur Verdeutlichung beispielsweise des Problemkomplexes „Zielvariable als Änderungsrate" nur solche Beispiele wählen, die den kapitalistischen Reproduktionsprozeß in optimistischer Weise

85 Ebenda, S. 71.
86 Vgl. ebenda, S. 78/79.
87 Vgl. ebenda, S. 78.

reflektieren. Dies trifft zum Beispiel auf Pütz zu, der zur Illustration dieses Problems auf positive Raten des Wachstums des Bruttosozialprodukts bzw. auf eine vollkommene Geldwertstabilität verweist.[88] Unter den konkreten Bedingungen einer das kapitalistische Wirtschaftssystem seit Jahren belastenden *chronischen Inflation* und tiefgreifenden Währungskrise ist die Unterstellung eines *stabilen Geldwertes* wohl kaum noch als unbeabsichtigter Fehlgriff zu werten.

4.4. *Die Instrumente und Träger der staatsmonopolistischen Wirtschaftspolitik*

Der Entwicklungsstand des wirtschaftspolitischen Instrumentariums hängt sehr stark von der Entwicklung der bürgerlichen Wirtschaftspolitik ab. Einer der bekannten Vertreter der Theorie der Wirtschaftspolitik in der BRD bemerkte diesbezüglich: „Anzahl und Qualität der zu einem bestimmten Zeitpunkt bekannten und wirkungsmäßig voll erkundeten wirtschaftspolitischen Mittelvariablen hängen stark vom erreichten Stand der wirtschafts- und sozialwissenschaftlichen Forschung ab."[89] Damit sind in erster Linie die Theorie der Wirtschaftspolitik und ihr Beitrag zur Analyse des staatsmonopolistischen Regulierungsinstrumentariums angesprochen.

Die Auseinandersetzung der bürgerlichen Ökonomen mit dem System des wirtschaftspolitischen Regulierungsinstrumentariums und seines Wirkungsgrades, inclusive der Rahmenbedingungen für diese Regulierung, befindet sich derzeit noch in einem Stadium, das durch ein hohes Maß des Suchens und der Selbstverständigung gekennzeichnet ist. Allerdings hatte bereits Ende der 50er Jahre Egon Tuchtfeldt einen ersten, durchaus interessanten Versuch zur Systematisierung des Instrumentariums unternommen.[90] Unabhängig davon zeigen sich aber bereits Grundkonturen in der Art und Weise des Herangehens an das äußerst komplizierte Problem der *theoretischen Verarbeitung* der vielfältigen Aspekte der wirtschaftspolitischen Instrumentarien und ihrer systematischen Bewertung im Hinblick auf die Grenzen und Möglichkeiten der staatsmonopolistischen Wirtschaftspolitik. Dieser Fragenkomplex sollte alsbald einer

[88] Pütz formalisiert die angestrebte jährliche Wachstumsrate (*c*) des Bruttosozialprodukts (BSP) wie folgt (vgl. ebenda, S. 79):

$$\frac{\Delta\,\mathrm{BSP}}{\mathrm{BSP}} \geqq c, \ (c > 0).$$

Für die Geldwertstabilität ergibt sich die folgende Gleichung, wenn diese Geldwertstabilität durch unverändertes Preisniveau (P) im Zeitablauf definiert wird: $\Delta P/P = 0$.

[89] U. Müller, Theoretische Grundlagen der Wirtschaftspolitik, a. a. O., S. 1602.

[90] Vgl. E. Tuchtfeldt, Das Instrumentarium der Wirtschaftspolitik. Ein Beitrag zu seiner Systematik, in: Hamburger Jahrbuch für Wirtschafts- und Gesellschaftspolitik, 2. Jg., Tübingen 1957, S. 52.

detaillierten kritisch-analytischen Einschätzung seitens der marxistisch-leninistischen politischen Ökonomie unterzogen werden.

Von dominierender Bedeutung ist zunächst die Einteilung der wirtschaftspolitischen Instrumentarien in sogenannte ordnungspolitische und ablaufspolitische (prozeßpolitische) Mittel. Neben den quantitativen werden auch nicht quantifizierbare, das heißt qualitative Instrumente (zum Beispiel das Kartellgesetz) unterschieden.[91] Einige führende Vertreter der Theorie der Wirtschaftspolitik, in der BRD zum Beispiel Gérard Gäfgen, zählen die Informationen über die ökonomische Lage mit zu den wirtschaftspolitischen Instrumentarien.[92] Mit der Einteilung der wirtschaftspolitischen Instrumentarien in sogenannte ordnungs- und ablaufspolitische Mittel wird die staatsmonopolistische Beeinflussung der Produktionsverhältnisse im Sinne der sogenannten *Rahmenbedingungen* der Profitproduktion und -realisierung (ordnungspolitische Mittel) von den Instrumentarien und Maßnahmen zur Regulierung des *Verlaufs* der Reproduktionsprozesse (ablaufspolitische Mittel) voneinander unterschieden. Eine solche Unterscheidung ist relevant.

Die sogenannte *Ordnungspolitik* soll die kapitalistischen Produktionsverhältnisse allseitig sichern durch die Einführung und Durchsetzung entsprechender Rechtsvorschriften. Dies gilt vor allem im Hinblick auf die Konservierung der privatkapitalistischen Eigentumsverhältnisse und bestimmter, für das Profitsystem als zweckmäßig erwiesener Institutionen, so zum Beispiel die Fixierung des Notenbankrechts, des Kartellrechts, die Rechtsnormen über die Gründung von Kapitalgesellschaften usw. Der Beitrag der Vertreter der Theorie der Wirtschaftspolitik zur theoretischen Fundierung dieser „Ordnungspolitik" stützt sich im hohen Maße auf das ordnungstheoretische Denken der Vertreter der neoliberalen Richtung der bürgerlichen politischen Ökonomie.[93] Walter Eucken, führender Repräsentant dieser Richtung, hat in seinem grundlegenden Werk „Grundsätze der Wirtschaftspolitik"[94] schwerpunktmäßig auf die Untersuchung der bestehenden Formen der Wirtschaftsordnung gedrängt, um darauf aufbauend eine allseitige Apologetik der kapitalistischen Konkurrenzwirtschaft zu betreiben. Deren Existenzbedingungen seien im Gegensatz zur sozialistischen Planwirtschaft unter allen Umständen abzusichern.

Von höherer Relevanz für die theoretische Fundierung der staatsmonopolistischen Wirtschaftspolitik sind – im Vergleich zur sogenannten Ordnungspolitik – zweifellos die im Rahmen der Prozeßpolitik entwickelten Hinweise und Erkenntnisse für den Wirtschaftspolitiker. Die Anhänger der Theorie der Wirtschaftspolitik gehen durchaus berechtigt davon aus, daß es im Wirtschaftsablauf des heutigen Kapitalismus zu permanenten Verletzungen der inneren

91 Vgl. T. Pütz, Grundlagen der theoretischen Wirtschaftspolitik, a. a. O., S. 106.
92 Vgl. G. Gäfgen, Allgemeine Wirtschaftspolitik, a. a. O., S. 151.
93 H. Meißner (Hrsg.), Geschichte der politischen Ökonomie, Grundriß, Berlin 1985, S. 530.
94 Vgl. W. Eucken, Grundsätze der Wirtschaftspolitik, a. a. O.

Proportionalität des Reproduktionsprozesses sowie zu Abweichungen in seinem Verlauf im Vergleich zu den angestrebten Zielen der staatlichen Wirtschaftspolitik kommt. Pütz charakterisiert diese Ausgangsposition wie folgt: „Im Wirtschaftsablauf kommt es ständig zu Störungen der partiellen Marktgleichgewichte und des gesamtwirtschaftlichen Gleichgewichts; ständig kommt es zu Abweichungen der Ergebnisse einzelwirtschaftlicher Entscheidungen von den angestrebten wirtschaftspolitischen Zielen."[95] Für die Wirtschaftspolitiker im Kapitalismus bestehen deshalb „ständig Anlässe, die Abweichungen von Lage und Zielen mit ablaufspolitischen Maßnahmen zu korrigieren"[96]. Aus diesem Grundansatz ergibt sich zwangsläufig, daß die staatliche Wirtschaftspolitik als Ablaufs- oder Prozeßpolitik zur Regulierung des kapitalistischen Reproduktionsprozesses in seinem gesetzmäßigen zyklischen Verlauf ihrem Wesen nach nur kurz-, bestenfalls mittelfristigen Charakter tragen kann, und sie als eine Politik der permanenten Gegenmaßnahmen zur Vermeidung oder aber zumindest Abschwächung der Auswirkungen der inneren Widersprüche des kapitalistischen Reproduktionsprozesses auf dessen für die Profiterwirtschaftung „normalen" Verlauf anzusehen ist.

Ausgehend von dem akuten Krisenzustand im Instrumentarium der staatsmonopolistischen Regulierung[97] ist die Abklärung der Grenzen und Möglichkeiten dieses Instrumentariums im Rahmen der Analyse der sogenannten Prozeßpolitik ein erstrangiges Erfordernis. Hier stellt sich die Frage, inwieweit die Theorie der Wirtschaftspolitik dazu beitragen oder in der Lage sein wird, dem sich verstärkt ausprägenden Aspekt der Internationalisierung der staatsmonopolistischen Regulierung Genüge zu tun. Bekanntlich sind die wachsenden außenwirtschaftlichen Funktionen des imperialistischen Staates zu einem Grundzug der staatsmonopolistischen Entwicklung geworden. Dabei werden die traditionellen Instrumente der staatlichen Außenwirtschaftspolitik, so die Zollpolitik, der Abschluß von Verträgen usw., durch Regelungen in nahezu allen Bereichen der Wirtschaftspolitik ergänzt. Das heißt: „Die Währungs-, Steuer- und Budgetpolitik ebenso wie die Kartell-, Sozial- und Verkehrspolitik werden in zunehmendem Maße nicht nur im Hinblick auf die binnenwirtschaftlichen, sondern auch auf die außenwirtschaftlichen Anforderungen und Konkurrenzbedingungen gestaltet."[98] Will die Theorie der Wirtschaftspolitik den Anforderungen der Monopolbourgeoisie und des kapitalistischen Staates gerecht werden, so wird sie sich diesem Aspekt der Internationalisierung der staatsmonopolistischen Regulierung im besonderen Maße zuwenden müssen. Ansätze dazu sind bereits zu beobachten.

95 T. Pütz, Grundlagen der theoretischen Wirtschaftspolitik, a. a. O., S. 111.

96 Ebenda, S. 112.

97 Vgl. H. Heininger, Karl Marx und die Labilität des kapitalistischen Wirtschaftssystems, in: IPW-Berichte, 3/1983, S. 19/20.

98 Politische Ökonomie des Kapitalismus. Lehrbuch, a. a. O., S. 612; vgl. auch: Politische Ökonomie des heutigen Monopolkapitalismus, Berlin 1972, S. 507.

Die traditionellen Hauptinstrumente der sogenannten Prozeßpolitik sind – und dies dokumentiert die staatsmonopolistische Regulierungspolitik nach dem zweiten Weltkrieg in allen kapitalistischen Industriestaaten – die Geld-, Währungs- und Fiskalpolitik. Die hauptsächlichen geld- und währungspolitischen Maßnahmen, die von der Zentralbank eingesetzt werden, also die Diskont-Mindestreserve- und Offen-Markt-Politik sowie die Währungspolitik sind von seiten der Theorie der Wirtschaftspolitik bisher in recht detaillierter Weise auf ihre regulierungspolitischen Effekte hin analysiert worden. Was für das einzelne Instrument in seinem regulierungspolitischen Wirkungsgrad noch zu durchschauen sein dürfte, gilt aber weniger für den *kombinierten* Einsatz der geld- und währungspolitischen Maßnahmen. Dieser kombinierte Einsatz ist aber für die wirtschaftspolitische Praxis in allen kapitalistischen Staaten typisch. Hier wird die Theorie der Wirtschaftspolitik nur in dem Maße zu weiterführenden Einsichten über die regulierungspolitischen Effekte dieses Ensembles von Instrumentarien gelangen, wenn es ihr gelingen sollte, den Wirkungsgrad der Einzelinstrumente im Rahmen ihres komplexen Einsatzes zu quantifizieren. Damit ist die Grundlage wie aber auch das Erfordernis für Prognosemodelle geschaffen. Derartige Modelle haben letztlich nur dann einen wirtschaftspolitischen Sinn, wenn sie statistisch-empirisch verifizierbar werden können. Hierbei geht es darum, die Effekte des quantitativ genau fixierten Einsatzes der wirtschaftspolitischen Instrumente zu berechnen.

Für das wirtschaftspolitische Instrument der Staatsfinanzen hat die Theorie der Wirtschaftspolitik ebenfalls recht detaillierte Einblicke in seine regulierungspolitischen Effekte geliefert. In jüngster Zeit ist die Diskussion um die Grenzen der Staatsverschuldung einer jener Schwerpunkte ökonomisch-theoretischer Diskussion geworden, die auch die Vertreter der Theorie der Wirtschaftschaftspolitik besonders interessieren. Die Staatsfinanzen sind nach wie vor das entscheidende Instrument des kapitalistischen Staates zur Umverteilung des Nationaleinkommens zu Lasten der breiten sozialen Klassen und Schichten und zu Gunsten der Monopole.

In den Ländern des staatsmonopolistischen Kapitalismus ist, was die *Träger* oder Subjekte der staatlichen Wirtschaftspolitik anbelangt, in der Regel das Vorhandensein einer Vielzahl für diese Wirtschaftspolitik verantwortlicher Institutionen zu beobachten. Hieraus erwachsen spezielle Probleme, die die Grenzen und Möglichkeiten dieser Regulierungspolitik beeinflussen. Die in den letzten Jahren unter marxistischen Ökonomen geführte Diskussion hat diese Aspekte bisher leider weitgehend ausgeklammert. Für die Vertreter der Theorie der Wirtschaftspolitik sind sie jedoch von großer Bedeutung. Auf die hierzu von ihnen entwickelten Positionen soll deshalb im folgenden etwas detaillierter eingegangen werden.

Aus der Pluralität der Trägerschaft staatlicher Wirtschaftspolitik resultieren nach Auffassung der bürgerlichen Ökonomen zwei Problemkomplexe, die die Effekte dieser Politik beeinflussen: zum einen das Problem der *Koordination* der geplanten Maßnahmen, zum anderen das Problem der *wirtschaftspolitischen Willensbildung*.[99]

In der Tat wird die staatliche Wirtschaftspolitik in den entwickelten kapitalistischen Industrieländern durch ein vielgliedriges System getragen, dessen einzelne Elemente mit unterschiedlichem Gewicht die Politik beeinflussen. Dazu gehören neben dem Parlament als Legislativorgan das Kabinett und vor allem die Verwaltungsbürokratie, deren Einfluß auf die konkrete Gestaltung der Wirtschaftspolitik nicht nur dominant ist, sondern auch zunimmt. In recht interessanter Weise verweist Theodor Pütz in diesem Zusammenhang auf den allgemeinen Trend weitgreifender Kompetenzverlagerungen. „So wie sich bisher eine Tendenz der Machtverlagerung vom Parlament zur Regierung beobachten läßt", bemerkt er hierzu, „so läßt sich eine parallel verlaufende Tendenz der Expansion der Entscheidungsbefugnisse und der wirtschaftlichen Macht der *Verwaltung* im Verhältnis zur Regierung beobachten. Regierungen wechseln; der Verwaltungsapparat der Ressorts bleibt – von Spitzenpositionen abgesehen – viel längerfristig bestehen."[100]

Eine besondere, ebenfalls exponierte Stellung im System der wirtschaftspolitischen Trägerschaft in den kapitalistischen Staaten nimmt die Zentralnotenbank ein. Sie übt wichtige Funktionen des Regulierungsmechanismus aus. Generell läßt sich zu ihrer Stellung folgendes sagen: „Die einmalige Stellung der Zentralbank als eines Instituts, in dem viele wichtige Fäden der Wirtschaftskontrolle zusammenlaufen, veranlaßt die Regierungsorgane der kapitalistischen Länder, Schritte zur juristischen Fixierung der Kontakte mit dieser Institution zu ergreifen. Daraus entsteht eine Tendenz zur Veränderung des Rechtsstatus der Zentralbanken, zu deren Umwandlung in einen Bestandteil der Staatsbürokratie."[101] Der Zentralbank ist – in der Regel im Konsens mit der Wirtschaftspolitik der Regierung – die Verantwortung für den Einsatz der monetären Instrumente übertragen. Manfred E. Streit verweist in diesem Zusammenhang darauf, daß nicht in allen kapitalistischen Staaten die Zentralbank in ihren regulierungspolitischen Entscheidungen autonom sei.[102]

Das Problem der Pluralität in der staatlichen wirtschaftspolitischen Trägerschaft wird noch dadurch kompliziert, daß sich bei einem föderalistischen Staatsaufbau eine Vervielfachung der wirtschaftspolitischen Instanzen ergibt. Darüber hinaus ist der Existenz supranationaler Gebilde (zum Beispiel des sogenannten Europäischen Parlaments) als wirtschaftspolitischer Entscheidungsträger Rechnung zu tragen. Wie Streit hierzu bemerkt, kann diesen Institutionen „wirtschaftspolitische Kompetenz über zwischenstaatliche Verein-

99 Vgl. T. Pütz, Grundlagen der theoretischen Wirtschaftspolitik, a. a. O., S. 238; M. E. Streit, Theorie der Wirtschaftspolitik, a. a. O., S. 236.

100 T. Pütz, Grundlagen der theoretischen Wirtschaftspolitik, a. a. O., S. 236.

101 Politische Ökonomie des heutigen Monopolkapitalismus, a. a. O., S. 449.

102 Vgl. M. E. Streit, Theorie der Wirtschaftspolitik, a. a. O., S. 183.

barungen zuwachsen"[103]. Diese wirtschaftspolitische Trägervielfalt ist ein Ausdruck dafür, daß „der politische Mechanismus zur Durchsetzung der Interessen des Finanzkapitals . . . durch ein enges Netz von Verbindungen zwischen den Monopolen, dem Staat, halbstaatlichen Organen und anderen herrschaftssichernden Elementen, wie zum Beispiel der das System bejahenden Parteien und Verbände, charakterisiert"[104] ist. Dabei kommt dem Staat bei der Durchsetzung der Interessen der Monopole eine relative Selbständigkeit zu.

Aus dieser Pluralität erwächst demzufolge zunächst das Problem der *„Koordination der von den verschiedenen Entscheidungsträgern geplanten Maßnahmen"*.[105] Dabei wird von den bürgerlichen Ökonomen stillschweigend unterstellt, daß die Entscheidungsträger „ein gemeinsames, einheitliches System von Grundsätzen und Zielen haben"[106], also ein Konsens mit den verschiedenen Instanzen der staatlichen Wirtschaftspolitik über die zu verfolgende Politik besteht, eine Unterstellung, die – wie sich noch zeigen wird – *nicht* berechtigt ist, die aber erforderlich ist, um zunächst das Koordinationsproblem unter abstrakt-vereinfachten Bedingungen herausarbeiten zu können. Unter den realen Bedingungen des kapitalistischen Reproduktionsprozesses *verschärfen* sich die sich mit dem Koordinationsaspekt ergebenden Probleme insofern, als der unterstellte Konsens unter den Trägern der Wirtschaftspolitik de facto nicht gegeben und erst im Prozeß der sogenannten wirtschaftspolitischen Willensbildung mehr oder weniger ausgeprägt hergestellt werden muß. Bekanntlich ist das wirtschaftspolitische Handeln des imperialistischen Staates auch dadurch gekennzeichnet, daß er unter dem Druck der widersprüchlichen Klassenkräfte und der Konkurrenz verschiedener monopolistischer Gruppen um den Einfluß auf bestimmte Teile des Staatsapparates die Interessen der Monopole nicht unmittelbar durchsetzen kann.[107] Entscheidend für die Frage der Pluralität in der wirtschaftspolitischen Trägerschaft bleibt die Erkenntnis, daß sich in letzter Konsequenz immer nur die Interessen der herrschenden Monopole durchsetzen. Die kritische Einschätzung dieser Pluralität hat also zu unterscheiden zwischen dem Wesen und den Erscheinungsformen dieser sozialökonomischen Merkmale des heutigen Kapitalismus.

Die ökonomischen und machtpolitischen Interessen der einzelnen Fraktionen der Monopolbourgeoisie realisieren sich nicht über eine einzige staatliche wirtschaftspolitische Instanz. Selbst wenn die breit angelegten Diskussionen über das Koordinationsproblem den Eindruck erwecken sollten, daß es in der sogenannten wirtschaftspolitischen Willensbildung auf demokratische Art und Weise zugehe – und sicher ist auch ein solcher ideologischer Effekt dieser Diskussion mit beabsichtigt –, so bleibt doch das Problem der Interessen innerhalb

[103] Ebenda, S. 184.
[104] Politische Ökonomie des Kapitalismus. Lehrbuch, a. a. O., S. 558.
[105] T. Pütz, Grundlagen der theoretischen Wirtschaftspolitik, a. a. O., S. 239.
[106] Ebenda.
[107] Vgl. ebenda, S. 556.

der staatlichen Wirtschaftspolitik im heutigen Kapitalismus als legitime Fragestellung bestehen. Die im folgenden kurz skizzierte Koordinationsdiskussion ist also unter diesem doppelten Aspekt bei Berücksichtigung der prinzipiellen Relativität der Pluralität in der wirtschaftspolitischen Trägerschaft zu verstehen.

Das Koordinationsproblem stellt sich in letzter Konsequenz für die Vertreter der Theorie der Wirtschaftspolitik als ein Problem dar, das drei Ebenen aufweist:

- die interne und externe Koordination,
- die vertikale und horizontale Koordination,
- die informelle und formelle Koordination.

Die Unterscheidung von *interner und externer Koordination* soll verdeutlichen, daß bei Existenz unabhängig voneinander agierender, autonomer Subjekte der staatlichen Wirtschaftspolitik die gegenseitige Abstimmung, die sogenannte externe Koordination, nur auf freiwilliger Basis beruhen kann. Ihrem Charakter nach ist dies mit Aufwand und mit Schwierigkeiten verbunden. Bereits hier stoßen politisch divergierende Interessen aufeinander. Die interne Koordination meint die Entscheidung *eines* autonom agierenden Trägers der Wirtschaftspolitik für Auswahl und Einsatz bestimmter Mittel. Diese interne Koordination ist ein durchaus kompliziertes Unterfangen. Zum Beispiel sei hier an die regulierungspolitischen Aufgaben etwa eines Finanzministeriums oder aber der Zentralbank gedacht. Die externe Koordination ist so lange noch relativ unproblematisch, wie die wirtschaftspolitischen Entscheidungsträger im Konsens zueinander stehen. Aus dem Charakter des Trägerpluralismus resultieren jedoch hinsichtlich der externen Koordination objektive Schranken für die in organisatorisch-technischer Hinsicht zu bewältigenden Aufgaben.

Schwerwiegender als die bisher genannten sind die Probleme, die im Zusammenhang mit der sogenannten *vertikalen und horizontalen Koordination* zu lösen sind. Die vertikale Koordination resultiert aus dem föderalistischen Staatsaufbau einer Reihe wichtiger imperialistischer Industriestaaten. Auf den unterschiedlichen Ebenen der Staatsgewalt (Bund, Länder, Gemeinden) werden wirtschaftspolitische Entscheidungen getroffen und durchgeführt, die, blieben sie unkoordiniert, sich gegenseitig paralysieren könnten. Pütz bemerkt hierzu durchaus realistisch: „Da die Konjunkturpolitik ihre Maßnahmen den relativ *kurzfristigen* Veränderungen der konjunkturellen Lage anpassen muß, stellt die vertikale Koordination der konjunkturell wirksamen Ausgaben und Einnahmen so vieler Träger öffentlicher Haushalte eine besonders schwierige Aufgabe dar, deren Lösung noch zusätzlich erschwert wird, wenn die Gliedstaaten und Gemeinden einen stark ausgeprägten Eigenwillen entfalten . . ."[108] Unter anderen haben Joachim Misselwitz und Christel Simon bei der Analyse der Beziehungen zwischen den unterschiedlichen Ebenen der Gebietskörperschaften

[108] Ebenda, S. 241.

(zum Beispiel in der BRD) auf die sich hier zeigenden Widersprüche und Einschränkungen für die staatliche Wirtschaftspolitik bereits detaillierter verwiesen.[109]

Unabhängig von den sich aus der vertikalen Koordination ergebenden Schwierigkeiten für die angestrebte, vorgeblich rationelle Wirtschaftspolitik bestehen weitere Probleme im Bereich der horizontalen Koordination. Die zweifellos erforderliche Abstimmung der staatlichen Wirtschaftspolitik auf den einzelnen Verwaltungsebenen selbst, einschließlich der Abstimmung auf internationaler Ebene, erschwert zusätzlich die Durchsetzung einer effektiven staatlichen Regulierungspolitik.

Die bisher behandelten Formen der Koordination der staatlichen Wirtschaftspolitik unterstellen, daß die wirtschaftspolitischen Entscheidungsträger unterschiedlichsten Ranges in Kontakt zueinander treten, um den Prozeß dieser Koordination zu betreiben. Soweit diese Kontaktaufnahme spontanen, also unregelmäßigen Charakter trägt, handelt es sich um die *informelle*, dagegen bei regelmäßiger Abstimmung der Wirtschaftspolitik um die sogenannte *formelle, institutionalisierte* Koordination. Die institutionalisierte Koordination wird durchaus berechtigt als ein Mittel zur Rationalisierung der kapitalistischen staatlichen Wirtschaftspolitik angesehen.[110] Sie wird um so dringlicher, je mehr sich die Widersprüche des kapitalistischen Reproduktionsprozesses zuspitzen. Pütz ist deshalb zuzustimmen in seiner Feststellung, daß „je größer die Abweichungen der tatsächlichen von der gewünschten wirtschaftlichen Entwicklung sind, und je größer die Unterschiede der Auffassungen der Entscheidungsträger über die anzustrebenden gesamtwirtschaftlichen Ziele und die zweckmäßigsten Maßnahmen sind, um so stärker wird von seiten der Regierung die Tendenz zur Institutionalisierung der Koordination werden; und um so stärker schließlich auch das Streben nach zwangsweiser Koordination".[111] Mit dem Trend nach einer derartigen Institutionalisierung der objektiv notwendigen Koordination staatlicher Wirtschaftspolitik unter dem Druck der Zentralregierung spitzt sich zwangsläufig der Gegensatz zwischen den unteren und oberen Ebenen der Staatsgewalt im Kapitalismus insofern zu, als mit diesem Trend nach Reglementierung der Entscheidungsträger in der Wirtschaftspolitik den Autonomiebestrebungen der unteren Gebietskörperschaften entgegengewirkt wird.

Es zeigt sich also in einer ersten Zwischenbilanz, daß diese Koordination der Wirtschaftspolitik bereits bei unterstelltem Konsens über Ziele, Grundsätze, Instrumente usw. bei den Repräsentanten dieser Politik eine Reihe von Pro-

109 Vgl. J. Misselwitz, Finanz- und Haushaltskrise der BRD-Kommunen, in: IPW-Berichte, 10/1983, S. 23; Ch. Simon, Städte und Gemeinden der BRD unter dem Druck und im Dienst des Monopolkapitals, in: IPW-Berichte, 7/1983, S. 14.

110 Vgl. T. Pütz, Grundlagen der theoretischen Wirtschaftspolitik, a. a. O., S. 242.

111 Ebenda, S. 243.

blemen offenbart, die der anvisierten und propagierten sogenannten rationalen Wirtschaftspolitik objektiv entgegenstehen. Die unterstellte Übereinstimmung unter den Subjekten der staatsmonopolistischen Wirtschaftspolitik ist nicht a priori gegeben, sondern nur in einem Annäherungsprozeß und bestenfalls mit Kompromissen unter allen Beteiligten zu erreichen. Die tiefgreifende Beeinträchtigung der staatlichen Wirtschaftspolitik in ihrer Praktikabilität erwächst also nicht nur aus all jenen Faktoren und Bedingungen, die aus der Widersprüchlichkeit des kapitalistischen Reproduktionsprozesses in seiner Totalität überhaupt resultieren, sondern darüber hinaus aus dem Prozeß der sogenannten wirtschaftspolitischen Willensbildung aller auf die wirtschaftspolitischen Entscheidungen Einfluß ausübenden Kräfte. Das Grundproblem besteht also im Klassencharakter der Wirtschaftspolitik unter kapitalistischen Bedingungen. Für alle antiimperialistischen Kräfte stellt sich demnach die Frage, *wie* auf den Prozeß der Willensbildung in der Wirtschaftspolitik im Interesse der progressiven Kräfte Einfluß genommen werden kann.

Das mit den Worten der *„Willensbildung in der Wirtschaftspolitik"* umschriebene Interessenproblem ist letztlich der Kulminationspunkt für die Realisierung einer im Interesse der Monopolbourgeoisie praktizierten staatsmonopolistischen Regulierungspolitik. Nicht ohne Grund resümiert Pütz zu diesem Aspekt der Theorie der Wirtschaftspolitik: „Die größten Schwierigkeiten einer *rationalen* Wirtschaftspolitik liegen nicht in der Koordination der Maßnahmen mehrerer Entscheidungsträger, sondern in Verschiedenheiten und Gegensätzlichkeiten der Interessen und Ziele der Entscheidungsträger, in Konflikten zwischen Zielen der Wirtschaftspolitik und Zielen anderer Teilgebiete der Gesamtpolitik und in Konflikten zwischen wirtschaftspolitischer und machtpolitischer Rationalität des politischen Handelns. Rationale Wirtschaftspolitik setzt die Herstellung eines ‚consensus', einer einheitlichen Praeferenzfunktion voraus, – und das ist ein Problem der Willensbildung."[112]

Bei der abstrakt-theoretischen Unterstellung einer bei allen Trägern der staatlichen Wirtschaftspolitik gleichsinnigen Auffassung wäre „nur" jenes Koordinationsproblem zu lösen, „das in der technisch-organisatorischen Aufgabe besteht, Mittel und Entscheidungen in der Information und Kommunikation zwecks Abstimmung der geplanten Maßnahmen zu finden".[113] Jetzt wird aber die Wirtschaftspolitik im staatsmonopolistischen Kapitalismus mit einer viel tiefgreifenderen Aufgabe konfrontiert: der Herstellung eines Konsensus *aller* an der Wirtschaftspolitik im Kapitalismus Beteiligten.

Das Problem des Interessenpluralismus besteht in der Hauptsache also darin, daß die unterschiedlichsten Interessengruppen der herrschenden Klasse in der kapitalistischen Gesellschaft ihren Einfluß auf die Wirtschaftspolitik geltend machen. Dieser Einfluß ist unter den Bedingungen einer „parlamentarischen

112 Ebenda, S. 244.
113 Ebenda.

Demokratie" auch über die Beeinflussung der im Parlament vertretenen Parteien, in erster Linie der Regierungspartei, durchzusetzen. Eine der Aufgaben der Theorie der Wirtschaftspolitik besteht also darin, die allgemein gangbaren Wege und die allgemein praktizierten Methoden der Beeinflussung der wirtschaftspolitischen Willensbildung durch die einzelnen Interessenbereiche aufzuzeigen, um so dazu beizutragen, daß der Einfluß der Monopole auf die Legislative und Exekutive im ökonomischen Bereich verstärkt werden kann. Dem Wesen nach wird hier die Theorie der Wirtschaftspolitik mit dem gravierenden Problem konfrontiert, daß unter den Bedingungen des staatsmonopolistischen Kapitalismus die Wirtschaftsregulierung als Einheit von privatmonopolistischer und staatlicher Regulierung existiert. Die Monopole versuchen dabei auch in der Tat, insbesondere über ihre Fachverbände und Spezialorganisationen, auf die wirtschaftspolitischen Entscheidungen des kapitalistischen Staates im eigenen Interesse Einfluß zu gewinnen. Auch diesen Aspekt im Gesamtkomplex der staatsmonopolistischen Regulierungspolitik berücksichtigen die Vertreter der Theorie der Wirtschaftspolitik, wenn sie die Rolle der Interessenverbände detaillierter untersuchen und ihnen wirtschaftspolitisch relevante Verhaltensregeln unterbreiten.

Die bürgerliche Ökonomie empfiehlt den Interessenverbänden, auch „pressure groups" (druckausübende Gruppen) genannt, folgende Methoden zur Vertiefung ihres ohnehin bestehenden Einflusses[114]:

1. Erhöhung des Organisationsgrades des Interessenverbandes sowie Kooperation mit Parallel-Verbänden.

In dieser Empfehlung wird ein wichtiges Mittel gesehen, um den Einfluß dieser „pressure groups" zu verstärken, da „je höher der Organisationsgrad . . . – bei *freiwilliger* Mitgliedschaft – um so größer die *repräsentative Bedeutung* der Äußerungen der Verbandsleitung gegenüber der Öffentlichkeit, den Parteien und dem Staat (Parlament und Regierung)"[115] ist. Gleiches gilt sinngemäß, wenn Interessenverbände zur Beeinflussung der staatlichen Wirtschaftspolitik kooperativ agieren.

2. Bildung von Spitzenverbänden einschließlich des angestrebten Interessenausgleichs innerhalb und zwischen diesen Verbänden.

In der Praxis der wirtschaftspolitischen Entscheidungsbeeinflussung durch die Interessenverbände der Monopole zeigt sich, daß „Regierungsmitglieder, Beamte, Abgeordnete und Parteifunktionäre . . . in der Regel nur die Meinungen und Interessen einiger weniger großer Interessenorganisationen berücksichtigen (werden). Deshalb hat die Spitzenverbandsbildung vor allem auf Gesamtstaats(Bundes-)ebene eine so große Bedeutung für die Beeinflussung der Willensbildung in der Wirtschaftspolitik gewonnen."[116] Diese Erkenntnisse

[114] Vgl. ebenda, S. 249.
[115] Ebenda, S. 249/250.
[116] Ebenda, S. 250.

sind durchaus realistischer Natur, aber keineswegs als originell einzuschätzen. Bereits vor mehr als zwanzig Jahren hat der marxistische Ökonom Manfred Banaschak auf die exponierte Rolle der Verbände in den kapitalistischen Ländern für die Durchsetzung der Interessen der Monopolbourgeoisie verwiesen.[117]

Der Interessenausgleich innerhalb und zwischen den Spitzenverbänden bewirkt, daß die in der kapitalistischen Wirtschaftspolitik Verantwortlichen mit einer einheitlichen Forderung dieser Interessengruppen konfrontiert werden. Ohne Zweifel lassen sich damit die wirtschaftspolitischen Ansprüche besser und eher durchsetzen als in einer Situation, wo konträre Auffassungen vorgetragen werden. In einer gewissen Analogie zeigt sich an diesen Empfehlungen der Theorie der Wirtschaftspolitik an die Monopolbourgeoisie, daß die positiven Erfahrungen, die die Arbeiterklasse als geeinte Kraft in ihren Klassenauseinandersetzungen mit der Bourgeoisie gesammelt hat, auf die reaktionäre Strategie der Ausbeuterklasse im ökonomischen Klassenkampf übertragen werden sollen.

[117] Vgl. M. Banaschak, Die Macht der Verbände. Organisation und Methoden staatsmonopolistischer Machtausübung und Massenverführung, Berlin 1964.

KAPITEL 5

Möglichkeiten und Grenzen der staatsmonopolistischen Regulierungsinstrumentarien

In den 70er Jahren geriet die keynesianische Politik der antizyklischen Regulierung, wie auch andere Formen der staatlichen Wirtschaftspolitik der kapitalistischen Länder in einen Krisenzustand. Die sowjetische Ökonomin Irina M. Ossadtschaja betont in diesem Zusammenhang: „Akute Probleme brachte die Krise 1974/75 mit sich, die mit einer galoppierenden Inflation zusammenfiel. Die Keynesschen Schemata der antizyklischen Politik erwiesen sich unter diesen Bedingungen als untauglich und brachen in sich zusammen."[1] Die Regulierung ist eine Funktion der kapitalistischen Produktionsverhältnisse, die sich über die Ausbildung eines Regulierungsmechanismus – als Bestandteil der Produktionsverhältnisse – durchsetzt. Dieser Mechanismus ist nicht starr und unveränderlich. Er muß sich einschneidenden qualitativen Umwälzungen in den Grundstrukturen des Kapitalverwertungsprozesses anpassen. Damit reflektiert er die relative Anpassungsfähigkeit kapitalistischer Produktionsverhältnisse an die Entwicklung der Produktivkräfte und die fortschreitende Vergesellschaftung der Produktion. Dabei gibt es bekanntlich verschiedene Ebenen und Regulierungsinstrumente.[2]

Im folgenden sollen die Grenzen und Möglichkeiten jener staatsmonopolistischen Regulierungsinstrumentarien näher untersucht werden, die derzeit in erster Linie von den Varianten der neokonservativen Wirtschaftstheorie – im gewissen Sinne auch in Kontroverse zu der von Keynes propagierten Fiskalpolitik – vertreten werden.

5.1. *Die Steuerpolitik der Angebotsökonomie*

Zur Regulierung der Wirtschaft braucht der kapitalistische Staat erhebliche finanzielle Mittel.

Erforderlich ist eine Ergänzung der Primärverteilung des im Produktionsprozeß geschaffenen Wertprodukts durch eine Sekundärverteilung wesentlicher

[1] I. M. Ossadtschaja, Neue Tendenzen in der bürgerlichen politischen Ökonomie, in: Sowjetwissenschaft. Gesellschaftswissenschaftliche Beträge, 3/1981, S. 363.

[2] Vgl. auch S. 128 ff. der vorliegenden Arbeit.

Teile. Dadurch ist es dem imperialistischen Staat möglich, seine ökonomische Funktion im Reproduktionsprozeß durchzusetzen. Da das unter kapitalistischen Bedingungen erfolgt, werden die Einkommen der Klassen und Schichten einem weiteren Umverteilungsprozeß unterworfen. Vor allem in Form von direkten und indirekten Steuern eignen sich heute imperialistische Staaten oft annähernd die Hälfte der Bruttoeinkommen von Arbeitern und Angestellten an. Diese Belastung für die Arbeiterklasse nimmt durch Steuerprogression und Steigerung der Steuersätze für indirekte Steuern (Umsatz- oder Mehrwertsteuern) zu. Belastungen treten aber auch für andere nichtmonopolistische Kräfte auf. Zwar unterliegen auch die Konzerne der Besteuerung, aber zum einen sind Einkommens- und Körperschaftssteuern relativ niedrig, zum anderen ist es den Monopolen kraft ihrer Machtpositionen möglich, ihre steuerliche Belastung ganz oder größtenteils über die Preise auf die werktätige Bevölkerung abzuwälzen.

Einen bedeutenden Platz in den wirtschaftspolitischen Instrumentarien der Angebotsökonomen nehmen die Steuern ein. Aus der Sicht der Angebotsökonomen haben Steuersenkungen, für die sie plädieren, nicht den Zweck, das verfügbare Einkommen zu erhöhen und nachfragestimulierend zu wirken. Vielmehr wollen die Repräsentanten dieser Variante heutiger bürgerlicher Ökonomie mit Steuersenkungen die Produzenten belohnen und Anreiz für die potentiellen „Anleger" schaffen. Die „Produzenten" oder „Anleger" sind die monopolistischen Unternehmer. Die theoretischen Überlegungen gehen dabei in folgende Richtung:

Je mehr die Steuerbelastung wachse, so George Gilder, Arthur Laffer und andere, desto mehr neige sie dazu, die profitorientierte Wirtschaft zu behindern. Steigende Steuersätze hemmten aber von einem bestimmten Punkt an die Produktion. Dadurch sanken die tatsächlichen Steuereinnahmen. Eine Senkung der Steuersätze für die kapitalistischen Unternehmen würde dagegen zu einem raschen Anstieg der Investitionen, zur Ausdehnung der Produktion, der Beschäftigungszahlen und zur Steigerung der Produktivität führen und damit die Angebotsseite privilegieren. Läge die Senkung der Steuersätze über einem bestimmten optimalen Wert, so würden die Steuereinnahmen sogar noch steigen.

Im Idealfall führen die Steuersenkungen nach Ansicht der Angebotsökonomen bereits in einem kurzen Zeitraum über erhöhte Leistungs- und Investitionsanreize zu solchen Steuermehreinnahmen, daß der durch die steuersenkenden Maßnahmen erfolgende Einnahmeausfall kompensiert oder gar übertroffen werde. Um diesen Zusammenhang zu verstehen, soll in Erinnerung gerufen werden, daß nach Ansicht der Angebotsökonomie vor Verabschiedung der steuersenkenden Maßnahmen jedes zusätzliche Einkommen, sei es durch mehr Arbeit, durch Weiterbildung oder durch Einkünfte aus vermehrtem Sparen entstanden, durch unvertretbar hohe Steuersätze gemindert wurde. Die Konsequenz seien nachlassende Leistungsmotivation, geringe Risikobereitschaft und eine niedrige Sparneigung gewesen. Sinken die Steuersätze, so wird eine höhere Sparneigung und verbesserte Arbeitsmotivation erwartet, die Steuerausfälle überkompensieren und zu einer verbesserten Kapitalbildung führen.

Diese von A. Laffer entwickelte These läßt sich in einem Kurvenbild veranschaulichen. Trägt man auf der Ordinate die Steuereinnahmen des Staates und auf der Abszisse den prozentualen Steuersatz ab, so spiegelt sich der Zusammenhang zwischen den beiden Variablen in einer stetig verlaufenden Kurve wider (vgl. Abbildung 1).[3]

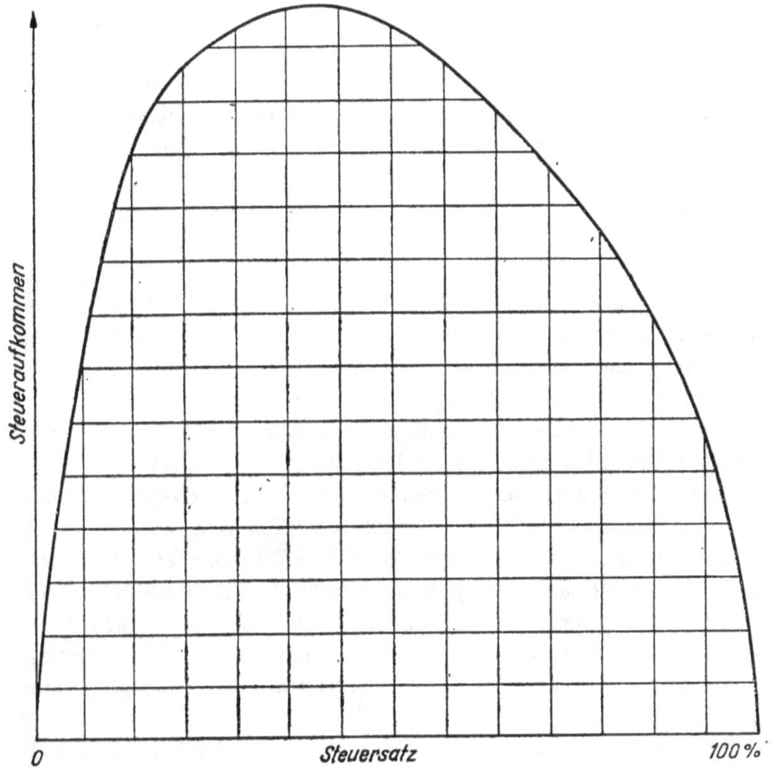

Abb. 1 Lafferkurve

Aus dieser Kurve leiten die Angebotsökonomen die Orientierung bzw. Forderung ab, die auf die höchsten Profite erhobenen Steuern drastisch zu senken. Es sei eine „Gefahr" für den Kapitalismus, wenn die „Reichen" infolge hoher Steuern nicht mehr riskierten, ihr Geld in neue produktivere Anlagen zu investieren, denn schließlich personifiziere sich in den Reichen der Kapitalismus,

3 Vgl. A. Laffer, Die neue Ökonomie. Eine Debatte, in: Economic Impact (Washington D. C.), 3/1981, S. 23.

wie Gilder schreibt: „Von ihnen bezieht er seine Impulse, sie sind der Ursprung seiner Kraft und seine Achillesferse . . . Sie verwalten nicht nur ihr Vermögen, sondern auch den Volkswohlstand . . . Sie verwandeln fruchtloses Anlagekapital und vorerst nicht benötigte Spargelder in Fabriken und Bürohochhäuser, Farmen und Laboratorien, Orchester und Museen. Sie verwandeln das Gold in Güter, in Arbeit und Kunst. Das ist die Aufgabe der Reichen: Im immerwährenden Kampf um Wohlstand und Fortschritt müssen sie den Schichten unter ihnen Chancen eröffnen."[4]

Nach diesem fast schon sakralen Hohelied auf die „Reichen", der unverhüllten politökonomischen Apologetik des Kapitalisten, stellt Gilder schließlich fest: „Der Schlüssel zur Lösung der Probleme einer freien Wirtschaft sind Qualität und Quantität der Investitionen durch die reiche Oberschicht. Eine Steuererhöhung würde ihre persönlichen Ausgaben, die ohnehin einen geringen und zumeist konstanten Teil ihres Einkommens ausmachen, nur wenig beschränken. Beeinflußt würde jedoch die Entscheidung der Großverdiener, wie viel sie zurücklegen und wie das Geld anlegen . . . Eine steil progressive Besteuerung ist nämlich eine Verbilligung von Luxus und Freizeitbeschäftigung im Vergleich zu Investition und Arbeit."[5] Geringe Steuersätze sollen nach der von ihm und seinesgleichen vertretenen Richtung auch das beste Mittel zur Inflationsdrosselung sein, da die Preissteigerungen angeblich vor allem Folge der Steuerdrückung seien: „Die These, daß man die Inflation durch Lockern der Steuerbremse, also durch Steuersenkungen eindämmen kann, war überzeugend belegt."[6] Daraus schlußfolgert Gilder dann: „In jedem Wirtschaftssystem ist der private Investor die treibende Kraft, die Kreativität und Initiative fördert. Eine Volkswirtschaft wächst nicht von selbst oder auf behördliche Anordnung, sondern weil unternehmende Menschen Wagnisse eingehen, kreative Einfälle in Monopole und Monopole in ganze Industrien umwandeln, weil sie etwas hergeben, bevor sie wissen, was sie dafür wiederbekommen."[7]

Diese Konzeption der Angebotsökonomen wurde dann auch mittels der staatlichen Wirtschaftspolitik in der Praxis der imperialistischen Hauptländer umgesetzt[8]:

1. Senkung der direkten und kompensierenden Erhöhung der indirekten Steuern einschließlich einer Korrektur des Progressionsverlaufs im Einkommenssteuertarif zugunsten der Reichen;

[4] G. Gilder, Reichtum und Armut, Berlin (West) 1981, S. 67.

[5] Ebenda, S. 180/181.

[6] Ebenda, S. 204. [7] Ebenda, S. 55/56.

[8] Vgl. G. H. Hilbrandt, Steuer- und Finanzpolitik, in: O. Vogel (Hrsg.), Wirtschaftspolitik der achtziger Jahre. Leitbilder und Strategien, Köln 1982, S. 123–154; M. Buhbe/R. v. Lude, Grundlagen und Probleme der Angebotspolitik, in: Ökonomie und Gesellschaft. Jahrbuch 1: Die Neoklassik und ihre Herausforderungen, hg. von P. Gijsel/T. Schmidt-Schönbein u. a., Frankfurt a. M. – New York 1983, S. 209–255.

2. steuerliche Erleichterungen von Investitionen, bei denen der Kapitalrückfluß besonders langfristig erfolgt und mit hohem Risiko behaftet ist sowie großzügige Abschreibungserleichterungen für Kraftfahrzeuge sowie Ausrüstungs- und Bauinvestitionen durch drastische Senkung der Abschreibungsperioden;
3. steuerliche Förderung der Bildung von „Risikokapital", um die Aufnahme zusätzlichen Kapitals bei allen Kapitalgesellschaften zu erleichtern (so wurde ein Bündel von Sonderbestimmungen mit steuersparendem Effekt wie die steuerliche Absetzbarkeit von Sparguthaben auf Rentenkonten und die Möglichkeit für verlustausweisende Unternehmen, Abschreibungsbeträge an andere Unternehmen abzutreten, verabschiedet).

Die detaillierten Orientierungen angebotsorientierter Wirtschaftspolitik zeigen, in welche Richtung die Finanz- und Steuerpolitik zielt[9]: *Einnahmepolitisch* werden vor allem steuerliche Entlastungen und Förderung privatkapitalistischer Investitionen angestrebt. Es ist eine entscheidende steuerliche Bevorzugung der kapitalistischen Unternehmen zu Lasten der Werktätigen vorgesehen. *Ausgabenpolitisch* geht es um eine Verlagerung der öffentlichen Ausgaben in wachstumsorientierte Industrien und den Abbau der staatlichen Sozialleistungen zugunsten einer den Kapitalinteressen dienlichen Ausgabenpolitik. Das *konjunkturpolitische* Ziel ist eine langfristig angelegte Verbesserung der Verwertungsbedingungen des Kapitals.

Wie ist nun der wirtschaftstheoretische Ansatz zu beurteilen, daß Steuersatzänderungen, ein Hauptinstrument der angebotsorientierten Wirtschaftspolitik, die Spar- und Investitionstätigkeit erhöhen und die Beschäftigung steigen lassen? Er ist aus folgenden Gründen kritisch zu beurteilen:

Erstens sind die Steuern nur eine Komponente der Gesamtheit der Verwertungsbedingungen des Monopolkapitals. Allein vermögen Steuern nicht, Kapitalanlagen hervorzulocken und die inneren Ressourcen der Wirtschaft und die Quellen für ein stabiles und bilanziertes Wachstum erschließen zu helfen. Steuerermäßigungen, die vorrangig den höchsten Einkommensgruppen zugute kommen, sollten steigende Investitionen und Arbeitsproduktivität bewirken und die Inflation eindämmen. Dieser Effekt wurde aber durch die Hochzinspolitik paralysiert, denn gleichzeitig bewirkten die hohen Zinssätze, daß freie Geldmittel weitaus profitabler in Institutionen wie den Geldmarktfonds angelegt werden als in Institutionen der Industrie.[10]

Zweitens ist die These, je höher der Steuersatz, um so geringer die wirtschaftliche Aktivität, eine vereinfachende Auflösung eines komplexen ökonomischen Zusammenhangs. Steuersatzverminderungen können nicht in dem Maße, wie es die Angebotsökonomen vorgeben, das Arbeits-, Spar- und Investitionsklima verbessern. Steuersenkungen verbessern auf Grund der progressiven

9 Vgl. D. B. Simmert/K. D. Wagner, Staatsverschuldung kontrovers, Köln 1981.
10 Vgl. A. Anikin, Vtoroj god „reganomiki", in: MEMO (Moskva), 6/1982, S. 32.

Steuerstruktur das Budget einer Arbeiterfamilie kaum. Darüber hinaus werden sie durch Streichungen von Sozialleistungen überkompensiert. Der Sozialabbau in den imperialistischen Ländern trifft vor allem die Werktätigen, die zu einem größeren Teil in die Arbeitslosigkeit abgedrängt werden. Da keine zusätzlichen Arbeitsplätze angeboten werden, können Steuersatzsenkungen auch keine zusätzlichen Arbeitsleistungen bewirken. Über Steuersenkungen das volkswirtschaftliche Sparen anregen zu wollen, folgt einer verzerrten Sicht der Zusammenhänge zwischen Sparen und Investieren.

Drittens zeigt ein Vergleich der Entwicklung von zivilen und Rüstungsausgaben, wo die Prioritäten beispielsweise der USA-Haushaltspolitik liegen. Seit Beginn der Reaganschen Amtszeit hat sich der Anteil der staatlichen Ausgaben für die Rüstung ständig zu Lasten der zivilen Bereiche ausgedehnt. Innerhalb von nur acht Jahren soll er von weniger als einem Viertel auf mehr als ein Drittel steigen. Die Steuerpolitik hat hierbei ihren Anteil.

Der auf progressiven Positionen stehende BRD-Ökonom Rudolf Hickel weist deshalb völlig berechtigt in diesem Zusammenhang auf die Widersprüchlichkeit der ökonomischen „Revitalisierungsstrategie" hin: „Total im Widerspruch zur Angebotsökonomie, die die Gewinndynamik vom staatlichen Einfluß befreien will, wird hier mit Staatsausgabenpolitik der Rüstungssektor ausgebaut. Der Stimulierung der Zivilwirtschaft durch Angebotspolitik steht die Umstrukturierung der Wirtschaft durch staatliche Maßnahmen zugunsten des Rüstungssektors gegenüber."[11]

5.2. *Monetaristische Geldmengenpolitik als Steuerungsinstrument der Binnenwirtschaft*

Die Politik des imperialistischen Staates zur Steuerung der Geldmenge ist durch folgende Merkmale gekennzeichnet: Sie ist immer Kreditpolitik, orientiert am zinstragenden Kapital. Das zeigen auch ihre Instrumente, unter denen insbesondere die Diskontpolitik, die Offenmarktpolitik und die Festlegung von Mindestreserven der Geschäftsbanken, die sie auf Konten bei der Notenbank stillegen müssen, eine Rolle spielen. Sie ist staatsmonopolistische Politik, das heißt, sie kann nur im widersprüchlichen Wechselverhältnis von Monopolbanken und Zentralbank Wirklichkeit werden. Diese Politik enthält damit die für den staatsmonopolistischen Kapitalismus typischen Zielkonflikte. Ihre Wirksamkeit hängt voll und ganz davon ab, wie weit in konkreten Einzelfragen Ziele der Zentralbank und Monopolbank übereinstimmen.

Aus diesen beiden Merkmalen ergibt sich, daß der monetären Politik der

[11] R. Hickel, Warum Reagans Wirtschaftskurs scheitern muß. Darstellung und Kritik der Angebotsstrategie, in: Blätter für deutsche und internationale Politik (Köln), 7/1982, S. 833.

kapitalistischen Länder enge Schranken gesetzt sind und daß sie nicht die Proportionalität der Geldbeziehungen, entsprechend den Wertrelationen, sichern kann.

Für die Messung und Steuerung der Geldmenge dienen den kapitalistischen Zentralbanken verschiedene Kennziffern, von denen die Zentralbankgeldmenge dem im Geldumlaufgesetz von Karl Marx analysierten Zusammenhang noch am nächsten kommt. Sie sind aber nicht geeignet, einen wichtigen Faktor, die Umlaufgeschwindigkeit des Geldes, entscheidend zu beeinflussen. Durch die Zentralisation des Kapitals, vor allem des Bankkapitals, und durch die elektronische Datenübertragung und -verarbeitung wuchs jedoch die Bedeutung gerade dieses Faktors in den letzten Jahren.

Eine typische und anhaltende Erscheinung des Kapitalismus in der dritten Etappe seiner allgemeinen Krise ist die inflationäre Entwertung der Geldeinheit. Sie wurde möglich mit der Entfaltung des staatsmonopolistischen Kapitalismus, der durch privatmonopolistische und staatliche Regulierungsmaßnahmen die Geldmenge – vor allem auf dem Wege des Kredits – erheblich schneller aufbläht, als das Nationaleinkommen und der Kreislauf seiner Bestandteile es erfordern. Der einzelnen Geldeinheit stehen damit immer geringere reale Werte gegenüber.

In den 70er Jahren traten verstärkt die auf monetaristischen Positionen stehenden bürgerlichen Ökonomen mit dem Anspruch auf, ein absolut sicheres Mittel gegen die Inflation in der Hand zu haben, das von der Zentralbank eines kapitalistischen Landes in die Praxis umgesetzt werden könne. So behauptet Milton Friedman, daß die Bewegung des Nationaleinkommens, Veränderungen bei Beschäftigung und Preisen, der Zustand der Zahlungs- und Handelsbilanz im wesentlichen durch Geld- und Kreditfaktoren bestimmt werden. In seiner monetär determinierten Wachstumskonzeption spricht er sich gegen Einmischung durch Regierungen in die Geld- und Währungssphäre aus und plädiert für die regulierenden Marktkräfte.

Überproduktionskrisen, Inflation und strukturelle Disproportionen treten nach Ansicht der Monetaristen nicht gesetzmäßig auf, sondern ergeben sich in der Regel aus chaotischen, durch staatliche Aktivitäten der Konjunktursteuerung verursachten Schwankungen der Geldmenge. Milton und Rose Friedman schrieben: „Heute, wo die allgemeingültigen Tauschmittel keine Beziehung zu irgendeiner Ware haben, wird die Geldmenge in den meisten mächtigen Staaten durch die Regierung bestimmt. Der Staat und allein der Staat ist verantwortlich für jede rasche Steigerung der Geldmenge."[12]

Die Monetaristen sind der Ansicht, daß das Gleichgewicht im Reproduktionsprozeß von der Nachfrageseite her nur durch einen stabil gehaltenen Bestand an primären Zahlungsmitteln gesichert werden kann, der dem fortschrei-

[12] M. und R. Friedman, Chancen, die ich meine, Berlin (West) – Frankfurt a. Main – Wien 1980, S. 270.

tenden Bedarf der Volkswirtschaft angepaßt ist. So stellt M. Friedman fest: „Ich und die meisten anderen Monetaristen haben schon lange eine Politik einer gleichmäßigen und gemäßigten Wachstumsrate der Geldmenge favorisiert."[13] Dieses grundsätzliche Herangehen Friedmans und anderer Monetaristen an die Lösung der ökonomischen Probleme des Kapitalismus über die Geldmengenregulierung findet in den beiden Kategorien „Geldnachfrage" und „Geldangebot" seine theoretische Widerspiegelung. Bei Friedman und seinen Anhängern, die der Quantitätstheorie des Geldes verhaftet sind, steht die Geldnachfrage im Mittelpunkt der theoretischen Überlegungen. Das wird in folgenden Worten deutlich: „Die Quantitätstheorie ist in erster Linie eine Theorie der Nachfrage nach Geld."[14]

Friedman und seineAnhänger knüpfen an die Gelddefinition der Cambridge-Variante[15] der quantitativen Geldtheorie an und folgen damit zunächst einmal der keynesianischen Auffassung von der Liquditätspräferenz. Stefan Heretik schreibt aus marxistisch-leninistischer Sicht in diesem Zusammenhang: „Dabei handelt es sich um den Hang zum Thesaurieren, um den Drang nach Ersparnissen wie auch nach anderen Vermögenswerten in Gestalt des Geldes. Das Geld erscheint hier nicht als Transaktionsvermittler, sondern als eine Vermögenskomponente, die sich von den übrigen Vermögenswerten dadurch unterscheidet, daß sie die größere Liquidität aufweist, denn das Geld läßt sich ohne weiteres und nahezu kostenlos in eine andere Vermögensform umwandeln."[16]

Dieses Vorgehen bestimmt auch Friedmans Herangehen an die Bestimmung der Geldnachfrage. Deutlich wird das in den Worten: „Wir müssen also, wenn wir von der Geldnachfrage sprechen, darunter die Nachfrage nach realer Kassenhaltung im Sinne einer Verfügungsgewalt über Güter und Dienste verstehen."[17] Um die Geldnachfragefunktion zu ermitteln, geht Friedman dann von zwei Hypothesen aus. *Zum einen* stellt er fest, daß für die letzte Wirtschaftseinheit Geld nur eine Vermögensart, das heißt nur eine Möglichkeit der Vermögenshaltung ist. *Zum anderen* sagt er, daß die einzelnen Wirtschafts-

[13] M. Friedman, Es gibt nichts umsonst. Warum in einer Volkswirtschaft jede Mark verdient werden muß, München 1979, S. 74.

[14] M. Friedman, Die optimale Geldmenge und andere Essays, Frankfurt a. M. 1976, S. 78.

[15] Die Vertreter der Cambridger Variante der Geldmengentheorie A. Marshall und A. Pigou betrachten das Geld nicht nur in seiner Funktion als Zirkulations- und Zahlungsmittel wie andere bürgerliche Geldtheoretiker jener Zeit, sondern sie beziehen die Funktion des Geldes als Mittel der Akkumulation und des Sparens in spezifischer Form in ihre Theorie ein. Aber auch durch die erweiterte Betrachtung des Geldes bleibt ihre Grundposition zum Wesen des Geldes, ein „technisches Hilfsmittel" des Warenaustausches zu sein, erhalten.

[16] S. Heretik, Theoretische Grundlagen der gegenwärtigen bürgerlichen Ökonomie, Berlin 1977, S. 217.

[17] M. Friedman, Die optimale Geldmenge und andere Essays, a. a. O., S. 107.

subjekte ihr Vermögen so aufteilen, daß sich für sie der Gesamtnutzen maximiert.

Den eigentlichen Ausgangspunkt für die unterstellten Kausalitätsbeziehungen erhalten die Monetaristen aus empirischem Material. Empirisch wird für die amerikanische Wirtschaftsgeschichte eine Verzögerung *(lag)* nachgewiesen. Anhand der durchgeführten empirischen Untersuchungen zwischen der Geldmengenentwicklung und dem Wirtschaftsverlauf in den USA über einen fast 100jährigen Zeitraum ermittelten Milton Friedman und Anna Schwartz einen hohen statistischen Zusammenhang zwischen beiden Größen.[18]

Abgesehen von dem Problem, daß relative und absolute Extremwerte aufeinander bezogen werden, transformieren die Monetaristen diese empirische Beobachtung dann aber in einen Kausalitätssatz, der von der aktiven Rolle des Geldes ausgeht. Das methodische Vorgehen besteht darin, aus einem empirisch beobachteten „posthoc" ein theoretisches „propterhoc" zu machen. Diese Einbahnstraße der Kausalität, die in das empirische Material gezogen wird, blendet Interdependenzen und Rückkopplungen oder umgekehrte Kausalitäten aus. Indem die Monetaristen die Stabilität des Geldmengenwachstums fordern und kurzfristige Veränderungen der Geldmenge ablehnen, reduzieren sie den *time lag,* wie sie ihn verstehen,[19] auf eine formal statistisch zu ermittelnde Durchschnittsgröße, die von der Differenziertheit des *time lag* weitgehend abstrahiert und sein Wesen bewußt verschleiert.

Zwei weitere Überlegungen spielen dann im Theoriengebäude der Monetaristen eine wichtige Rolle:

Erstens sind nach Ansicht der Monetaristen die Nachfrage nach Geld und die Geldeinkommensverhältnisse stabil. Die Geldmengentheorie Friedmans ist eine Spielart der Theorie von Angebot und Nachfrage, bezogen auf das Geld. Die Nachfrage nach Geld wird in seiner Version durch die Verwertungsbedingungen des Kapitals in den verschiedenen Anlagesphären bestimmt.[20] Gemäß der gesellschaftspolitischen Zielsetzung Friedmans ist die Nachfrage nach Geld um so stabiler, je weniger einschränkende Bedingungen für die freie Entfaltung der „Kräfte des Marktes" vorhanden sind.

Um die „außerordentliche Stabilität" des Geld-Einkommen-Verhältnisses zu beweisen, bezog sich Friedman bei seinen Berechnungen der Einkommensgrößen auf Angaben über das „beständige Einkommen", das er aus dem gewoge-

18 Vgl. M. Friedman/A. J. Schwartz, A Monetary History of the United States 1867 bis 1960, Princeton 1963.

19 Friedman schreibt: „Wenn wir dabei von ‚dem' Lag sprechen, so verstehen wir darunter so etwas wie den gewogenen Durchschnitt des Intervalls zwischen einer Maßnahme und ihren Auswirkungen ..." Das Lag erfaßt „... die zeitliche Beziehung zwischen der resultierenden monetären Zeitreihe und der resultierenden Reihe von Auswirkungen . . ." (M. Friedman, Die optimale Geldmenge und andere Essays, a. a. O., S. 251).

20 Vgl. ebenda, S. 77–81.

nen Mittel der Einkommensgrößen über einen langen Zeitraum hinweg errechnete. Auf diese Weise verloren die instabilsten Faktoren, zum Beispiel der Zinssatz, in der Nachfragegleichung jedwede statistische Bedeutung, so daß die Nachfrage nach realen Geldmitteln nur noch von einem einzigen Faktor funktionell abgeleitet wurde, nämlich von der konstanten, von Preisveränderungen bereinigten Höhe des Pro-Kopf-Einkommens der Bevölkerung.[21]

Einmal mehr belegt ein solches Vorgehen, wie bürgerliche ökonomische Doktrinen und bürgerliche Wirtschaftspolitik durch Hinweise auf die Statistik untermauert werden sollen. Der US-amerikanische marxistisch-leninistische Ökonom Victor Perlo bemerkte in diesem Zusammenhang zu Recht: „Die bürgerliche Statistik ist keineswegs eine abstrakte Bestätigung, sondern eine Waffe im Klassenkampf, die gegen die Arbeiterklasse eingesetzt wird. In der Periode der Vertiefung der Krise kennt die Manipulierung mit der Statistik keine Grenzen."[22]

An dieser Stelle setzt dann die nächste Überlegung der Monetaristen ein. *Zweitens*, so behaupten sie, bestehen dauerhafte Beziehungen von gesetzmäßigem Charakter zwischen den Faktoren Geldmenge, Summe der in den Wirtschaftskreislauf einfließenden Einkommen und Umlaufgeschwindigkeit des Geldes. Wenn durch geldpolitische Maßnahmen das Geldangebot größer als die nachgefragte Geldmenge wird, so führt das nach der monetaristischen Konzeption zur Senkung des Zinsniveaus und in der Folge auch zur Erhöhung der Nachfrage nach Investitions- und Konsumgütern, bis durch den damit ausgelösten Preisanstieg ein neues Gleichgewicht zwischen Geldangebot und erfragter Geldmenge entsteht. Die konsequente Herstellung dieses Gleichgewichts ist das Friedmansche Rezept für ein stabiles Wirtschaftswachstum. Er stellt fest, daß es „ganz klar eine Relation zwischen dem Wachstum der Geldmenge und dem Verhalten der Produktion und der Preise gibt. Jeder Periode von langsamerem monetären Wachstum folgt eine Periode von langsamerem Wachstum der Industrie-Produktion. Jeder Periode schnellen monetären Wachstums folgt eine Periode von schnellem Wachstum der Produktion."[23]

Friedmans Antikrisenrezept besteht demzufolge darin, Wirtschaftswachstum durch ein stabiles, stetiges Geldmengenwachstum bei gesicherten und günstigen Bedingungen zur Erzielung von Maximalprofit zu erreichen. Indem er die Grundthese der klassischen bürgerlichen Geldmengentheorie dahingehend modifiziert, daß er die strenge Proportionalität zwischen Geldmenge und Preisniveau in eine Abhängigkeit des Preisniveaus und des realen Nationaleinkommens von der Geldmenge verwandelt, versucht er nachzuweisen, daß durch mehr zirkulierendes Geld auch ein höheres reales Wirtschaftswachstum erreicht werden kann.

[21] Ebenda, S. 157.

[22] V. Perlo, Die bürgerliche politische Ökonomie gegen die Interessen der Werktätigen, in: Probleme des Friedens und des Sozialismus, 12/1980, S. 1670.

[23] M. Friedman, Es gibt nichts umsonst, a. a. O., S. 62/63.

Da die monetaristische Proportionalität zwischen der Geldmenge auf der einen Seite, dem Preisniveau und dem Realwachstum auf der anderen Seite die Inflation einschließt, reduziert sich diese auf ein geldtechnisches Problem, auf die Begrenzung des Wachstums der Geldmenge. Friedman stellte fest: „Langfristig ist die senkende Inflation eine Folge der restriktiven Geldpolitik. Die gegenwärtige Konjunkturschwäche hat den Trend nach unten nur verstärkt. Aber auf lange Sicht ist Inflation immer ein monetäres Problem. Es hat noch nie Inflation gegeben ohne einen deutlichen Anstieg des Geldmengenwachstums. Und es hat noch nie sinkende Inflationsraten ohne restriktive Geldpolitik gegeben."[24]

Mit einem solchen Herangehen wird versucht, den Eindruck zu erwecken, als könnte die monetaristische Wirtschaftspolitik gegen die Interessen des Monopolkapitals durchgesetzt werden. Die ökonomische Praxis des Imperialismus beweist aber, daß die Preise bei restriktiver Geldpolitik in den nichtmonopolisierten Wirtschaftsbereichen zum Sinken tendieren beziehungsweise nicht in dem Maße steigen, wie das bei den Monopolen der Fall ist. Damit werden die Profite der nichtmonopolisierten Bereiche relativ zu den monopolisierten fallen. Die mit der restriktiven Geldpolitik verbundene restriktive Kreditpolitik veranlaßt die Banken, Kredite vorrangig an „beste Kunden" mit vermindertem Risiko zu geben, das heißt vorzugsweise an Monopole. Das schon deswegen, weil Insolvenzen von monopolistischen Großunternehmen in der Regel nicht zum Bankrott, sondern zu staatlichen Hilfsmaßnahmen führen. Kleine Unternehmen werden dagegen wegen sinkender Verkaufspreise (während zum großen Teil die Preise für Primärprodukte steigen, die von den Monopolen bezogen werden), wegen Kreditrestriktionen, wegen der schwächeren Finanzkraft und kostenungünstigerer Produktionstechnik verstärkt in Schwierigkeiten geraten. Die zunehmenden Konkurse und Vergleiche fordern die Monopolisierung und tragen zur Kapitalvernichtung bei. Durch weitere Erhöhung der Preise im Monopolbereich und durch sinkende Lohnkosten dürften die Monopolprofite nicht fühlbar beeinträchtigt werden.

Daß die angekündigte und erhoffte Stabilisierung des Preisniveaus in den kapitalistischen Wirtschaften gegenwärtig nicht eintritt, wird mit dem Hinweis auf die zu hohe Arbeitslosigkeit und die dafür aufgewandten finanziellen Mittel erklärt. In Friedmans Sprache hört sich das so an:

„In der Vergangenheit wurden die Leute dafür bezahlt, nicht zu arbeiten, und sie wurden besteuert, wenn sie arbeiteten . . . Aber um die Arbeitslosigkeit langfristig abzubauen und nicht nur die zyklischen Schranken zu beseitigen, muß der Arbeitsmarkt wieder funktionsfähig gemacht werden. Der Weg dazu besteht darin, Arbeit attraktiver und Arbeitslosigkeit unattraktiver zu machen."[25]

[24] Zwang zur Entscheidung [Interview der Wirtschaftswoche mit M. Friedman], in: Wirtschaftswoche (Düsseldorf) 38/1982, S. 12.

[25] Ebenda.

Mit seiner Gleichung der Geldnachfrage will Friedman nachweisen, daß durch gezieltes bzw. abgestimmtes Geldmengenwachstum Realwachstum gefördert werde. Während in den theoretischen Ansätzen zur Quantitätstheorie bis zum Beginn des Jahrhunderts ein Zusammenhang zwischen der Geldmengenveränderung und dem realen Wachstum ausgeschlossen wurde, wird er durch die Einbeziehung der physischen Warenmasse als Variable bei der Geldmengenbestimmung unterstellt. Friedman schreibt: Das Geld ist in der Tat nur ein Mechanismus, allerdings ein außerordentlich effizienter. Ohne ihn hätten wir nicht im Traum daran denken können, das erstaunliche Wachstum von Output und Lebensstandard der letzten beiden Jahrhunderte zu erzielen – viel mehr als wir je ohne jene erstaunlichen Maschinen hätten erreichen können, die unsere Umgebung verzieren und die uns in den meisten Fällen in die Lage versetzen, jene Dinge effizienter zu erledigen, die ohne sie nur zu viel höheren Lohnkosten hätten bewältigt werden können."[26]

Unter dem Einfluß des gleichzeitigen Wachstums von Inflation und Arbeitslosigkeit in den 70er Jahren rückte die Frage in den Mittelpunkt der theoretischen Diskussionen, auf welche Art und Weise Veränderungen der Geldmenge auf die Preise und auf die realen ökonomischen Größen übertragen werden, besonders auf das Produktionsvolumen und den Beschäftigungsgrad. Auch diese Frage des Transmissionsmechanismus wurde von den Monetaristen im quantitätstheoretischen Sinne aufgeworfen. Deutlich erkennbar wird, daß die Monetaristen im Profitmechanismus, ausgedrückt in dem neutralen Begriff der „relativen Preise", das entscheidende Element bei der Realisierung der monetaristischen Wachstumskonzeption sehen. Der Mechanismus der „relativen Preise" widerspiegelt die Anwendung der Elemente der Grenznutzentheorie im Gewande des Monetarismus.

„Die Theorie der relativen Preise", schreibt Klaus O. W. Müller, „ist im Grunde eine mit Dogmen aus der Grenznutzenschule verkleidete Umschreibung des kapitalistischen Profitstrebens. Kapital wird dort investiert, wo es den höchsten Profit verspricht, also dort, wo der ‚interne Zinssatz' am größten ist . . . Das Ziel der Theorie der relativen Preise besteht nun neben der Profitapologetik offenbar auch darin, der Geldmengenpolitik formal eine ökonomisch-theoretische Fundierung zu geben."[27]

Aus der Sicht der marxistisch-leninistischen politischen Ökonomie lassen sich insbesondere vier Gründe anführen, warum eine auf monetaristischen Thesen mitberuhende Wirtschaftspolitik zum Scheitern verurteilt ist:

Erstens werden im Friedmanschen Schema der „wirtschaftlichen Korrekturen" die realen kausalen Zusammenhänge im System der kapitalistischen Reproduktion verzerrt und extrem vereinfacht wiedergegeben. Die Geldsphäre

[26] M. Friedman, Die optimale Geldmenge und andere Essays, a. a. O., S. 149.

[27] K. O. W. Müller, Eine neue Variante staatsmonopolistischer Regulierungskonzeption – die Neoquantitätstheoretiker, in: Wirtschaftswissenschaft, 11/1973, S. 1702.

ist doch trotz der großen Bedeutung der sich darin abspielenden Prozesse kein autonomer, von den anderen Sphären des Reproduktionsprozesses unabhängiger Sektor. Sie ist dem Wirken der allgemeinen Gesetze der Produktion und Zirkulation des gesellschaftlichen Produkts untergeordnet. Diese Gesetze wiederum sind vom Charakter der Produktionsverhältnisse geprägt. Deshalb ist es völlig abwegig, in der Geldzirkulation das ausschlaggebende, bestimmende Glied des Reproduktionsmechanismus zu sehen.

Marx kritisierte stets jene bürgerlichen Politökonomen, die den Versuch unternahmen, „die großen Weltmarktungewitter, worin der Widerstreit aller Elemente des bürgerlichen Produktionsprozesses sich entladet, deren Ursprung und Abwehr innerhalb der oberflächlichsten und abstraktesten Sphäre dieses Prozesses, der Sphäre der Geldzirkulation"[28] zu suchen.

Zweitens trägt die wirtschaftspolitische Umsetzung des Monetarismus entscheidend zur Verschlechterung der objektiven Prozesse im Kapitalismus bei. Besonders deutlich wird das bei der Verwendung des Vermögensbegriffes. Bargeld, Kapitalbestandteile, das physische Volumen an Produktionsmitteln sowie die Arbeitskraft werden von ihm gleichrangig nebeneinander gestellt und an ihrem „Ertrag" gemessen. Damit wird eine Analyse von Erscheinungen zum Ausgangspunkt weiterer theoretischer Untersuchungen genommen. Ihre Ursachenseite bleibt aber außerhalb der Betrachtung, um vom Wesen der kapitalistischen Produktion abzulenken. Das ist charakteristisch für die Geldmengentheoretiker.[29]

Drittens birgt die monetaristische Annahme, die Geldmengenpolitik sei das Kernproblem der heutigen Wirtschaftspolitik, eine beträchtliche Überschätzung der Möglichkeiten der Zentralbank und ihrer Wirkungen auf die Produktion in sich. Die geldpolitischen Instanzen werden als exogene Faktoren im ökonomischen Prozeß interpretiert. Sie werden abstrakt und isoliert begriffen. Zwar sind die Zentralbanken offiziell für die Geld- und Währungspolitik verantwortlich und nach dem Gesetz autonom, doch können sie die Preisentwicklung kaum beeinflussen, weil diese in erster Linie von den Monopolunternehmen bestimmt wird. Die Zentralbanken müssen mit ihrer Geld- und Kreditpolitik dem Monopolkapital solche Bedingungen verschaffen, die die Erzielung hoher Profite ermöglichen. Die durch die monopolistische Preisbildung verursachte Erhöhung der Warenpreise verlangt objektiv eine Erhöhung der Geldmenge, die durch das Bankensystem gesichert werden muß.

Die Zentralbank muß also eine expansive Geldpolitik betreiben und die Geldmenge vermehren, wenn es im Interesse der Kapitalverwertung der Monopole liegt. Zu Recht machte jüngst Barry Cohen, ein marxistischer Politökonom aus

[28] K. Marx/F. Engels, Zur Kritik der politischen Ökonomie, in: K. Marx/F. Engels, Werke (im folgenden MEW), Bd. 13, Berlin 1961, S. 156.

[29] Vgl. W. Ussoskin, Monetaristskaja škola v buržuaznoj političeskoj ėkonomii: istoki, ėvoljuščija, perspektivy, in: MEMO (Moskva), 6/1982, S. 78.

den USA, in diesem Zusammenhang darauf aufmerksam, daß in Friedmans Geldmengentheorie „einige Erscheinungen praktischerweise gar nicht vor(kommen) oder keine Rolle (spielen), wie z. B. die monopolistische Preisbildung auf nicht wettbewerblich organisierten Märkten, die Rüstungspolitik und ihren Einfluß auf die Preise, oder die Existenz von lediglich Spekulationszwecken dienenden Geldmärkten, die nicht der Kontrolle nationaler Währungsbehörden unterliegen"[30].

5.3. *Zinstheorie und Zinspolitik – Regulierung über den Zins*

In der kapitalistischen Produktionsweise wird Geld als Ware zu Kapital. Der Zins ist Ausdruck dafür, in welchem Maße sich Geldkapital für den Besitzer verwertet. Er resultiert aus dem von der Arbeiterklasse geschaffenen Mehrwert. Mit der Herausbildung des staatsmonopolistischen Kapitalismus erreichte der Zins eine neue Dimension. Ihm wurde im Rahmen der Wirtschaftspolitik gemeinsam mit anderen monetären Regulierungsinstrumentarien die Aufgabe übertragen, auf den Verlauf des Krisenzyklus Einfluß zu nehmen.

Mit der Liquiditätstheorie von John M. Keynes hatte die bürgerliche politische Ökonomie eine Zinslehre geschaffen, nach der der Zins nicht mehr eine Belohnung für Konsumverzicht und Sparwilligkeit sein sollte, sondern „Maß für die Abneigung derer, die Geld besitzen, sich von der liquiden Verfügung darüber zu trennen"[31]. Der Zins wird als Indikator für den Hang zur Liquidität gedeutet. Zugleich wird er als Vergütung aufgefaßt, die den Geldeigentümern zustehe, wenn sie auf die Vorteile der höchsten Liquidität verzichten und dafür Risiko und Unsicherheiten des Besitzes anderer Vermögensarten übernehmen. Der Zins ist nicht Belohnung für das Sparen, sondern Belohnung dafür, sich vom Bargeld zu trennen. Es handelt sich hier um eine psychologische Zinsdeutung. Wie die anderen apologetischen Zinstheorien reduziert auch sie den Zins auf ein rein monetäres Phänomen und verfehlt daher die Frage nach der Zinssubstanz. Der keynesianischen Zinserklärung auf Basis der These von der „Liquiditätspräferenz" liegt zugleich die Idee einer bewußten Geldpolitik zugrunde, die über die Manipulation der Geldmenge den Zinsfluß zu steuern bestrebt ist, um damit Realeffekte im Reproduktionsprozeß auszulösen.

Mit der wachsenden Notwendigkeit staatsmonopolistischer Steuerung des kapitalistischen Reproduktionsprozesses seit den 60er Jahren verlagerten sich die Schwerpunkte der theoretischen Diskussion. Zinsfunktionen und Zinswirkungen sowie Chancen und Gefahren ihrer bewußten Herbeiführung oder Zu-

[30] B. Cohen, Theorie und Praxis der „Reaganomics", in: Marxistische Blätter (Frankfurt a. M.), 5/1982, S. 14.

[31] J. M. Keynes, Allgemeine Theorie der Beschäftigung, des Zinses und des Geldes, Berlin (West) 1955, S. 140/141.

rückdrängung beanspruchten jetzt das Interesse der bürgerlichen Ökonomen. Dabei wurden unter anderem folgende Aspekte diskutiert[32]:

Erstens: Der Zins reguliere Kapitalanlagenproportionen, selektiere als Mindestgröße der Effektivität diejenigen Verwendungsarten, die den volkswirtschaftlich größten Nutzen stifteten und lenke damit den Kapitalfluß in die Zweige, die von besonderer volkswirtschaftlicher Bedeutung bzw. überdurchschnittlich hoher Profitabilität seien. Seine Hauptaufgabe bestehe im Ausgleich von Ersparnissen und Investitionen. Im „neoklassischen" Gleichgewichtsmodell bewirke ein natürlicher Zinsautomatismus diesen Ausgleichsvorgang. Sind die volkswirtschaftlichen Sparbeträge größer als die Summe der Investitionswünsche, dann müßte der Zins sinken. Dadurch könnten Investitionsprojekte, die bislang nicht rentabel waren, durchgeführt werden. Die Investitionen stiegen bis zu einem Umfang, der den Sparbeträgen entspreche. Umgekehrt: Seien die Sparbeträge kleiner als die Investitionswünsche, so steige der Zins. Er vermehre die Ersparnisse und mindere die Investitionen bis zu dem Punkt, an dem beide gleich groß seien. Auf diese Weise werde der durch das Sparen bewirkte Nachfrageausfall nach Konsumtionsmitteln allein durch den von der freien Zinsbewegung induzierten Investitionszuwachs kompensiert.

Im Sinne des Sayschen Theorems finde jede Produktion ihre Nachfrage, weil sie sich ihren Absatzweg selbst bahne. Bei staatlichen Eingriffen in diesen Mechanismus werde nur das „natürliche" Gleichgewicht zerstört. Dies ziehe einen schmerzhaften Anpassungsprozeß nach sich. Eine bewußte Zinspolitik sei deshalb zu unterlassen. Würden Zinssenkungen dennoch vorgenommen, trete lediglich eine Verzerrung der Produktionsstruktur ein und die erfolgte Geldmengenerweiterung bewirke inflationäre Preissteigerungen. Über kurz oder lang müßten aber „autonome" Kräfte das „natürliche" Gleichgewicht wieder herbeiführen. Die Zinssätze stiegen dann wieder, ehemals profitable Herstellungsarten würden eingestellt, die Arbeitslosigkeit nehme zu. Künstlich herbeigeführte Zinssätze wirken selbstzerstörend. Als „Störfaktor" würden sie das Sparen lediglich von seinen „normalen" Wegen ablenken. Bis zur Weltwirtschaftskrise 1929 bis 1933 dominierte diese Auffassung. Erst danach wurde bürgerlichen Ökonomen bewußt, daß der Zins die heilsame Kraft, die ihm zugedacht war, offensichtlich nicht besaß.

Es gibt also eine Kontroverse unter bürgerlichen Ökonomen zunächst schon darüber, ob der Zins überhaupt als Steuerungsinstrument genutzt werden solle oder nicht.

Zweitens: Die Möglichkeiten und Wirkungen zinspolitischer Steuerung sind in der bürgerlichen politischen Ökonomie umstritten. Dabei ist unklar, ob, und wenn ja, in welcher Weise und unter welchen Bedingungen, Zins- und Geldmengenvariationen die Umlaufgeschwindigkeit, das Preisniveau und das Pro-

32 Diese Ausführungen stützen sich auf: K. Müller, Zinstheorie und Zinspolitik in Geschichte und Gegenwart. Bemerkungen aus aktueller Sicht (unveröff.).

duktionsvolumen beeinflussen. Die Neokeynesianer vermuten, daß geldmengeninduzierte Zinssenkungen reale Produktionseffekte bewirkten, solange Kapazitäten unausgelastet sind. Die Monetaristen gestehen dieser Politik lediglich einen Preiserhöhungseffekt zu, ohne daß reale ökonomische Größen wie Produktionsumfang, Beschäftigungsmenge, Kapazitätenauslastung und anderes beeinflußt werden könnten.

Wird dagegen der Zins als exogene Größe betrachtet, wäre umgekehrt die Geldmenge die von ihm abgeleitete Größe. Ob Geldmenge oder Zins jeweils Ursache oder Wirkung seien, ist Gegenstand eines endlosen Streits. Strittig ist auch, ob steigende Zinssätze das Ergebnis einer restriktiven Geldpolitik (so der Neokeynesianismus) sind oder vordringlich hohe Inflationserwartungen signalisieren (so der Monetarismus). Insgesamt sind in der bürgerlichen Ökonomie die Zusammenhänge zwischen Zins- und Geldmengenänderungen und Zielgrößen wie Produktion, Preisniveau, Beschäftigungsmenge und ähnlichem nicht hinreichend gesichert.

Drittens: Aus diesen ungeklärten Kausalzusammenhängen ergibt sich das große Maß an Unsicherheit und die Unterschiedlichkeit der bürgerlichen Zinslehren. Erscheinungen der Geldzirkulation und Geldkapitalbewegung werden außerhalb ihrer Veränderung in realen Prozessen und Elementen der Produktion analysiert. Auf dieser methodologisch oberflächlichen und unvollkommenen Basis ist keine einheitliche, logisch konsistente Zinswirkungslehre denkbar. In Abhängigkeit von dem Standpunkt, der eingenommen wird, und dem Einzelzusammenhang, der herausgelöst wird, sondieren und befehden sich die verschiedenen bürgerlichen geldtheoretischen Richtungen. In ihnen dominiert der Hang zur jeweils monokausalen, einseitig ausgerichteten und leicht formalisierbaren Darstellungsweise und Betrachtung gleicher oder unterschiedlicher Faktoren, wobei durch Standortwechsel (von der Angebots- zur Nachfrageseite und umgekehrt) und durch die unterschiedliche Bewertung und Akzentuierung des Einflusses bestimmter Faktoren die unterschiedlichsten, ja nicht selten völlig gegensätzliche Thesen zwangsläufig die Folgen sind. Typisch ist zum Beispiel die Unsicherheit darüber, inwieweit Zinsveränderungen (und die von ihnen ausgehenden Wirkungen) dauerhaft sein können. Eine expansive Geldpolitik vermag zwar kurzfristig das Zinsniveau zu senken, der gegenläufige Einkommenseffekt (höhere Investitionen führen zu höheren Einkommen) könnte aber den Zins wieder ansteigen lassen. Langfristig orientiert sich die Zinsbewegung an der durch die expansive Geldpolitik geförderten Inflation, der durch die Nominalzinserhöhung zuvorzukommen versucht wird. Umgekehrt vermag eine Hochzinspolitik und damit die Verschlechterung der Bedingungen für eine Kreditvergabe zwar unter bestimmten Bedingungen (Depression, Krise, Absatzschwierigkeiten) den Erwerb von Fremdkapital zu begrenzen, nicht aber die Inflation einzudämmen. Wie einerseits der Leihkapitalist bei der Bestimmung des Nominalzinses die Inflationsrate berücksichtigen muß, um Realzinsverluste zu vermeiden, so muß andererseits der Fremdkapital einsetzende Unternehmer die

Erhöhung des Zinssatzes durch Preissteigerungen zu kompensieren versuchen, um seine Profitrate zu sichern. Im Aufschwung dürfte das den Monopolen ohne weiteres gelingen, so daß der gewaltige Dämpfungseffekt unwahrscheinlich ist. So werden sich langfristig, unabhängig von der Phase des wirtschaftlichen Zyklus, Zinsniveau und Preissteigerung gegenseitig positiv beeinflussen, wobei sowohl von der einen wie auch von der anderen Seite der auslösende Impuls erfolgen kann, also Unsicherheiten bestehen bleiben.

Diese Unsicherheit ist auch in jenem „Transmissionskonzept" erhalten geblieben, in dem heute die Anhänger von Keynes und der Monetaristen nahezu übereinstimmend den Mechanismus darstellen, wie ihrer Meinung nach Geldimpulse (Variationen der Mindestreservesätze, des Umfangs und der Art von Offenmarktoperationen, der Zinssätze und anderes) sich auf den realwirtschaftlichen Bereich übertragen. In der Theorie der relativen Preise werden Angebot-Nachfrage-Änderungen nach Vermögensarten in Abhängigkeit von der Profitabilität und zum Teil auch vom Risiko ihres Besitzers formalisiert.[33] Daß diese Prozesse so oder so ähnlich ablaufen können, ist kaum widerlegbar, daß sie tatsächlich so ablaufen, kaum beweisbar. So werden die Substitutionsmöglichkeiten (Austausch von Vermögensarten durch andere) durch das Bemühen begrenzt, die Vermögensanlage auf alle Arten möglichst breit zu streuen, um das Gesamtrisiko zu minimieren. Außerdem ist die Erhöhung des Vermögens und des Kapitalbestandteils in Geldform wahrscheinlicher, wenn aufgrund wirtschaftlicher Krisen eine Umwandlung in produktives Kapital wenig sinnvoll erscheint. Der Geldimpuls bewirkt folglich in Abhängigkeit von der konkreten wirtschaftlichen Situation, unter der er erfolgt, ganz Unterschiedliches.

Aus diesem hohen Maß an Unbewiesenem, Unsicherheiten, Ungewißheiten und nicht ausreichend theoretisch fundierten Aussagen lassen sich dann *viertens* bestenfalls nur äußerst vage Handlungsrichtlinien für die Zinspolitik ableiten. Dabei wird die Unsicherheit theoretischer Aussagen durch den empirischen Befund staatsmonopolistischer Geldpolitik zweifellos noch erhöht. Bis heute gibt es weder schlüssige praktische Belege dafür, daß sich die Inflation als Folge einer Politik verlangsamt hat, die sich an hohen Zinsen und niedrigen Wachstumsraten der Geldmenge ausrichtet, noch, daß sich das Wirtschaftswachstum dauerhaft allein im Ergebnis einer Niedrigzinspolitik erhöhen ließe. Zu beobachten war im Gegenteil, daß die erwünschte expansive Wirkung niedriger und fallender Zinsen auf Beschäftigungsvolumen und Produktionsausstoß immer wieder ausblieb. Die Wirtschaftskrisen im gegenwärtigen Kapitalismus bestätigen das.

Die krisenhafte Entwicklung des Kapitalismus wird besonders deutlich, wenn einige Haupttendenzen und Folgen der staatsmonopolistischen Zinspolitik un-

33 Zur Darstellung und Kritik vgl.: K. Müller, Über Ursachen und Wesen der Inflation. Ein Beitrag zur Kritik bürgerlicher Inflationstheorien, in: Wirtschaftswissenschaft, 4/1980, S. 449–452.

tersucht werden, die gerade in den letzten Jahren zu einem wesentlichen Instrument der Wirtschaftspolitik wurde.[34] Mit der Zinspolitik wurde versucht
- auf die Geldentwicklung einzuwirken (expansive und restriktive Kreditpolitik),
- den Währungskurs zu beeinflussen (hohe Zinsen zur Kursstützung),
- die Akkumulation des industriellen Kapitals zu stimulieren oder zu zügeln (Verbilligung bzw. Verteuerung der Kreditkosten),
- internationale wirtschaftspolitische Zielstellungen (einschließlich neokolonialistischer Aspekte) zu verfolgen.

Die tatsächliche Wirtschaftsentwicklung des Imperialismus zeigt eher die ganze Widersprüchlichkeit einer solchen Wirtschaftspolitik mit Hilfe des zinspolitischen Instrumentariums. Sie hat vor allem in Gestalt des hohen Inflationspotentials zur Verschärfung der Widersprüche im Kapitalismus beigetragen.

Gerade der inflationäre Verfall der kapitalistischen Währungen ist für die Zinsentwicklung in mehrfacher Hinsicht von Bedeutung.[35] *Erstens* ist unter den Bedingungen permanenter Inflation für die Leihkapitalisten eine Verwertung ihres Kapitals nur gewährleistet, wenn der Zins für das angelegte Geldkapital höher ist als die Inflationsrate. Daraus folgt, daß die Zinsbewegung das weitere Inflationstempo antizipiert. Diese gerade von den Monopolen betriebene Praxis, mit rasch hochgetriebenen Zinsraten Inflationsprämien einzustreichen, löst eine weitere Tendenz zur Labilität des gesamten kapitalistischen Finanzsystems aus.

Zweitens ist festzustellen, daß die Inflation zwar eine aus der Sicht des Monopolkapitals erwünschte, mehr noch eine notwendige Erscheinung zur Sicherung hoher Monopolprofite ist; ist die Inflation aber in ihrem Umfang nicht mehr beherrschbar, schlägt sie um in eine Gefahr für die Existenz des Profitsystems selbst. Vor diesem Hintergrund mehrten sich die Versuche der imperialistischen Regierungen, häuften sich ihre Erklärungen, die Inflation wirksam bekämpfen zu wollen.

Jede Nachfragebelebung und jeder konjunkturelle Aufschwung brachten bisher eine Beschleunigung des Preisanstiegs mit sich. Die entscheidende Ursache dafür, nämlich die Marktbeherrschung durch die Monopole und die auf Maximalprofit ausgerichtete Monopolpreispolitik, wurde durch die USA-Regierung nicht angetastet, vielmehr ist durch den verstärkt vor sich gehenden Zentralisierungsprozeß insgesamt die Macht der Monopole angewachsen.[36] So lösen die immens hohen Zinsen bei den Monopolen durchaus nicht die erwarteten

[34] Vgl. R. Kowalski, Widersprüche der Kapitalakkumulation und Regulierungskrise, in: IPW-Forschungshefte, 1/1983, S. 65 und S. 67.

[35] Vgl. S. Wenger/L. Myritz, Internationale Valutabeziehungen im Kapitalismus, hg. vom Zentrum für Information und Dokumentation der Außenwirtschaft (ZIDA), 3/1982, Teil 3, S. 73.

[36] Vgl. H. Will, USA-Wirtschaftspolitik – Versprechungen und Ergebnisse, in: IPW-Berichte, 11/1983, S. 54.

preissenkenden Maßnahmen aus. Abgesehen von ihrer relativ großen Zinsunempfindlichkeit infolge des beträchtlichen Eigenkapitalanteils sind die Monopole auf Grund ihrer marktbeherrschenden Stellung zumeist in der Lage, die eigenen Zinskosten über den Preis auf die Verbraucher abzuwälzen. Das aber heizt die Inflation zusätzlich an, so daß sich die tatsächliche Wirkung der Hochzinspolitik im Vergleich mit der beabsichtigten ins Gegenteil verkehrt.[37] Auch die anderen wesentlichen Inflationsursachen, insbesondere die Hochrüstungspolitik und die hohen staatlichen Haushaltsdefizite, wurden in den letzten Jahren nicht abgebaut, sondern nehmen zu.

Diese sich an der monetaristischen Theorie orientierende Zinspolitik unterliegt dem Grundirrtum, die Inflation als ein reines Geldphänomen zu behandeln. Sie berücksichtigt weder die sozialökonomischen Wurzeln, denen die Inflation entspringt, noch das konkrete Umfeld der wirtschaftlichen Bedingungen, die die Wirksamkeit einer solchen Zinspolitik beeinflussen.

In diesen Zusammenhang muß auch die Tatsache eingeordnet werden, daß auch die hohen Zinsen negative Folgen für das Wirtschaftswachstum haben. Die Investitionstätigkeit wird gehemmt, mit ihr das Wachstum der Industrieproduktion, und was noch schwerer wiegt, die Arbeitslosigkeit steigt weiter an. Das läßt die Einschätzung zu, daß die Zinspolitik der gegenwärtigen USA-Regierung den zyklisch bedingten Rückgang der Industrieproduktion vertieft hat.

Die mit der Hochzinspolitik verbundenen Prozesse vollziehen sich also nicht widerspruchsfrei. Die Vor- und Nachteile der Hochzinspolitik sind inner- und außerhalb der USA unterschiedlich verteilt. Die Auseinandersetzungen US-amerikanischer Monopolkreise um den wirtschaftspolitischen Kurs belegen die divergierenden Interessen zwischen ihnen.

Der ehemalige ökonomische Chefberater der Reagan-Administration, Martin Feldstein, sieht keine Chance anhaltender Wirtschaftsstabilisierung, solange sich die Wirtschaft im Würgegriff der Hochzinspolitik und Haushaltsdefizite befindet: „Hohe Zinsraten und hohe Budgetdefizite, die sie letztlich hervorrufen, fügen all unseren Wirtschaften sowohl in naher als auch in ferner Zukunft großen Schaden zu. Auf kurze Sicht schadet die unausgeglichene Belebung bestimmten Industrien und vergrößert das Risiko, daß die Wirtschaft kein adäquates Tempo der Erholung aufrechterhalten kann. Weiter vorausschauend führen die riesigen Budgetdefizite zu einer geringen Rate der Kapitalbildung und daher zu einer niedrigen Wachstumsrate von Produktivität und Einkommen."[38] Da jedoch Feldstein für absehbare Zeit reale Aussichten für eine wesentliche Verringerung der Budgetdefizite verneint, kommt er zu dem Schluß, daß die Realverzinsung während der nächsten Jahre wahrscheinlich ziemlich hoch bleiben wird.

37 Vgl. M. Braun/W. Thümmler, Was bezweckt die USA-Hochzinspolitik?, in: Die Wirtschaft, 12/1981, S. 31.

38 The Economist (London) vom 11. 6. 1983.

Die von Milton Friedman, Paul Volcker, James Bordan, Bert Sprinkel und anderen Monetaristen verordnete geldpolitische Radikalkur[39] schafft neben anderen Einflußfaktoren jenes Zinsniveau, das ausländisches Kapital anzieht. Die monetaristische Sanierung der US-amerikanischen Wirtschaft wird demzufolge ganz entscheidend auf Kosten der kapitalverlierenden Länder vollzogen. Das trägt zur Verschärfung der zwischenimperialistischen Widersprüche bei.

An den nachfolgenden drei eng miteinander verflochtenen Prozessen wird dies deutlich:

Erstens dienen den USA die Hochzinsen als Mittel zur Finanzierung der Hochrüstung. Der auf progressiven Positionen stehende BRD-Ökonom R. Hikkel verweist auf diesen Zusammenhang, der charakteristisch für die US-amerikanische Währungs- und Geldpolitik der 80er Jahre ist und der von monetaristisch orientierten Ökonomen geflissentlich verschwiegen oder vertuscht wird. Hinter der Hochzinspolitik „verbirgt sich das Interesse, die Finanzierung der . . . Militärpolitik über eine Bündelung ausländischen Kapitals zu ermöglichen. Über schwer durchschaubare internationale Zinsgleichungs- und Wechselkursmechanismen läßt sich – freilich anonymer als auf dem militärischen Gebiet der Bündnispolitik – eine ökonomisch ergänzte politische Dominanzstrategie der USA durchsetzen."[40]

Die USA diktieren also ihren „Verbündeten" ihre Kapitalansprüche über die Zinspolitik sowie über einen komplizierten Wechselkursmechanismus. Über diese Zinsabhängigkeit erzwingen die USA auf den Kapitalmärkten eine Beteiligung auch westeuropäischen Kapitals an der Finanzierung der US-Rüstungsausgaben und an Innovationen, die oft im Rüstungssektor ihren Ausgangspunkt haben.

Auf Kosten von Millionen Arbeitslosen, des massenhaften Ruins von kleineren und mittleren Produzenten und einer wachsenden Deformation der Wirtschaft mit allen krisenhaften Folgen sowie der forcierten Zentralisation des Kapitals für die künftige Produktivkraftentwicklung im Kapitalismus ist ein enormer Umverteilungsprozeß des monopolistischen Profits zugunsten der Finanzoligarchie, insbesondere der Rüstungskonzerne, im Gange.

Zweitens geht die Rechnung auch nicht auf, wenn man den beabsichtigten Abbau der Staatsverschuldung der USA betrachtet. Das anvisierte Ziel, bis 1985 schrittweise das jährliche Defizit des Staatshaushaltes zu verringern, mußte angesichts der als Folge der Hochrüstung immens gestiegenen Anforderungen an die Finanzkraft des amerikanischen Staates aufgegeben werden. Die ausbleibenden Haushaltseinnahmen als Folge der negativen Wirtschaftsent-

39 Vgl. O. Vogel (Hrsg.), Wirtschaftspolitik der achtziger Jahre. Leitbilder und Strategien, Köln 1982; Ökonomie und Gesellschaft. Jahrbuch 1: Die Neoklassik und ihre Herausforderungen, hg. von P. Gijsel/T. Schmidt-Schönbein u. a., a.a.O.

40 R. Hickel, Der Höhenflug des Dollars und die Hintergründe. Zinssatz und Dollarkurs als Mittel zur Finanzierung von Aufrüstung und Haushaltsdefizit, in: Blätter für deutsche und internationale Politik (Köln), 9/1983, S. 1257.

wicklung werden im Gegenteil das Loch im Budget, das auch durch die einschneidenden Kürzungen am Sozialetat (Kürzungen in Sozialprogrammen, Einfrieren der Gehälter und Pensionen von Staatsbediensteten sowie einer Verschiebung der Rentenanpassung um sechs Monate) nicht geschlossen werden kann, noch vergrößern. Die hohen Zinsen für die kumulativ angewachsenen Staatsschulden tun ein übriges. Der aus den gigantischen Defiziten des Staatshaushaltes resultierende enorme Geldkapitalbedarf des amerikanischen Staates kann als eine entscheidende Ursache für das hohe Zinsniveau in den USA angesehen werden. Dabei durchdringen sich Ursachen und Folgen der Zinsentwicklung gegenseitig.

Erschwert wird das Herauskommen aus der Krise durch die anhaltend hohen Realzinsen, die auch bei rückläufigen Nominalzinsen die Profite der Kreditnehmer beschneiden und investitionshemmend wirken. Hinzu kommt, daß von Reagan bisher alle Vorschläge zur Reduzierung der Rüstungsausgaben oder zur Änderung der Steuerpolitik ignoriert, abgelehnt beziehungsweise auf später verschoben wurden.

Das Festhalten an einem solchen Wirtschaftskurs hat zwangsläufig Konsequenzen. Die wachsende Staatsverschuldung zwingt den Staat zur Mobilisierung finanzieller Mittel, um seine Defizite abzubauen. Dazu bedarf es der Aktivitäten des Staates zur Förderung profitabler Verwertungsmöglichkeiten bei der Finanzierung der Staatsdefizite, beispielsweise bei aus Produktionsinvestitionen zu erwartenden Profiten. Die daraus zu erwartende hohe Rendite für Regierungsanleihen zwingt wiederum zu einer hohen Realverzinsung zur Beeinflussung des Konkurrenzverhältnisses zwischen fungierendem und Leihkapital zugunsten des letzteren.

Eine Ausnahme hierbei macht die Rüstungsindustrie. Auf Grund der forcierten Rüstungspolitik des Staates werden in diesem Bereich überdurchschnittliche Profite garantiert, wodurch eine zusätzliche Kapitalwanderung dorthin ausgelöst wird.

Drittens schließlich ist die Hochzinspolitik der Reagan-Administration von besonderer Bedeutung in außenwirtschaftlicher Hinsicht. Die hohen Zinsen in den USA, genauer, die im Vergleich zu anderen kapitalistischen Ländern hohe Realverzinsung haben in beträchtlichem Maße Geldkapital, unter anderem aus den Ländern der westeuropäischen Verbündeten, in die USA gelockt. Das wirkte verbessernd auf die US-amerikanische Zahlungsbilanzsituation und ließ den Dollar-Kurs ansteigen. Diese Entwicklung aber tangiert die Interessen der imperialistischen Rivalen der USA insbesondere in Westeuropa erheblich.

Der Geldkapitalzufluß nahm aus anderen Ländern zeitweilig ein solches Ausmaß an, daß die von der Kreditmobilisierung des amerikanischen Staates ausgehende zinstreibende Wirkung gedämpft wurde. Gleichzeitig aber mehrten sich die Auslandsschulden der USA, und der aufwertende Dollar förderte die Verschlechterung der Konkurrenzfähigkeit der USA-Wirtschaft sowie, damit im Zusammenhang stehend, die außenwirtschaftliche Situation der USA.

Die Überprüfung der bürgerlichen Zinstheorie in der staatsmonopolistischen Praxis zeigt eindeutig, wie recht schon die marxistischen Ökonomen mit ihrer Kritik an den bürgerlichen Thesen von der Rolle des Zinses im internationalen Kreditverkehr und im Konkurrenzkampf haben. Der Zustand der kapitalistischen Wirtschaft selbst beweist, daß mittels der Hochzinspolitik – die natürlich einen gewissen Einfluß auf die Teilung des Mehrwertes in Unternehmergewinn und Zins, auf die internationalen Kapitalbewegungen, auf die Inflation usw. hat – solche tiefgreifenden Erschütterungen der kapitalistischen Wirtschaft wie die zyklischen Krisen nicht aus der Welt zu schaffen sind, weil sie durch tieferliegende und wesentlichere Ursachen hervorgerufen werden; Ursachen, die mit der Ausbeutung, mit der Hochrüstung, mit der relativ beschränkten Aufnahmefähigkeit des Marktes, mit dem Grundwiderspruch des Kapitalismus überhaupt zusammenhängen. Erneut wird deutlich, daß die bürgerlichen Ökonomen an und für sich unbrauchbare Palliative empfehlen, die sich vorwiegend auf die Zirkulations- und Distributionssphäre erstrecken.

5.4. *Die Theorie und Politik floatender Währungskurse*

Die Bedeutung des Währungskurses im Kapitalismus ergibt sich daraus, daß in den internationalen ökonomischen Beziehungen Landeswährungen aufeinander treffen, die jeweils eine unterschiedliche Kaufkraft repräsentieren. Die Verschiedenheit der Kaufkraft erklärt sich aus den Unterschieden der Preismaßstäbe in den einzelnen Staaten, aber auch aus der ungleichmäßigen Entwicklung solcher bedeutender Prozesse wie der Arbeitsproduktivitätsentwicklung und dem Geldmengenzuwachs sowie den daraus resultierenden Auswirkungen auf das nationale Preisniveau. Primäre Aufgabe des Währungskurses ist es daher, dieses unterschiedliche Kaufkraftniveau zwischen den einzelnen kapitalistischen Währungen sichtbar zu machen. Der Währungskurs erscheint als Preis, der in einer bestimmten Währung für andere Währungen zu zahlen ist. Damit ist zugleich seine immense Bedeutung für die zwischenstaatlichen Wirtschaftsbeziehungen im Kapitalismus angesprochen. Niveau und Entwicklung des Währungskurses beeinflussen in erheblichem Maße die Profitrealisierung bei Export- und Importoperationen sowie bei zwischenstaatlichen Dienstleistungen, nicht zuletzt auch auf dem Gebiet des Kapitaltransfers in den verschiedensten Formen. Dabei dient der Kurs sowohl als Instrument der Berechnung der Profiterwartung, insbesondere bei der Kalkulation des Preises für Export- wie auch für Importwaren in fremder Währung, als auch bei den realen Umtauschoperationen der verschiedenen Währungen an den kapitalistischen Devisenmärkten.

Unter den Bedingungen des staatsmonopolistischen Kapitalismus kann der Währungskurs aber nicht mehr die realen Wertrelationen widerspiegeln, weil auch die Regulierungsinstrumentarien, zu denen der Währungskurs gehört, widersprüchlichen Wirkungsfeldern unterliegen. Bei der Regulierung sind sowohl Bewegungen des Warenkapitals als auch des Leihkapitals zu berücksichtigen. Die Zentralbanken müssen bei ihren Eingriffen in die Währungskursrelationen sowohl die Verwertungsbedingungen des Kapitals in ihrem nationalen Reproduktionsprozeß als auch die äußeren, internationalen Erfordernisse in Rechnung stellen. Gerade die letzten beiden Jahrzehnte zeigen das deutlich.[41]

Ende der 60er, Anfang der 70er Jahre hatte die US-amerikanische Währung als Folge des veränderten ökonomischen und politischen Kräfteverhältnisses zwischen den imperialistischen Ländern, der insbesondere durch die Kosten der Globalstrategie und der forcierten Aufrüstung bedingten inflationären Geldentwertung und anderer Faktoren seine frühere Position als Leitwährung weitgehend eingebüßt. Der dadurch bewirkte Vertrauensschwund machte sich vor allem in einer Flucht aus dem Dollar bemerkbar.

Als die amerikanische Regierung im August 1971 mit der Aufhebung der Konvertibilität ihrer Währung den Dollarstrom praktisch auf die anderen kapitalistischen Hauptwährungen lenkte, berührte das die Substanz der Kursprinzipien von Bretton Woods. Die betroffenen imperialistischen Staaten sahen sich nicht mehr in der Lage, den Kurs der vorgeschriebenen Bandbreiten zu halten und gaben ihren Währungskurs frei. Alle daraufhin unternommenen Versuche, zu festen Kursen zurückzukehren, scheiterten. Auch eine zweimalige Dollarabwertung (1971 um 7,9 Prozent und 1973 um 10 Prozent) vermochten den Kursmechanismus von Bretton Woods nicht zu retten. Seit 1973 war an die Stelle fester Währungsparitäten eine allgemeine Freigabe der Kurse beziehungsweise ein System floatender Kurse getreten.

Damit wurde der gesamte kapitalistische Währungsmechanismus mit dem Ziel verändert, von der Währungsseite her die Probleme der äußerst widersprüchlichen Entwicklung der Wirtschaftsbeziehungen (Handels-, Währungs- und Kapitalbeziehungen) zwischen den imperialistischen Staaten zu lösen. Da unter den Bedingungen dieses Kursbildungsprinzips die Kurse in Abhängigkeit von der Devisenangebots- und -nachfragesituation täglich neu bestimmt wurden, konnte auch das Gold nicht mehr länger als feste Grundlage der Paritäten fungieren. Die Statutenrevision des Internationalen Währungsfonds 1976 schloß dann auch eine Abschaffung des offiziellen Goldpreises sowie ein Verbot der Benutzung des Goldes für die Bewertung der Währungen ein. Obwohl sich mit dem Floating die Bildung der Währungskurse stärker als bisher an die realen ökonomischen Prozesse anlehnt, fanden damit die ungleichmäßige Entwicklung sowie die Krise des imperialistischen Währungssystems kein Ende. Im Gegenteil, die nunmehr unaufhörlich vor sich gehenden, von privater Spekulation und staatlicher Manipulation zusätzlich und willkürlich tangierten Kursschwankungen verschärften noch die Ungleichmäßigkeit. Dabei haben die

[41] Vgl. Autorenkollektiv, Währungsprobleme des heutigen Kapitalismus, Berlin 1982, S. 124; K. Kolloch, Gold, Dollar, Währungskrise, Berlin 1981, S. 71–73.

wirtschaftspolitischen Versuche zur Manipulierung der Währungsbewegungen der nationalen Währung im staatsmonopolistischen Kapitalismus immer zwei Aspekte. Sie dienen einmal zur Unterstützung der Konkurrenzfähigkeit der nationalen Monopole auf den internationalen Märkten, zum anderen dienen sie dazu, das internationale kapitalistische Währungssystem funktionsfähig zu erhalten.[42]

Zugleich ist folgendes zu sehen: Die Manipulierung der Währungskurse durch die kapitalistischen Zentralbanken ist nur für eine begrenzte Zeit und in bestimmtem Umfang möglich. So ist es durch internationale Abstimmung und Absprachen möglich, daß zeitweise eine dämpfende Wirkung auf die Kursbewegung eintritt. Die Veränderungen in den ökonomischen Prozessen der einzelnen Volkswirtschaften, die auf der Grundlage der ungleichmäßigen ökonomischen und politischen Entwicklung vor sich gehen, führen jedoch zwangsläufig zu einer Veränderung auch der Kurse der kapitalistischen Währungen. Insofern sind der staatsmonopolistischen Beeinflussung der Preisentwicklung der Währungen auf den internationalen kapitalistischen Devisenmärkten in der gegenwärtigen Phase der imperialistischen Währungskrise Grenzen gesetzt.

Die floatenden Währungskurse sind also ein ständiger Herd der Unsicherheit und belasten die zwischenstaatlichen Zahlungs- und Kreditbeziehungen in kapitalistischen Währungen mit einem hohen Risiko.

Neu ist die ausdrückliche Aufforderung an die Mitglieder des Internationalen Währungsfonds zu einer auf Stabilität gerichteten binnenwirtschaftlichen Finanz- und Währungspolitik als Voraussetzung für größere Stabilität der Währungskurse. Die Interventionen der Zentralbanken sollen vor allem der Aufrechterhaltung geordneter Verhältnisse an den Devisenmärkten und der Glättung „erratischer" Kursausschläge dienen, nicht aber einer gegen die Grundtendenz gerichteten Kursbeeinflussung. Aus dem früher geltenden Übereinkommen wurde der Grundsatz übernommen, daß sich kein Land durch Manipulierung seines Währungskurses einen unfairen Wettbewerbsmarkt verschaffen darf. Jedes Land muß seine Währungspolitik einer strikten laufenden Überwachung durch den Internationalen Währungsfond unterwerfen. Der Fond hat hierfür Kriterien und Verfahrensregeln erarbeitet, die unter Berücksichtigung künftiger Erfahrungen angepaßt und verfeinert werden sollen.[43]

Der Umfang der seit Einführung des Floatings eingetretenen Veränderungen im Verhältnis der kapitalistischen Währungen zueinander verdeutlicht die aufgeführte Entwicklung des Dollarkurses gegenüber anderen wichtigen kapitalistischen Währungen. Diese bis dahin in der kapitalistischen Produktionsweise nie vorgekommenen extrem starken Veränderungen der Preise zwischen den Währungen sind einerseits Ausdruck der Verschärfung der allgemeinen Krise

[42] Vgl. S. Wenger/L. Myritz, Internationale Valutabeziehungen im Kapitalismus, hg. von ZIDA, 3/1982, Teil 2, S. 33.

[43] Vgl. hierzu den historischen Exkurs in: Obst/Hinter, Geld-, Bank- und Börsenwesen, 37. völlig neu gestalt. Aufl., hg. v. N. Kloten/J. H. v. Stein, Stuttgart 1982, S. 231.

und andererseits ein diese Krise beschleunigender Faktor. Denn die durch das Floating möglichen schnellen und starken Preisverschiebungen zwischen den Währungen beeinflussen nicht nur die Strukturen und die Richtungen des Außenhandels, der Dienstleistungen und des Kapitals allgemein, sondern führen zwangsläufig zu beträchtlichen internationalen spekulativen Kapitalbewegungen insbesondere transnationaler Monopole.

Diese akuten Erschütterungen im kapitalistischen Währungssystem in den 70er Jahren riefen ein Umdenken bei den bürgerlichen Währungstheoretikern hervor. So bedeutete der Übergang zu floatenden Währungskursen nicht nur den Verzicht auf eines der Grundprinzipien des Bretton-Woods-Systems, sondern auch eine Verstärkung des Einflusses monetaristischer Konzeptionen der Marktregulierung auf die bürgerlichen Währungstheorien.

Was beabsichtigen die auf monetaristischen Positionen stehenden Theoretiker mit den floatenden Währungskursen zu erreichen? Wie funktionieren floatende Währungskurse nach Meinung der Monetaristen? Welche Ergebnisse zeigt die Theorie floatender Währungskurse bei ihrer wirtschaftspolitischen Umsetzung?

In den theoretischen Erörterungen spielen vor allem drei Problemkreise eine besondere Rolle. Das betrifft zum einen die Argumentation, daß das Floating wesentlich zu einem Ausgleich der Zahlungsbilanzen beitragen könnte, da ein im großen und ganzen ungehindertes Einpendeln der Währungsrelationen auf die realen Kaufkraftverhältnisse Exportüberschüsse auf der einen und Importüberschüsse auf der anderen Seite abbauen müßte.[44] Das war, wie sich alsbald herausstellte, eine Fehleinschätzung.

Zum anderen erhofften sich die Monetaristen von floatenden Währungskursen inflationsdämpfende Wirkungen durch eine Beseitigung der sogenannten importierten Inflation. Der Strom von schwachen Währungen, vornehmlich der Hauptwährung US-Dollar, sollte nach den theoretischen Überlegungen durch eine ständige Reaktion auf die unterschiedlichen Inflationsraten eingedämmt werden.[45]

Und drittens schließlich stellten die Monetaristen die Behauptung von einem „produktiven" Effekt der stabilisierenden Spekulation auf.[46]

Friedman und andere Monetaristen glauben, diese und andere vor allem mit dem Außenhandel verbundenen Probleme über floatende Währungskurse lösen zu können. Friedman argumentiert dabei folgendermaßen: Versucht zum Beispiel eine Zentralbank bei festen Währungskursen die Aufwertung einer Währung durch Aufkauf von Devisen zu verhindern, so besteht für Spekulanten kaum die Frage, in welche Richtung der Währungskurs sich verändern wird, sofern er sich überhaupt ändert. Sie gehen folglich kaum ein Risiko ein, wenn

44 Vgl. E. Halm, Probleme der internationalen Geldreform, Berlin (West) 1975, S. 70–74.

45 Vgl. H. G. Jensen, Have Floating Rates Worked so Backly?, in: Bulletin de L'Institut Economique de Paris (Paris), Juli bis Ausgust 1975.

46 Vgl. R. Mundell, Geld- und Währungstheorie, München 1975.

sie die aufwertungsverdächtige Währung kaufen und damit den Druck auf die Zentralbank noch erhöhen.[47]

Bei dieser Methode bleibt nach Friedman immer offen, durch welche Maßnahmen die Zentralbank die Währungskurse zwischenzeitlich stabilisiert. Sie muß auf eine herkömmliche Methode zurückgreifen. Dabei besteht nach Friedman immer die Möglichkeit, daß sie eine direkte Kontrolle einführt. Da die Zentralbanken im Rahmen des Bretton-Woods-Systems davon in einem Ausmaß Gebrauch gemacht haben, das Friedman nicht mehr gutheißt, fordert er die Aufhebung der Kursfixierung: „Es gibt nur eine befriedigende Lösung: Aufhebung der staatlichen Preisfestsetzung. Machen wir die Währungskurse zu freien Marktpreisen, die hauptsächlich durch Privatgeschäfte bestimmt werden."[48] Der von den Monetaristen beispielsweise vorgeschlagene Mechanismus zum Zahlungsbilanzausgleich besteht in der Einführung floatender Währungskurse.

Die ökonomischen und politischen Funktionen der Zahlungsbilanz und deren zunehmende Ungleichgewichte haben in den vergangenen Jahren für die Entwicklung der internationalen Währungsbeziehungen im Kapitalismus an Bedeutung gewonnen. So gibt die Analyse der Zahlungsbilanzentwicklung Aufschluß über die Währungssituation und die Bedingungen der Währungskursbewegungen, da die auftretenden Salden mit den Angebots- und Nachfrageverhältnissen auf dem Devisenmarkt eng verbunden sind. Zugleich gestattet die Untersuchung von Zahlungsbilanzveränderungen Aussagen zu treffen zu den Ursachen und Zielsetzungen handels- und währungspolitischer Aktivitäten einzelner Länder und Ländergruppen.

Dieses Problem wird von den Monetaristen in ihren Untersuchungen aufgegriffen. So muß beispielsweise ein Zahlungsbilanzdefizit nach monetaristischer Meinung zu einem wachsenden Angebot an nationaler Währung auf den Außenmärkten und zu einem Sinken ihres Währungskurses führen. Da sich unter diesen Bedingungen die Exportwaren auf den ausländischen Märkten – ausgedrückt in fremder Währung – verbilligen, verbessert sich die Konkurrenzfähigkeit der Exporteure und damit die Möglichkeit einer Exportsteigerung, die zur Verringerung des Zahlungsbilanzdefizits beitragen wird. In den Ländern mit einer aktiven Zahlungsbilanz müssen die Prozesse in entgegengesetzter Richtung verlaufen.

Bei einem der exponiertesten Anhänger des Monetarismus, Friedman, liest sich das so: „Wir müssen das Zahlungsbilanz-Problem lösen, indem wir einen Mechanismus anwenden, der die Kräfte des freien Marktes befähigt, eine prompte, wirksame und automatische Antwort zu geben, wenn eine sich ändernde Lage den internationalen Markt in Mitleidenschaft zieht."[49]

[47] Vgl. ebenda, S. 164.

[48] M. Friedman, The Balance of Payments. Free Versus Fixed Exchange Rates, Washington D.C. 1967, S. 14.

[49] M. Friedman, Kapitalismus und Freiheit, München 1976, S. 95.

Seiner Meinung nach ist dieser Mechanismus „. . . ein System von freien Wechselkursen, die auf dem Devisenmarkt durch private Transaktionen ohne Regulierungsinterventionen bestimmt werden. Das ist das richtige Gegenstück in einer freien Marktwirtschaft zu den monetären Regelungen . . . Wenn wir nicht danach handeln, werden wir unausweichlich bei der Ausweitung des freien Handels versagen und früher oder später dazu kommen, ausgedehnte direkte Kontrollen über den Handel einzuführen."[50]

Trotz dieses grundsätzlichen Verständnisses gibt es unter bürgerlichen, auf monetaristischen Positionen stehenden Währungstheoretikern die unterschiedlichsten Ansichten darüber, wie die floatenden Währungskursregime im einzelnen auszusehen haben. Einige Währungstheoretiker und -praktiker schlagen floatende Währungskurse ohne jegliche staatliche Einmischung vor, nur von Angebot und Nachfrage bestimmt, andere sprechen sich für ein manipuliertes, schmutziges Floating aus. Eine dritte Gruppe bürgerlicher Währungsexperten schlägt schließlich eine Kompromißvariante vor: Die Steigerung der Flexibilität der Währungskurse bei Beibehaltung fester Paritäten. Das bedeutet, die Grenzen zulässiger Kursschwankungen im Bereich der Parität zu erhöhen oder durch häufige beziehungsweise geringfügige Paritätsveränderungen zu erreichen.

In der bürgerlichen Währungsliteratur wird von den Verfechtern floatender Währungskurse generell aber der Standpunkt vertreten, daß so gestaltete Währungskurse dazu beitragen, die Zahlungs- und, hierin eingeschlossen, die Handelsbilanzen durch Veränderungen innerhalb des Landes und auf den Außenmärkten auszugleichen. So heißt es in einem, den internationalen Währungsproblemen gewidmeten Buch: „Bei flexiblen Wechselkursen ist die Übereinstimmung von Devisenzu- und -abflüssen dank der marktmäßigen Anpassung von Devisenangebot und -nachfrage zu jeder Zeit gewährleistet, und man spricht zuweilen auch von einem automatischen Zahlungsbilanzausgleich bei flexiblen Kursen."[51]

Floatende Währungskurse erfüllen nach Ansicht der Monetaristen also eine schnelle, automatische und kontinuierliche Anpassung an die veränderten Gegebenheiten und lösen korrigierende Bewegungen aus, bevor kleinere Ungleichgewichte sich zu einer Krise ausweiten können.

Private Devisenspekulationen, die unter der von ihm geforderten Regelung entstehen würden, hält Friedman eher für stabilisierend als für destabilisierend. Wie er schreibt, haben ihn umfangreiche Studien im Laufe der Zeit in dieser Auffassung bestärkt: „Keine dieser Spekulationen führte zu einer Destabilisierung nennenswerten Umfangs."[52]

Hier wird erneut der Hauptmangel im Herangehen der Monetaristen deut-

50 Ebenda, S. 94.

51 E. Bechler, Geld und Währung, Bd. 2: Zahlungsbilanz und Währungspolitik, München 1981, S. 196.

52 M. Friedman, The Balance of Payments, a. a. O., S. 20.

lich. Sie reduzieren sämtliche Veränderungen im Außenhandel auf Veränderungen in den Währungsbeziehungen, das heißt auf Veränderungen in der Zirkulationssphäre. Die tatsächlichen Ursachen für das Entstehen eines Handelsbilanzdefizits oder -aktivs müssen aber in den inneren Prozessen der Produktionssphäre gesucht werden, weil gerade von diesen Prozessen die Arbeitsproduktivität, die Höhe der Produktionskosten, die technisch-ökonomischen Kennziffern der Produktion und über diese auch die Konkurrenzfähigkeit der Waren des Exportlandes auf den Außenmärkten abhängen.

Trotz der zeitweilig möglichen Dominanz von in der Zirkulationssphäre liegenden Ursachen für die enormen Zahlungsbilanzdefizite kann die Feststellung getroffen werden, daß die Monetaristen die Zirkulationssphäre überbewerten und die aus der kapitalistischen Reproduktion resultierenden Widersprüche vernachlässigen. Die im Außenhandel und im kapitalistischen Welthandel zirkulierenden Teile des Warenkapitals sind so wie die Reproduktion des gesamten Warenkapitals nur in der Einheit mit den Kreisläufen des Geld- und produktiven Kapitals existent. Sie stellen lediglich einzelne Seiten des „wirklichen Kreislaufs des industriellen Kapitals" dar. Da der Grundwiderspruch in der kapitalistischen Produktion letztlich auch die der Reproduktion immanenten Gegensätze bedingt, ist das Primat der Produktion über die Zirkulation entscheidend. Bei Einhaltung der Grundproportionen von Wert- und Stoffersatz ist zwar theoretisch die Reproduktion des gesamten Warenkapitals möglich. Aber durch die spezifische Form der Kapitalverwertung müssen objektiv periodische Störungen zur Einhaltung dieser Reproduktionsbedingungen in der kapitalistischen Realität auftreten.[53]

Auf Grund der sich entfaltenden Widersprüche bei der Reproduktion des Gesamtkapitals eines Landes muß der Außenhandel zeitweilig dazu beitragen, wertmäßige und in natura vorhandene Disproportionen und Ungleichgewichte in den volkswirtschaftlichen Reproduktionsbedingungen zu überwinden. Die Internationalisierung des Wirtschaftslebens, strukturelle internationale Produktions- und Kapitalverflechtungen und die ungleichmäßige allgemeinwachsende Außenhandelsintensität machen den Außenhandel für fast alle Länder unerläßlich, um Störungen im Reproduktionsprozeß relativ und zeitweilig zu beheben.

In diesem Zusammenhang muß auch der bei vielen Monetaristen vorherrschenden und hier vom Mitglied des Vorstandes der Dresdner Bank AG M. Meier-Preschany geäußerten Meinung, daß eine Wirtschaftspolitik „frei schwankender Wechselkurse den internationalen Handel fördert"[54], widersprochen werden. Floatende Währungskurse können nur bestimmte Wirkungen verstärken oder mildern. Mit Hilfe floatender Währungskurse können weder die außenwirtschaftlichen Ungleichgewichte noch die ungleichmäßige Entwicklung der Weltmarktpositionen beseitigt werden, die durch objektive krisenhafte

53 Vgl. K. Marx, Das Kapital. Zweiter Band, in: MEW, Bd. 24, Berlin 1971.

54 N. Kloten/W. Krelle/M. Meier-Preschany, Beiträge zur Geldtheorie und Geldpolitik, Königstein i. Taunus 1980, S. 35.

Wirtschaftsprozesse und weltwirtschaftliche strukturelle Veränderungen hervorgerufen werden. Kursänderungen und -regulierungen haben auch nur dann Einfluß auf die Exporte, die Handelsströme und Konkurrenzbedingungen – mit einem *time lag* von zwei bis drei Jahren –, wenn nicht andere Faktoren ihre Wirkungen auf die Kosten- und Preiskonkurrenzlage kompensieren oder ausschalten.

Vielmehr ist es doch so, daß die Rolle des Währungskurses als Regulator des Welthandels zugunsten von innovativen Prozessen abgenommen hat. Die Veränderungen des Währungskurses wirken nur bei der Preiskonkurrenz beträchtlich auf die Konkurrenzfähigkeit der Waren ein. Dieses ist gegenwärtig jedoch nur auf Märkten mit relativ gleichwertigen Waren der Fall, wie zum Beispiel bei Rohstoffen, Halbfabrikaten und langlebigen Konsumgütern.

Der sowjetische Ökonom O. Bogdanow verweist auf diesen Umstand: „Die Preiskonkurrenz bleibt ein ernsthafter Faktor im Kampf um die Außenmärkte, obgleich sich ihre Einwirkung mit einer bestimmten Verspätung, zeitlichen Verzögerung äußert."[55]

Dagegen verlagert sich im Laufe der wissenschaftlich-technischen Revolution die Konkurrenz auf Märkten für Maschinen, Ausrüstungen, Geräten und chemischen Erzeugnissen immer mehr auf das Gebiet der Qualität und der Serviceleistungen, wo technische Kennwerte, Neuheit und Originalität entscheidende Bedeutung für den Käufer erlangen und die Preisfragen häufig auf den zweiten Platz verdrängen.

Weiterhin ist zu berücksichtigen, daß Währungskursveränderungen nur unbedeutend auf den Import einer Reihe von Rohstoffen und Energieträgern einwirken, deren Anteil sich am Außenhandelsumsatz relativ erhöht hat. Das Fehlen alternativer Möglichkeiten beim Erwerb volkswirtschaftlich notwendiger Rohstoffe und Energieressourcen führt dazu, diese Waren, ausgehend von den Bedürfnissen der nationalen Wirtschaft und unabhängig vom Niveau der Währungskurse, einzuführen. Darüber hinaus sollen folgende Aspekte genannt werden, die der monetaristischen Wirtschaftspolitik floatender Währungskurse entgegenstehen:

Erstens ist das kapitalistische Währungskurssystem eingebettet in das Gesamtsystem staatsmonopolistischer Regulierung. Daher wird der Einfluß floatender Währungskurse auf die Außenhandelsbeziehungen von den vielseitigen staatsmonopolistischen Maßnahmen durchkreuzt. So ist jedes imperialistische Land bestrebt, die Bedingungen für seinen Außenhandel in für ihn günstige Richtungen zu lenken. Das kann beispielsweise über die Zollpolitik und über verschiedene Finanzvergünstigungen für die Exporteure geschehen. Diese staatsmonopolistische Regulierung mit dem Ziel, den Export zu erweitern, um die anhaltenden Krisenerscheinungen abzuschwächen, führt letzten Endes zu einem weiteren Anwachsen der zwischenimperialistischen Widersprüche.

[55] O. Bogdanov, Valjutnye potrešenija i mirovoe kapitalističeskoe chozjaistvo, in: MEMO (Moskava), 11/1974, S. 44.

Die staatsmonopolistische Regulierung kann aber auch bei den Währungskursen nicht den Wertmechanismus außer Kraft setzen. Vielmehr werden die bestehenden Widersprüche durch die Regulierungsmaßnahmen verschärft und neue Widersprüche entstehen. Heute ist es so, daß Währungskurse ein Hauptfeld der Auseinandersetzungen zwischen den kapitalistischen Ländern auf monetärem Gebiet sind. Sie werden zielgerichtet und in verstärktem Maße als Waffe im Wirtschafts- und Handelskrieg eingesetzt. Die ständig schwankenden äußeren Werte der Währungen spiegeln dabei auch in bestimmtem Umfang die Ungleichmäßigkeit in der Entwicklung der Konkurrenzposition wider. Sie wurde zu einer dem imperialistischen Konkurrenzkampf entsprechenden Form der internationalen Entwertung und Umverteilung von Kapital. Damit stehen die jeweils gültigen Währungskurse in einem direkten Zusammenhang mit der Profitwirtschaft der kapitalistischen Unternehmen und Monopole.[56] Darüber hinaus sind die in den vergangenen Monaten aufgetretenen, teilweise extremen Wertveränderungen und Kursschwankungen das Ergebnis eines zunehmenden Einflusses wirtschaftspolitischer Maßnahmen und politischer Faktoren. Die dadurch bedingte anhaltende Instabilität des Kursmechanismus bildet einen bedeutenden Unsicherheitsfaktor für die Entwicklung der kapitalistischen Außenhandelsbeziehungen insgesamt. Zahlreiche Versuche einer stärkeren Abstimmung und gegenseitigen Koordinierung glättender Interventionen an den Devisenmärkten zeigten bisher keine wirksamen Ergebnisse.

Zweitens ist die Währungsstrategie internationaler Monopole ein weiterer wichtiger Faktor, der die von den Monetaristen beschriebene Möglichkeit der automatischen Handelsbilanzregulierung mit Hilfe floatender Währungskurse unreal erscheinen läßt. Da die Mehrzahl der internationalen Monopole an die Probleme des Währungsrisikos komplex herangeht und alle zur Verfügung stehenden Instrumente einer Regulierung der einzelnen Bilanzbestandteile ausnutzt, werden die spontanen Marktschwankungen der Währungskurse keine entscheidende Rolle spielen.

Ein internationales Autorenkollektiv verwies in diesem Zusammenhang auf eines der taktischen Hauptprinzipien der internationalen Monopole bei der Sicherung vor möglichen Verlusten, die im Ergebnis von Währungskursveränderungen eintreten können, und das darin besteht, „das Risiko möglichst auf die Aufftraggeber, die Lieferanten und die Konsumenten des Kapitalanlagelandes zu verlagern. Diesem Ziel dienen Manipulationen mit den Transferpreisen, die Verlangsamung oder Beschleunigung von Zahlungen usw., worüber in den Direktiven der Muttergesellschaften an die Auslandsfilialen offen gesprochen wird."[57]

Damit wird deutlich, daß sowohl die monetaristische Theorie floatender Währungskurse als auch die wirtschaftspolitischen Versuche, mit ihrer Hilfe

56 Vgl. E. Kolloch, Kapitalistische Währungs- und Finanzbeziehungen unter dem Druck der USA-Hegemoniepolitik, in: IPW-Berichte, 5/1984, S. 10.

57 Autorenkollektiv, Internationale Monopole, Berlin 1979, S. 159, 160.

die Handelsbilanzen automatisch zu regulieren, nicht haltbar sind. Langfristig gesehen, wirft die Einführung frei schwankender Währungskurse im internationalen Handel Probleme auf, die den Warenaustausch beträchtlich komplizieren und nicht den grundlegenden Interessen der Entwicklung der internationalen wirtschaftlichen Zusammenarbeit entsprechen. Es ist eine Tatsache, daß floatende Währungskurse die Kalkulationen bei Außenhandelsgesellschaften erschweren, denn sowohl den Exporteuren als auch den Importeuren wird die sichere Kalkulationsgrundlage entzogen.

Drittens ist bei der US-amerikanischen Außenwirtschafts- und Währungspolitik für absehbare Zeit eine strategische Linie erkennbar, die an einer „Politik der Stärke" orientiert ist. Es werden nicht wirtschaftspolitische Maßnahmen ergriffen, die vorrangig dem wirtschaftlichen Niedergang, der Überproduktionskrise, der zunehmenden Massenarbeitslosigkeit und hohen Preissteigerungsraten entgegenwirken, sondern die mit sozialem Abbau verbunden, nur den großen Monopolen und Banken sowie den Rüstungskonzernen Höchstprofite einbringen.

Vom Konzept der „Wiedererlangung der Stärke als Führungsmacht" ist auch die Politik zur Stärkung der Rolle der USA im internationalen Handels- und Kapitalverkehr und des US-Dollars in den internationalen Währungsbeziehungen abgeleitet.

Es ist aber nur eine Frage der Zeit, daß sich das Rezept des Dollarimperialismus als untauglich erweist. Die Gesetzmäßigkeiten der krisenhaften und ungleichmäßigen ökonomischen und politischen Entwicklung werden sich auch im internationalen Kräfteverhältnis und den valutapolitischen Positionen so durchsetzen, daß die von den USA mit der „Politik der Stärke" zeitweilig erreichte Überbewertung des US-Dollars wieder beseitigt wird.

Das Dilemma der derzeitigen, sich an monetaristische Konzeptionen eng anlehnenden imperialistischen Währungpolitik kommt darin zum Ausdruck, daß einerseits unter den heutigen Bedingungen zunehmender Internationalisierung der Produktion und der Vertiefung der internationalen Arbeitsteilung im staatsmonopolistischen Kapitalismus[58] objektiv das Bedürfnis nach stabileren Währungs- und damit Kursverhältnissen wächst, dem aber andererseits gleichzeitig Tendenzen einer sich verstärkenden ungleichmäßigen Entwicklung der kapitalistischen Länder diametral entgegenwirken. Eine Folge dieses antagonistischen Widerspruchs ist eine zunehmende Unbestimmtheit in bezug auf die Perspektive der Entwicklung der Währungskurse mit mehrfach negativen Auswirkungen. Sie führt zum erhöhten Risiko vor Devisenverlusten; sie bewirkt die Notwendigkeit, für die Volkswirtschaft belastende Operationen im Rahmen der Kurssicherungsgeschäfte auf Terminmärkten über Kursrisikoversicherung und anderes durchzuführen, um Verluste durch Wechselkursschwankungen zu vermeiden; sie erschwert den internationalen Effektivitätsvergleich.

[58] Vgl. auch S. 20 f. der vorliegenden Arbeit.

Kapitel 6

Wissenschaftlich-technischer Fortschritt als Herausforderung an Wirtschaftstheorie und Wirtschaftspolitik

6.1. *Der kapitalistische Reproduktionsprozeß in den 80er Jahren*

Seit den 70er Jahren ist das kapitalistische System neuen Existenzbedingungen ausgesetzt.[1] Die Monopolbourgeoisie betreibt mit Hilfe des wissenschaftlich-technischen Fortschritts eine umfassende Rationalisierung und Modernisierung der Produktion zu Lasten der Werktätigen und steuert einen friedensgefährdenden Kurs der Hochrüstung. Der Expansionsdrang des Monopolkapitals findet dabei in der Gestaltung der imperialistischen Wirtschaftspolitik seine aktive Unterstützung.

Im Kapitalismus stellt der wissenschaftlich-technische Fortschritt heute einen wichtigen Schnittpunkt vielfältiger Widersprüche und Problembereiche dar. Er wird geprägt durch die wissenschaftlich-technische Revolution, die in ihrer zweiten Etappe die Umwälzung aller Elemente der gesellschaftlichen Produktivkräfte sowie der zwischen ihnen bestehenden funktionalen Wechselbeziehungen mit sich bringt und mit der weiteren Vergesellschaftung der Produktion und der Verschärfung des kapitalistischen Grundwiderspruches verbunden ist. „Die für die Kapitalverwertung wesentlichen Wirkungen dieser Entwicklung sind im folgenden zu sehen:

- Die objektiv wachsende Rolle der Ausbeutung qualifizierter Arbeit und die qualitativ neue und quantitativ erweiterte Dimension der Substitution der lebendigen Arbeit.
- Die organische Zusammensetzung des Kapitals steigt trotz gegenläufiger Tendenz langfristig erheblich an. In diesem Zusammenhang ist auch auf die objektiv veränderte Rolle der allgemeinen Reproduktionsbedingungen inklusive der qualitativ neuen Aspekte des Stoffwechselprozesses Mensch – Natur zu verweisen, die in gleicher Richtung auf die Verwertung Einfluß nehmen.
- Die qualitativ neue Funktion der Produktivkraft Wissenschaft und ihre Realisierung in Form der staatsmonopolistischen Innovation unter den Bedingungen der Verschärfung der allgemeinen Krise verleihen objektiv dem Strukturwandel eine neue Funktion. Dies steht in unmittelbarem Zusammenhang mit der Ausprägung qualitativ neuer Aspekte im Prozeß der intensiv erweiterten kapitalistischen Reproduktion. Hieraus ergeben sich wesentliche

[1] Vgl. hierzu S. 18 ff. der vorliegenden Arbeit.

Konsequenzen für die Maßstäbe der Kapitalmobilisierung und damit dialektisch verknüpft für die Kapitalentwertung.
- Der gesellschaftliche Charakter der modernen Produktivkräfte erzwingt immer höhere Formen der kapitalistischen Internationalisierung.

Die damit verbundene neue Entwicklungsstufe internationaler Monopole erweitert das Wirkungsfeld der systemimmanenten Widersprüche, intensiviert ihre Wirkungen und läßt neue Widersprüche entstehen."[2]

Der mit der wissenschaftlich-technischen Revolution verbundene technologische Wandel hat in den kapitalistischen Ländern an Intensität und Geschwindigkeit sowohl in seiner Breite als auch in seiner Differenziertheit zugenommen und ist auf besondere Weise mit neuen wirtschaftlichen und sozialen Bedingungen verflochten. In der raschen Modernisierung der Wirtschaft, der Rationalisierung der Produktion und damit der Forcierung des technologischen Wandels besteht die grundlegende Strategie der Bourgeoisie, um aus Krisenlagen herauszufinden, natürlich zu Lasten der großen Masse der Arbeiter und Angestellten. Auf diese Weise spitzen sich die Widersprüche der kapitalistischen Gesellschaft zu und schaffen ein soziales Konfliktpotential, das den herrschenden Kreisen außer Kontrolle zu geraten droht. Deshalb werden auch von bürgerlichen Vertretern verstärkt Konfliktregulierungsstrategien entworfen, die zur Kanalisierung und Entschärfung sozialer Widersprüche beitragen sollen.

Wesentliche Impulse gehen von der wissenschaftlich-technischen Revolution für die weitere Vergesellschaftung von Produktion und Arbeit aus. Dieser Vergesellschaftungsprozeß führt im Kapitalismus zur raschen Verschärfung des Grundwiderspruchs. Vor allem die schnell voranschreitende Konzentration und Zentralisation der Produktion und des Kapitals setzen einerseits den Monopolisierungsprozeß fort, während auf der anderen Seite ein bisher nicht gekanntes Ausmaß an Firmenzusammenbrüchen zu verzeichnen ist: „Mit der Entfaltung der wissenschaftlich-technischen Revolution vollzog sich der Übergang zu einer neuen Stufe der Vergesellschaftung der Produktion, deren profitorientierte monopolkapitalistische Nutzung zur Haupttriebkraft jener Instabilität wurde, die die gegenwärtige ökonomische Entwicklung des Kapitalismus prägt."[3]

Wissenschaft und Forschung haben im letzten Jahrzehnt sehr rasche Fortschritte gemacht und damit bisher nicht gekannte Möglichkeiten für ihre wirtschaftliche Nutzung eröffnet. Im gegenwärtigen Stadium der wissenschaftlich-technischen Revolution kristallisieren sich einige wissenschaftlich-technologi-

2 G. Speer/G. Kahl/G. D. Friedrich/J. Leibiger, Theoretische Reflexion des wissenschaftlich-technischen Fortschritts und seiner Erfordernisse durch die monopolbourgeoise Politische Ökonomie in der Gegenwart. Thesen zum 3. theoretischen Kolloquium am 30. 5. 1985 in Jena, Friedrich-Schiller-Universität Jena, Repro.Nr. 401/200/85, S. 1/2.

3 L. Maier, Zentrales Forschungsthema: Der staatsmonopolistische Kapitalismus der 80er Jahre, in: IPW-Berichte, 10/1982, S. 33.

sche Hauptentwicklungsrichtungen[4] heraus, von denen wesentliche Impulse für alle Bereiche des gesellschaftlichen Lebens ausgehen.

Die Strategie des Monopolkapitals ist gegenwärtig darauf gerichtet, den Einsatz des wissenschaftlich-technischen Fortschritts in der Hauptsache für eine weitere Freisetzung von Arbeitskräften, die Erhöhung der Arbeitsintensität der im Produktionsprozeß verbleibenden oder umgesetzten Arbeitskräfte, die Durchsetzung von energie- und rohstoffsparenden technologischen Prozessen wie auch für bestimmte Erfordernisse der Umweltschutzpolitik zu nutzen. Dabei spielt die umfassende Anwendung der Mikroelektronik als einer entscheidenden Basistechnologie eine hervorragende Rolle bei der Rationalisierung des Produktionsprozesses, der Verwaltung und des Dienstleistungsgewerbes.

Bei allen Maßnahmen zur Rationalisierung und zur Förderung der Innovation von Erzeugnissen und Produktionsverfahren wird immer wieder die Verbesserung der Konkurrenzfähigkeit der Wirtschaft, besonders auf internationalen Märkten, beschworen, werden die Arbeiterklasse und ihre Gewerkschaften mit ihren „maßlosen" Lohnforderungen für die gestiegenen Kosten verantwortlich gemacht, wird an die „Solidarität" der Arbeiterklasse mit dem Monopolkapital appelliert.

Ein wesentlicher Aspekt der Modernisierung der kapitalistischen Wirtschaft besteht im Strukturwandel sowohl im nationalen wie auch im internationalen Maßstab. Er ist ein entscheidendes Instrument zur Verschärfung der Ausbeutung und zur Realisierung hoher Profite. Auch wenn sich langfristig gesehen durch die Beschleunigung des wissenschaftlich-technischen Fortschritts die organische Zusammensetzung des Kapitals allmählich erhöht und sich damit der tendenzielle Fall der Profitrate verstärkt, realisieren vor allem die Monopole weiterhin wachsende Profite. Der Strukturwandel ist dabei ein Hauptfaktor im Kampf um die Verbesserung der Verwertungsbedingungen des Kapitals. Auf der Suche nach profitablen Kapitalanlagemöglichkeiten sind vor allem die großen Monopole bestrebt, die zukunftsträchtigen Branchen auszumachen und zu beherrschen. Bedingt durch die rasche Entwicklung in Wissenschaft und Technik entstehen heute ganz neue Industriezweige, die lukrative Geschäfte und hohe Profite versprechen. Forschung und Entwicklung selbst werden in immer größerem Umfang zu unmittelbaren Kapitalanlagesphären. Zu den Wirtschaftszweigen, die im Zuge des Strukturwandels an Bedeutung verlieren und schrumpfende oder zumindest stagnierende Tendenz aufweisen, gehören zum Beispiel der Schiffbau, die Stahlproduktion, die Chemiefaserindustrie, Textil-, Bekleidungs-, Leder- und Schuhindustrie, die optische Industrie, die Uhrenindustrie, aber auch die Nahrungsmittelindustrie, die Möbelindustrie, das Baugewerbe, EBM-Waren, Steine und Erden, Feinkeramik, NE-Metalle, Papier- und Zellstoffindustrie, Druckereien.

Als Wachstumsbranchen dagegen gelten Teile des Maschinenbaus, der Luft-

[4] Vgl. OECD, Interfutures. Herausforderung der Zukunft, Hamburg 1981, S. 71–74.

und Raumfahrzeugbau, die Chemie und Pharmazie, die Elektronik und EDV sowie die Kunststoffverarbeitung. Auch auf internationaler Ebene ist mit der wissenschaftlich-technischen Entwicklung ein rascher Strukturwandel verbunden, bei dem sich neue Konkurrenten mit neuen Erzeugnissen und technologischen Verfahren gegenüberstehen.

Der verschärfte Konkurrenzkampf auf den internationalen kapitalistischen Märkten, insbesondere im Kraftfeld zwischen den drei imperialistischen Machtzentren USA, Westeuropa und Japan, erhält unter den Bedingungen der wissenschaftlich-technischen Revolution sein Gepräge durch einen erbarmungslosen Innovationswettstreit. Er ist die heute charakteristische Form des internationalen Konkurrenzkampfes zwischen den kapitalistischen Industriestaaten. Im Zuge der Modernisierung der Volkswirtschaften und der Erhöhung der technologischen Leistungsfähigkeit sollen mit der Entwicklung neuer Erzeugnisse und Verfahren auch neue Absatzmärkte erschlossen werden. Die internationale Wettbewerbsfähigkeit zu erhöhen ist deshalb ein erklärtes Ziel staatlicher Wirtschafts- und Technologiepolitik der BRD. Nicht zuletzt ist auch das außenpolitische Engagement auf eine langfristige Absicherung der Konkurrenzfähigkeit vor allem auf dem Gebiet der Hochtechnologien ausgerichtet. So betonte Hans-Dietrich Genscher Anfang 1985: „An der Schwelle zu einem neuen Jahrhundert, das ein neues technologisches Zeitalter bringen wird, müssen die Europäer, wenn sie ihre Position als eines der Kraftzentren der industrialisierten Welt behaupten wollen, eine große Kraftanstrengung auf dem Gebiete der Hochtechnologie machen. Nur die Europäische Gemeinschaft als Ganzes bietet der hochtechnologischen Industrie einen ausreichend großen Binnenmarkt, der die Voraussetzung für die Konkurrenzfähigkeit am Weltmarkt ist. Die ersten Schritte sind getan. Die Regierungen der Europäischen Gemeinschaft haben sich auf ein gemeinsames Forschungsprogramm für die Informations-Technologie geeinigt, ein gemeinsames Forschungsprogramm in der Biotechnik wird vorbereitet."[5]

All diese Tendenzen verdeutlichen, daß der wissenschaftlich-technische Fortschritt eine hervorragende Rolle im Prozeß der Kapitalverwertung spielt. Seine profitorientierte Durchsetzung belastet unter vielfältigen Gesichtspunkten die Arbeits- und Lebensbedingungen der Werktätigen, wobei die Massenarbeitslosigkeit eine der größten Belastungen für die Menschen im Kapitalismus darstellt.

[5] H.-D. Genscher, 1985 – ein Jahr der Herausforderung für die Ost-West-Beziehungen. Perspektiven des deutschen Beitrages, in: Bulletin. Presse- und Informationsamt der Bundesregierung (Bonn), 4/1985, S. 31.

6.2. Das Akzeptanzproblem – Ausdruck verschärfter Klassengegensätze

In den kapitalistischen Industrieländern tritt heute ein Problem in Erscheinung, das ein beträchtliches Maß an sozialer Brisanz in sich birgt und unter den Bedingungen der wissenschaftlich-technischen Revolution weiter an Bedeutung gewinnt. Es handelt sich dabei um das Reaktionsverhalten verschiedener Bevölkerungsgruppen auf soziale Risiken und Gefahren, die aus der profitorientierten Anwendung von Wissenschaft und Technik entstehen und eine wachsende Belastung für die Menschen und ihre natürliche Umwelt bedeuten. Von den herrschenden Kreisen des Monopolkapitals wird immer stärker dazu übergegangen, den Werktätigen größere „Opferbereitschaft" abzuverlangen. Negative soziale Folgen des wissenschaftlich-technischen Fortschritts seien „unabänderlich", sie müßten einfach akzeptiert werden. Da dies von großen Teilen der Bevölkerung nicht geschieht, wird von einer „Akzeptanzkrise" gesprochen. Im Grunde genommen geht es darum, daß sich bestimmte Bevölkerungsgruppen der *kapitalistischen* Anwendung des wissenschaftlich-technischen Fortschritts verweigern. Das, was in der bürgerlichen Ökonomie als Technikfeindlichkeit bezeichnet und verurteilt wird, entspringt dem Bestreben der Werktätigen, sich den Verwertungszwängen des Kapitals zu entziehen. Insofern handelt es sich um Bewußtseinsformen und Verhaltensweisen unter den Bedingungen der wissenschaftlich-technischen Revolution, die primär der Opposition zum Kapital entspringen und eine Art Selbstschutzfunktion beinhalten. Dabei erstreckt sich die Akzeptanzverweigerung im Kapitalismus sowohl auf die Technik (vor allem auf Großtechnologien) als auch auf die Technikfolgen und sozialen Auswirkungen sowie auf die staatsmonopolistische Forschungs- und Technologiepolitik.

In der bürgerlichen Literatur wird dieser Sachverhalt verzerrt oder einseitig dargestellt. Seit Jahren wird in den kapitalistischen Industrieländern darüber diskutiert, warum große Teile der Bevölkerung unterschiedlichster Herkunft mit neuen Entwicklungen der Technik nicht fertig werden, sie nicht akzeptieren wollen und können. Es wird dabei hervorgehoben, „daß die Akzeptanzfähigkeit von Individuen, Institutionen und Gesellschaft für akzellerierte technische Entwicklungen begrenzt ist, insbesondere dann, wenn keine vorbereitenden Maßnahmen getroffen werden"[6].

Im Grunde genommen sind es nicht Wissenschaft und Technik, die von den Werktätigen nicht akzeptiert werden, sondern es ist die inhumane, profitorientierte Anwendung, aus der die negativen sozialen Auswirkungen und gesellschaftlichen Gefahren erwachsen, die von der Bevölkerung abgelehnt wird. In bürgerlichen Veröffentlichungen wird die sogenannte Technikfeindlichkeit vor allem aus der „Unkenntnis der Quellen des zivilisatorischen Wohlstands", aus der „Ignoranz der Maßstäbe, der technischen und organisatorischen Zusam-

[6] VDI-Nachrichten (Düsseldorf) vom 22. 5. 1981, S. 20.

menhänge" heraus erklärt.[7] Insbesondere im Zusammenhang mit der Zuspitzung der Krisensituation Mitte der 70er Jahre wurde eine zunehmende „Kritik am technischen Fortschrittsglauben" festgestellt. „Diese Kritik", schreibt Francesco Kneschaurek, „beruht vor allem auf der ‚Kulturlücke', d. h. der Einsicht des Unvermögens vieler Menschen, in ihrem geistigen und kulturellen Reifungsprozeß mit dem ungeheuren Tempo der technischen Entwicklung Schritt zu halten und mithin die Errungenschaften der Technik geistig zu verkraften. Damit wächst die Angst vor einer mißbräuchlichen Anwendung der Technik und damit mit ihr die *Entfremdung*, d. h. das Gefühl des unausweichlichen Beherrschtwerdens des Menschen durch eine von ihm nicht mehr kontrollierbare Technik. Hierin liegen die Wurzeln eines gegenwärtig weit verbreiteten ‚antiindustriellen, antitechnischen Affektes', der die Gefahr unartikulierter und mitunter auch fehlgeleiteter sozialer Eruptionen heraufbeschwört, weil sich die Menschen in ihren Äußerungen und Handlungen nurmehr durch undifferenzierte, unreflektierte emotionale Überlegungen leiten lassen."[8]

Die Widerspiegelung dieser Probleme und Konflikte, die heute unter dem Einfluß der wissenschaftlich-technischen Revolution in allen entwickelten kapitalistischen Industrieländern auftreten – sowohl in der bürgerlichen Ökonomie als auch in politischen Stellungnahmen führender Vertreter des imperialistischen Staates wie auch in der öffentlichen Diskussion –, trägt ein sehr buntes Gewand. Ausgehend von der oberflächlichen Einschätzung, daß es sich dabei lediglich um einen Mangel an Anpassungsfähigkeit und -willigkeit der in der Wirtschaft tätigen Menschen handele,[9] wird von einer Akzeptanzkrise gesprochen, für die vielfältige Faktoren verantwortlich gemacht, nur nicht die eigentlichen sozialökonomischen Zusammenhänge aufgedeckt werden.

Unter dem Akzeptanzproblem sind somit einige soziale Erscheinungen und Tendenzen zu fassen, die für den kapitalistischen Reproduktionsprozeß unter den Bedingungen der wissenschaftlich-technischen Revolution und für die maximale Kapitalverwertung in wachsendem Maße negative Auswirkungen zeigen und demzufolge als „Innovationsbarrieren" durch das Monopolkapital heftig kritisiert werden. Dazu gehört *erstens* die Tatsache, daß Studienbewerber der Universitäten und Hochschulen sich weniger für naturwissenschaftlich-technische Disziplinen entscheiden und demzufolge in diesen Fächern eine in der Tendenz rückläufige Nachfrage – verbunden mit einer Schwerpunktverlagerung – besteht.

Dazu gehört *zweitens* die Tatsache, daß im letzten Jahrzehnt der öffentliche

7 Vgl. E. Kowalski, Wurzeln und Folgen der Technikfeindlichkeit, in: Neue Zürcher Zeitung (Zürich) vom 28. 4. 1982, S. 39.

8 F. Kneschaurek, Der „Trendbruch" der siebziger Jahre und seine wirtschaftlichen Konsequenzen, Diessenhofen 1980, S. 27/28.

9 F. Kneschaurek, Die Unternehmung vor den Problemen des wirtschaftlichen, gesellschaftlichen und technologischen Wandels, in: Neue Technik (Zürich), 4/1981, S. 15.

Protest gegen Großtechnologien und wissenschaftlich-technische Entwicklungen das gesellschaftliche Leben in den kapitalistischen Industrieländern wesentlich mit geprägt haben. Der Unmut der Bevölkerung äußerte sich zum Beispiel in einer raschen Zunahme von Bürgerinitiativen, in Gerichtsklagen, Unterschriftensammlungen, Protestdemonstrationen und anderen Formen, wobei vor allem die junge Generation als Hauptakteur in Erscheinung trat. Der Aufstieg der „Grünen" und ihre spektakulären Wahlergebnisse, die Öko-Bewegung und die Antiatomkraftwerksbewegung ebenso wie die Aktivitäten „kritischer Wissenschaftler" bis hin zu Formen einer „alternativen Lebensweise" zeugen von einer zunehmenden Sensibilisierung der Gesellschaft gegenüber den Gefahren, die die kapitalistische Anwendung des wissenschaftlich-technischen Fortschritts in sich birgt. Der Jugendprotest, der zu Beginn der 80er Jahre in westlichen Industrieländern einen erneuten Aufschwung erfahren hatte, richtete sich vor allem gegen die Einschränkung der Ausbildungs- und Berufsmöglichkeiten sowie generell der sozialen Sicherheit, aber auch gegen die Sinnentleerung der Arbeit und gegen die Belastung der natürlichen Umwelt.

Folgende Bereiche sind dabei immer wieder Gegenstand heftiger Auseinandersetzungen gewesen:

- die Kernenergie mit ihrem Sicherheitsrisiko und dem Entsorgungsproblem (Schneller Brüter Kalkar) und die Frage nach alternativen Technologien zur Energiegewinnung;
- die Mikroelektronik mit ihren sozialen Auswirkungen (wachsende Arbeitslosigkeit, Veränderungen der Berufsanforderungen);
- die EDV mit ihren Möglichkeiten und Risiken für die Privatsphäre (Datenschutz);
- die Kommunikationstechnologien mit ihren Auswirkungen auf alle Lebensbereiche;
- die Gentechnologie mit ihren Manipulationsmöglichkeiten;
- die Medizin als Anwendungsfeld wissenschaftlich-technischer Neuerungen sowohl im Hinblick auf medizintechnische Möglichkeiten als auch auf medikamentöse Behandlungen des Menschen sowie auch unter dem Aspekt neuer ethischer Problemstellungen;
- der Umweltschutz, der zunehmend als eine notwendige Bedingung für die Existenz und Gesundheit des Menschen erkannt wurde, grundsätzlich aber im Widerspruch zu den vorherrschenden Interessen des Monopolkapitals steht;
- die Stadtentwicklung und Verkehrsplanung sowie eine Reihe anderer Schwerpunkte.

Darüber hinaus gilt die Kritik vor allem der Forschungs- und Technologiepolitik des imperialistischen Staates hinsichtlich der Förderung und Finanzierung von Großtechnologien.

Drittens gehört dazu die Tatsache, daß sich auf ideologischer Ebene neben einem Wissenschafts- und Technikskeptizismus Lebens- und Zukunftsangst ausbreiten und demzufolge immer häufiger Zuflucht in irrationalistischen und mystischen Anschauungen gesucht wird.

Was Wunder, daß das Geschäft mit der Angst wieder in voller Blüte steht. In vielen bürgerlichen Erörterungen wird ein „allgemeines Unbehagen gegenüber der modernen Technik"[10] registriert und dabei festgestellt, daß die wirtschaftlichen und gesellschaftlichen Auswirkungen neuer Technologien heute eine viel stärkere politische Dimension haben und deshalb bei technologiepolitischen Entscheidungen bedacht werden müßten.

Das Akzeptanzproblem ist somit als ein vielschichtiges soziales Phänomen zu sehen, das durch die kumulative Anreicherung gesellschaftlicher Gefahren und Konflikte entstanden ist.

Verschiedene soziale Klassen und Schichten sind in unterschiedlichem Ausmaß davon berührt. Entsprechend ihrer spezifischen Stellung zu den Produktionsmitteln verstehen sie auch unter dem Akzeptanzproblem jeweils etwas anderes. Die Diskussionsschwerpunkte aber werden von den Hauptkontrahenten, der Arbeiterklasse und der Monopolbourgeoisie, bestimmt.

In der BRD zeigte sich spätestens Mitte der 70er Jahre, daß das Akzeptanzproblem zu einem Schwerpunkt der sozialen Auseinandersetzung zwischen Kapital und Arbeit geworden war und seine Widerspiegelung in vielfältigen theoretisch-ideologischen Konzepten fand. Politökonomisch gesehen entfaltet sich in diesem wachsenden gesellschaftlichen Protestpotential der Widerspruch zwischen Arbeits- und Verwertungsprozeß. Indem große Teile der Bevölkerung mit Nachdruck verlangen, den wissenschaftlich-technischen Fortschritt an Sozialindikatoren, an den echten Bedürfnissen der Menschen, am Umweltschutz und an gesellschaftlichen Zukunftserfordernissen auszurichten, rücken sie den Gebrauchswert des Arbeitsprodukts stärker in den Mittelpunkt und wollen den wissenschaftlich-technischen Fortschritt am gesellschaftlichen Nutzen, den er den Menschen zu bringen vermag, bemessen. Die Forderung nach einer wissenschaftlich-technischen Entwicklung, die stärker an humanistischen Normen und Werten und an den Bedürfnissen der Menschen ausgerichtet ist, widerspricht dem Wesen des Kapitals, so daß ihre Erfüllung letztlich die Auflösung des Kapitalverhältnisses und damit die Aufhebung des Kapitalismus bedeuten müßte. Im Kräfteverhältnis zwischen Kapital und Arbeit können aber durchaus partielle Erfolge errungen werden. Auch unter den Bedingungen der Gegenwart, wo das Monopolkapital mit Hilfe des wissenschaftlich-technischen Fortschritts die Rationalisierung und Modernisierung des Produktionsprozesses betreibt, trifft eine Akzeptanzverweigerung den neuralgischen Punkt des kapitalistischen Innovationsprozesses. Staatsmonopolistische Maßnahmen sollen deshalb auch die „Akzeptabilität" neuer Technologien erhöhen.

Das veränderte Reaktionsverhalten bestimmter Teile der Bevölkerung auf

[10] V. Hauff, Möglichkeiten und Grenzen der politischen Steuerung des technischen Wandels, in: Technikfolgen und sozialer Wandel. Zur politischen Steuerbarkeit der Technik, hg. von J. v. Kruedener und K. v. Schubert, Köln 1981, S. 90.

technologiepolitische Maßnahmen hat sich immer mehr zum Politikum entwickelt und ist heute Gegenstand vielfältiger wissenschaftlicher Untersuchungen, die zur Kanalisierung und Regulierung dieses sozialpolitischen Problems im Interesse des Monopolkapitals beitragen sollen. Die theoretischen Erörterungen der letzten Jahre haben einige wichtige Problemfelder sichtbar gemacht, denen auch für die nächste Zukunft noch große Bedeutung eingeräumt wird. Es handelt sich dabei vor allem um

- die begriffliche Aufarbeitung des wissenschaftlich-technischen Fortschritts für interdisziplinäre Untersuchungen,
- die Folgeabschätzungen von Einzeltechniken,
- die Trendanalysen des technischen Wandels im Hinblick auf gesamtgesellschaftliche Wirkungen,
- die Suche nach alternativen Technologien und die Untersuchung ihrer Substituierbarkeit,
- die Entwicklung von Methoden zur Unterstützung politischer Entscheidungsprozesse,
- die Abgrenzung des politischen Entscheidungsspielraumes zur Beeinflussung sozialer Folgen des wissenschaftlich-technischen Fortschritts,
- die Schaffung theoretischer Grundlagen für das Zusammenspiel von Technik, Wirtschaft, Politik und Gesellschaft,
- die Untersuchung der Möglichkeit zur „Finalisierung" der Technikwissenschaft, das heißt ihrer stärkeren Indienstnahme durch die Politik,
- die Untersuchung des Wandels sozialer Normen und ethischer Werte und seiner Beeinflußbarkeit.

Die Perzeption und Akzeptanz technologischer Risiken ist demzufolge eine vieldiskutierte Frage, die vor allem in der soziologisch orientierten Forschung in die Entwicklung neuer Konsensstrategien[11] einmündet, die zur Überwindung der Akzeptanzkrise beitragen sollen. Auf dem Hintergrund einer verstärkten sozialwissenschaftlichen Risikoforschung bedürfe es des Entwurfs und der Erprobung neuer „Modelle einer gesellschaftlichen Konsensfindung über zu tolerierende oder nicht zu tolerierende Risiken"[12]. Rechtzeitig eine soziale Konfrontation zu verhindern, Interessengegensätze zu kanalisieren, den wissenschaftlich-technischen Wandel durch gezielte Motivationen der Betroffenen zu stimulieren, bleibt Anliegen solcher Konsensstrategien. Von bürgerlichen Vertretern wird deshalb immer häufiger gefordert,

- mit den Betroffenen intensiver den Dialog über Notwendigkeit und Konsequenzen des wissenschaftlich-technischen Wandels zu führen und die verbreitete Skepsis und Resignation durch optimistische Haltungen zu ersetzen;

[11] Vgl. M. Dierkes, Perzeption und Akzeptanz technologischer Risiken und die Entwicklung neuer Konsensstrategien, in: J. v. Kruedener/K. v. Schubert (Hrsg.), Technikfolgen und sozialer Wandel. Zur positiven Steuerbarkeit der Technik, Köln 1981, S. 125–141.

[12] Ebenda, S. 127.

– den Sozialabbau nicht soweit zu treiben, daß er als Bumerang den technischen Fortschritt behindert („Die unabdingbare Innovationsbereitschaft kann nur gesichert werden, wenn auch das soziale Sicherungssystem Lösungen anbietet, die demjenigen, der von Innovationsprozessen betroffen wird, zumindest seinen sozialen Status erhalten."[13]);
– die sozialen Belange der Betroffenen ernster zu nehmen, wenn eine stärkere Motivation der Werktätigen erzielt werden soll. Reimut Jochimsen führte diesbezüglich aus: „Ich bin davon überzeugt, daß unser politisches Instrumentarium ausreicht, um die sozialen Folgen dieser technischen Entwicklung zu beherrschen und ins Positive wenden zu können. Allerdings setzt dies eines voraus, und das ist wohl der springende Punkt: Die Interessen der Arbeitnehmer mit ihrem existentiellen Interesse an befriedigender Arbeit müssen mindestens ebenso ernst genommen werden wie die Gesichtspunkte der Rentabilität und der Effektivität."[14] Und die österreichische Bundesministerin für Wissenschaft und Forschung, Hertha Firnberg, bemerkte zum gleichen Problem: „Neue technologische Entwicklungen sollten – auch dann, wenn die globalen ökonomischen und sozialen Folgeabschätzungen eine überwiegend positive Bilanz ergeben – zunächst im Konsens mit den unmittelbar Betroffenen eingeführt werden!"[15]

Die Akzeptanzverweigerung breiter Bevölkerungsschichten stellt sich heute für das Monopolkapital als bedrohliches Hemmnis bei der Realisierung seiner ökonomischen und politischen Ziele dar. Als sogenannte Innovationsbarriere, als Hemmnis für eine effektive Kapitalverwertung und nicht zuletzt als politischer Destabilisierungsfaktor ist das Akzeptanzproblem Ausdruck verschärfter Klassengegensätze im staatsmonopolistischen Kapitalismus. Seine „systemgefährdende" Potenz fordert die geballte Macht des Großkapitals und seines Herrschaftsapparates heraus. „Unser politisches System", heißt es in einem Beitrag, „ist nicht in der Lage, ohne strukturelle Veränderungen die Konflikte, die aus der gegenwärtigen Entwicklung von Wissenschaft und Technologie sich ergeben, zu verarbeiten."[16] Solche Eingeständnisse häufen sich in letzter Zeit. Sie münden in der Regel in die Forderung nach verstärkter Entwicklung sogenannter Konsensstrategien und drängen nach intensiverer staatsmonopolistischer Einflußnahme. „Worauf es in unserer Situation ankommt", meint Volker

[13] H.-J. Krupp, Zusammenfassung der Ergebnisse des Fachgesprächs: Konsequenzen für eine innovationsorientierte Technologiepolitik, in: Modernisierung der Volkswirtschaft in den achtziger Jahren, Düsseldorf – Wien 1981, S. 217.

[14] R. Jochimsen, Grußwort, in: U. Bosler, K.-H. Hansen (Hrsg.), Mikroelektronik, sozialer Wandel und Bildung, Weinheim und Basel 1981, S. 16.

[15] H. Firnberg, Eröffnungsrede, in: Technik und Gesellschaft. Referate und Tagungsbeiträge, hg. von M. E. A. Schmutzer und H. Winter, Wien – New York 1981, S. 3/4.

[16] G. Böhme, Technologiekritik als gesellschaftlicher Konflikt, in: Neue Funktionen von Wissenschaft und Technik in den 80er Jahren, hg. von F. Moser, Wien 1981, S. 55.

Hauff, „ist, den notwendigen Konsens zwischen den gesellschaftlichen Gruppen zu finden, wie unsere Zukunft aussehen soll. Die Frage nach der Gestaltbarkeit des technischen Wandels ist zugleich eine Frage nach der Konsensfähigkeit unserer Gesellschaft."[17]

Davon ausgehend wird in größerem Umfang darauf orientiert,

- die Wirkungsanalysen des wissenschaftlich-technischen Fortschritts zu verstärken,
- die Möglichkeiten und Grenzen einer politischen Steuerung des technischen und sozialen Wandels zu ergründen und bestimmte Formen und Methoden zu suchen,
- die Analyse technologiebedingter Konfliktfelder durch die Entwicklung einer sozialwissenschaftlichen Begleitforschung weiter auszubauen.

Zu Recht wird in der marxistischen Literatur hervorgehoben: „Wachsende Bedeutung erhält in diesem Zusammenhang die Analyse der Wirkungen der Produktivkraftentwicklung auf die Stellung der Arbeiterklasse zum Kapital. Wenn bürgerliche Ökonomen in diesem Zusammenhang von ‚sozialer Akzeptanz' sprechen, geht es keineswegs darum, eine den Bedürfnissen der Werktätigen entsprechende technische und soziale Entwicklung zu gewährleisten, sondern mehr oder weniger explizit darum, die Werktätigen zur Akzeptanz gegenüber der kapitalistischen Art und Weise der Anwendung neuer Technologien zu bewegen."[18]

Nicht zuletzt werden auch Wissenschaftler und Techniker zur stärkeren sozialen Bezugnahme in ihrer Arbeit ermahnt. „Akzeptanz läßt sich jedoch zuverlässig nur erreichen, wenn auch ‚Akzeptabilität' einer Technologie vorliegt, d. h., wenn sie nicht nur technischen und ökonomischen, sondern auch komplexeren sozialen und demokratisch-politischen Kriterien genügt."[19] Dieser Aspekt müßte von der Wissenschaft stärker beachtet werden, wobei die Integration der sozialen, ökonomischen und ökologischen Fragestellungen in den gesamten Forschungs- und Entwicklungsprozeß, von der Grundlagenforschung bis zur Kontrolle bereits verbreiteter Erzeugnisse, vollzogen werden müßte.

Zur Bewältigung und Beilegung der „Akzeptanzkrise" werden seit Jahren in der BRD verschiedene „Lösungsmodelle" diskutiert, die andernorts als Instrumente der staatsmonopolistischen Regulierung bereits zum Teil erprobt wurden. In Großbritannien gibt es eine „Royal Commission", in Schwe-

[17] V. Hauff, Möglichkeiten und Grenzen der politischen Steuerung des technischen Wandels, a. a. O., S. 93.

[18] G. Kahl/G. Speer/G.-D. Friedrich/J. Leibiger, Die staatsmonopolistische Regulierung des wissenschaftlich-technischen Fortschritts – Theoriebestandteil der Hauptrichtungen der monopolbourgeoisen Politischen Ökonomie. Thesen, in: Wissenschaftliche Beiträge der Friedrich-Schiller-Universität Jena, Jena 1984, S. 41.

[19] U. Steger, Politische Steuerungsmöglichkeiten der Mikroelektronik-Anwendung, in: Mikroelektronik und Dezentralisierung, hg. von K. M. Meyer-Abich und U. Steger, Berlin (West) 1982, S. 123.

den seit 1959 eine Art Forscherparlament, das sich „Schwedische Gesellschaft für Mitglieder des Parlaments und Wissenschaftler" nennt, und aus den USA kommt der Vorschlag für einen Wissenschaftsgerichtshof („Science Court"), der vor allem als Vorbild dient, in verschiedenen Modellvarianten bereits weiterentwickelt wurde und Gegenstand heftiger Kontroversen geworden ist. Das ursprüngliche Konzept dafür wurde von Arthur Kantrowitz 1958 entworfen.[20] Es sollte dazu beitragen, für den politischen Entscheidungsprozeß auf dem Gebiet der Wissenschafts- und Technologiepolitik die Rahmenbedingungen zu verbessern. Aber auch andere „Konsensstrategien" stehen noch in der Diskussion. Darunter fallen sowohl die „Anhörungsverfahren" als auch die in den USA praktizierte „Umweltverträglichkeitsprüfung". Einen besonderen Platz nimmt in diesem Zusammenhang das „Technology Assessment" ein – ein Verfahren zur frühzeitigen Einschätzung von Chancen, Risiken und Folgen wissenschaftlich-technischer Entwicklungen.

Neben diesen institutionellen „Lösungsansätzen" geht es bei der Entwicklung imperialistischer Konsensstrategien um ein breites Spektrum unterschiedlicher und abgestufter Maßnahmen. Dazu gehört eine breit angelegte Technologiediskussion, in die nicht nur Wissenschaftler, Techniker und Politiker einbezogen sind, sondern auch die Unternehmerverbände, Gewerkschaften und andere gesellschaftliche Gruppierungen, die „der Organisation eines Entscheidungs- und Konsensbildungsprozesses (einschließlich des Kompromisses der verschiedenen Interessen)" dienen soll.[21] Dazu gehören das verstärkte interdisziplinäre Zusammenwirken sowie der Aufbau einer technologieorientierten Sozialforschung. Dazu gehören schließlich technologiepolitische und gesetzgeberische Maßnahmen und nicht zuletzt auch tarifpolitische Regelungen.

Diese Beispiele verdeutlichen, daß die staatsmonopolistische Lösung des Akzeptanzproblems in verschiedenen Richtungen und auf verschiedenen Ebenen gesucht wird. Dabei geht es in der Hauptsache

- um die Perfektionierung der staatsmonopolistischen Regulierung der Klassenbeziehungen unter veränderten Verwertungsbedingungen des Kapitals,
- um den weiteren Ausbau der Regulierung des wissenschaftlich-technischen Fortschritts und seine zielstrebige Integration in ein System der umfassenden staatsmonopolistischen Regulierung und
- um eine noch breitere ideologische Manipulierung der Werktätigen.

Nach den Erschütterungen der 70er Jahre will das Monopolkapital mit einem komplexeren Vorgehen der weiteren Verschärfung der Klassengegensätze begegnen und vor allem einer „sozialen Eruption" vorbeugen, um so seine ökonomischen und politischen Ziele mit Hilfe des wissenschaftlich-technischen Fortschritts weiterhin zu Lasten der Werktätigen verwirklichen zu können.

20 Vgl. A. Kantrowitz, Proposal to an Institution for Scientific Judgement, in: Science, Bd. 156, Nr. 3776, (Mai 1968), S. 763/764.

21 U. Steger, Politische Steuerungsmöglichkeiten der Mikroelektronik-Anwendung, a. a. O., S. 124.

6.3. *Wirtschaftstheoretische Positionen bürgerlicher Ideologen zum wissenschaftlich-technischen Fortschritt*

Erst in der jüngeren Vergangenheit hat sich die bürgerliche Ökonomie intensiver mit Problemen des wissenschaftlich-technischen Fortschritts beschäftigt. Auch den seit den 50er Jahren vorhandenen vereinzelten Ansätzen, eine „ökonomische Theorie des technischen Fortschritts" zu schaffen, blieb der grundlegende Durchbruch bisher versagt. Die bürgerliche Ökonomie blieb eine theoretische Erklärung der mit der wissenschaftlich-technischen Revolution neu herangereiften Probleme des kapitalistischen Reproduktionsprozesses weitgehend schuldig.

Bemühungen zur Überwindung des Theoriedefizits sind heute Ausdruck eines rasch gewachsenen Bedürfnisses der herrschenden Klasse nach theoretischen Grundlagen zur Anpassung und zum weiteren Ausbau der staatsmonopolistischen Regulierung unter den Bedingungen der wissenschaftlich-technischen Revolution, eines raschen Strukturwandels der Wirtschaft, wachsender Probleme und Konflikte in der kapitalistichen Gesellschaft.

Vor allem die seit etlichen Jahren geführte Diskussion um das Wirtschaftswachstum, um seine Notwendigkeit, Möglichkeiten und um seine Kriterien zeigt, daß in der bürgerlichen Wachstumstheorie ein Umdenkungsprozeß in Gang gekommen ist, der als Reaktion der bürgerlichen Ökonomie auf die veränderten Existenzbedingungen des Kapitals zu werten ist. So beklagt Karl Kühn: „Die Rolle des technologischen Fortschritts rudimentär behandelt oder durch leichtfertige Exogenisierung kaschiert zu haben, ist einer der grundlegendsten Defekte der vorherrschenden ökonomischen Theorie."[22] Die gegenwärtige bürgerliche Wachstumstheorie ist aus der eklektischen Vereinigung postkeynesianischer und neoklassischer Ansätze entstanden und mißt dem wissenschaftlichlich-technischen Fortschritt als Wachstumsfaktor große Bedeutung bei.

Als wachstumsbeeinflussende Faktoren werden, ergänzend zu den sogenannten klassischen Produktionsfaktoren Arbeit und Kapital, auch Bildungsniveau, Unternehmertum, Infrastruktur, technischer Fortschritt, nichterneuerbare Rohstoffe und Umwelt angesehen. Dabei rückt der wissenschaftlich-technische Fortschritt immer stärker in den Mittelpunkt vieler Betrachtungen. Da er aber nach wie vor gemäß der neoklassischen Theorie als „Restgröße", die außer den Produktionsfaktoren „Kapital" und „Arbeit" alle anderen Wachstumsfaktoren umfaßt, betrachtet wird, ergab sich für die Wachstumstheoretiker bisher die Schwierigkeit, „die Ansatzpunkte für die Beeinflussung des technischen Fortschritts"[23] zu ergründen. Neuerdings werden solche Ansatzpunkte vor allem in folgenden Faktoren gesehen:

[22] K. Kühn, Evolutionsökonomie. Grundlagen der Nationalökonomie und Realtheorie der Geldwirtschaft, Stuttgart – New York 1982, S. 202 Anm. 6.

[23] R. L. Frey, Wachstumspolitik, Stuttgart – New York 1979, S. 80.

- in den *Bruttoinvestitionen*, die den kapitalgebundenen technischen Fortschritt betreffen, da sie Träger neuer Technologien sind (für die staatsmonopolitische Wachstumspolitik besteht deshalb die Aufgabe in der Begünstigung des Großunternehmens und der Förderung der weiteren Konzentration und Zentralisation von Produktion und Kapital);
- in *Forschung und Entwicklung*, wobei die drei Phasen unterschieden werden
  - Invention (Erfindung),
  - Innovation (ökonomische Durchsetzung) und
  - Diffusion (allgemeine Verbreitung);
- in der *Effizienz der Faktorallokation*. Dabei handelt es sich um laufende Anpassungsprozesse beim Einsatz der sogenannten Produktionsfaktoren auf vorsichgehende Strukturveränderungen sowohl auf der Angebots- wie auch auf der Nachfrageseite. „Je rascher und je reibungsloser diese Anpassungen erfolgen", schreibt René Frey, „desto höher ist in einem marktwirtschaftlichen System ceteris paribus das Wirtschaftswachstum. Aufgabe des Staates ist es, dafür zu sorgen, daß die Mechanismen, welche die Volkswirtschaft steuern, möglichst gut funktionieren. Konkret bedeutet dies erstens Wettbewerb, soweit die Steuerung dem Preismechanismus obliegt, und zweitens gut funktionierende staatliche bzw. kollektive Institutionen, soweit politisch entschieden wird."[24]

Unter den heutigen Wachstumstheoretikern ist die Tendenz unverkennbar, dem „dynamischen Unternehmer" einen größeren Stellenwert einzuräumen und dem Wachstumsfaktor Unternehmertum größere Eigenständigkeit zu geben. Mit dieser Erkenntnis, so behaupten sie, habe sich die Wachstums- und Entwicklungstheorie von Schumpeter, der den „dynamischen Unternehmer" als tragenden Pfeiler des wirtschaftlichen Fortschritts betrachtete, bestätigt.

Bis Ende der 60er Jahre wurde in der bürgerlichen Ökonomie Wirtschaftswachstum als längerfristiger Trend mit Hilfe einer Exponentialfunktion dargestellt. Mit dem ersten Bericht des Club of Rome über die „Grenzen des Wachstums" wurde in den entwickelten kapitalistischen Ländern und darüber hinaus eine breite Diskussion über vielfältige Probleme und Auswirkungen des Wirtschaftswachstums vor allem auch unter ökologischen Gesichtspunkten geführt. Der Themenkatalog der 70er Jahre reichte von einer unkritischen Widerspiegelung kapitalistischer Wachstumseuphorie über die Beschwörung der „Grenzen des Wachstums" und einer theoretischen Konzeption des „Nullwachstums" bis hin zur Diskussion über ein „organisches" und „qualitatives Wachstum".

In der bürgerlichen Ökonomie fanden die „Grenzen des Wachstums" ihren Niederschlag in einer logistischen Funktion, in der davon ausgegangen wird, daß es eine Obergrenze des Wachstums gibt und die Wachstumsrate in deren Nähe gegen Null konvergiert. Allerdings hatte sich sehr schnell herausgestellt,

[24] Ebenda, S. 82.

daß beide Varianten unrealistisch sind. Exponentielles Wachstum in traditioneller Weise ist nicht mehr „machbar" und „Nullwachstum" ist fürs Monopolkapital nicht annehmbar. Die theoretische Konsequenz daraus besteht in der eklektischen Vereinigung von logistischer und Exponentialfunktion des Wachstums, wobei mit Hilfe des wissenschaftlich-technischen Fortschritts eine Verschiebung der Obergrenze des Wachstums bewirkt und damit die „Grenzen des Wachstums" durch ein „Wachstum der Grenzen" überwunden werden sollen[25] (vgl. Abbildung 1).

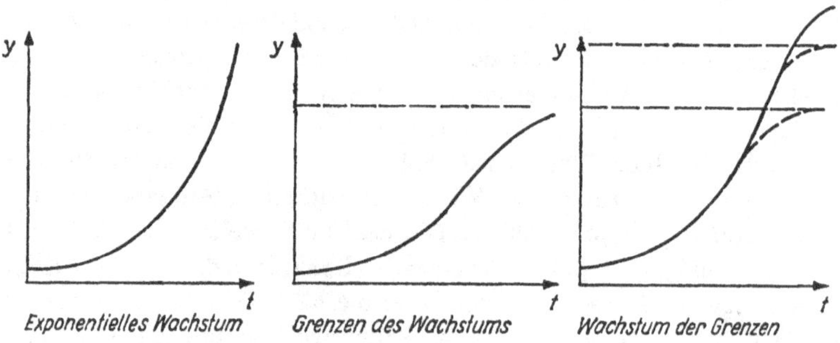

Abb. 1

Ursachen, Determinanten und Realisierungsbedingungen sowie Folgen und Auswirkungen des wissenschaftlich-technischen Fortschritts haben in der bürgerlichen Theorie einen recht unterschiedlichen Stellenwert. Nach wie vor ist die Ursachenforschung am wenigsten entwickelt, gilt das wirtschaftspolitische und wirtschaftstheoretische Interesse den Fragen, die mit der Realisierung des wissenschaftlich-technischen Fortschritts zusammenhängen, ist es der ökonomischen Theorie noch immer nicht gelungen, eine allgemeingültige Definition des wissenschaftlich-technischen Fortschritts zu entwickeln. Wie gezeigt, wird in der bürgerlichen Ökonomie der wissenschaftlich-technische Fortschritt vor allem im Rahmen der neoklassischen Wachstumstheorie erörtert. Allerdings erlaubt die modelltheoretische Behandlung wegen ihrer restriktiven Voraussetzungen nicht, Aussagen zu treffen, die für die Wirtschaftspolitik praktisch verwertbar sind. Um dies zu erreichen, müßte sowohl der enge methodologische Ansatz der neoklassischen Theorie überwunden als auch und vor allem in stärkerem Maße die Ursachenforschung beträchtlich forciert werden.

Die jüngsten Entwicklungen der Wachstumstheorie sind unter anderem durch Versuche gekennzeichnet, den technischen Fortschritt in Einzelkomponenten zu zerlegen und seinen Ursachen mehr durch eine mikroökonomisch orientierte Analyse auf die Spur zu kommen. Auf dieser Grundlage ist die Fortentwicklung der Theorie des technischen Fortschritts zu sehen, die heute erstmals die

[25] Vgl. ebenda, S. 7.

Frage nach den Ursachen wissenschaftlich-technischen und technologischen Fortschritts stellt, wobei eine engere Verknüpfung von makroökonomischer und mikroökonomischer Betrachtung erfolgt.
Auf diese Weise wird der technische Fortschritt als
- faktorpreisinduzierter Fortschritt,
- investitionsinduzierter Fortschritt,
- forschungsinduzierter Fortschritt,
- nachfrageinduzierter Fortschritt und
- angebotsinduzierter Fortschritt gefaßt.

„Versucht man, die Aussagen der ökonomischen Theorie zur Frage nach den Wachstumsdeterminanten zusammenzufassen und aus der Sicht des derzeitigen Erkenntnisstandes zu interpretieren, dann ergibt sich folgendes Bild: Der Wachstumsprozeß kann im wesentlichen mit dem Prozeß des technischen Fortschritts identifiziert werden. Technischer Fortschritt kann aber nicht als ein abrupter Produktivitätssteigerungsmechanismus interpretiert werden, sondern er zerfällt in eine Sequenz von Einzelprozessen. Dabei lassen sich Erkenntnis- und Inventionsprozesse, Innovations- und Diffusionsprozesse sowie Informations- und Lernprozesse unterscheiden, wobei die drei ersten als Kreationsprozesse, die drei letzten als Diffusionsprozesse i. w. S. bezeichnet werden können. Damit sich die gewünschte Sequenz einstellt, müssen verschiedene komplementäre Voraussetzungen erfüllt sein, unter denen in einer Marktwirtschaft dem Wettbewerb die zentrale Bedeutung zukommt. Kreations- und Diffusionsprozesse sind die Folge wettbewerblichen Marktverhaltens im Sinne von kreativem und adaptivem Verhalten."[26]

Damit rückt zwar der Innovationsprozeß mit seinen verschiedenen Phasen stärker ins Zentrum der Aufmerksamkeit, die Betrachtung des wissenschaftlich-technischen Fortschritt bleibt aber nach wie vor einseitig, so, als vollziehe sich wissenschaftlich-technischer Fortschritt unabhängig und losgelöst von den sozialökonomischen Bedingungen. Auch die Überbewertung des „Wettbewerbs" in diesem Prozeß ignoriert die Tatsache, daß die Monopole aufgrund ihres überlegenen Potentials an Mitteln zur Forschung und Entwicklung über ungleich größere „Marktchancen" verfügen als andere Unternehmen.

Unter den Bedingungen der wissenschaftlich-technischen Revolution verstärken sich die Bestrebungen der Monopolbourgeoisie, den wissenschaftlich-technischen Fortschritt zielstrebiger in den Dienst der Kapitalverwertung zu stellen. Diesbezüglich steht auch die bürgerliche Ökonomie vor der Aufgabe, dem Monopolkapital durch die Weiterentwicklung der theoretischen Grundlagen in stärkerem Maße Hilfestellung zu geben. Dabei ist die Weiterentwicklung der *Innovationstheorie* als Versuch zu werten, neue Ansatzpunkte im Forschungs- und Entwicklungsprozeß für eine effektivere Kapitalverwertung zu suchen.

26 K. Herdzina, Wirtschaftliches Wachstum, Strukturwandel und Wettbewerb, Berlin (West) 1981, S. 280.

Ausgangspunkt für derartige Bestrebungen stellt die Entwicklungstheorie Schumpeters[27] dar, auf deren Basis in der bürgerlichen Theorie zur Bestimmung des angebotsinduzierten technischen Fortschritts drei Neo-Schumpeter-Hypothesen[28] entwickelt wurden.

Bei Joseph Alois Schumpeter ist der „dynamische Unternehmer" der Hauptträger des technischen Fortschritts, der durch besondere Unternehmereigenschaften und durch Risikobereitschaft die Innovationen fördere und die wirtschaftliche Entwicklung vorantreibe. Gleichzeitig aber erfolge die Konzentration der Produktion und die Monopolisierung der Wirtschaft, die den Prozeß der „schöpferischen Zerstörung" bewirke und mit Zwangsläufigkeit zur Transformation des kapitalistischen Systems in den Sozialismus führe.[29] Davon ausgehend werden in den Neo-Schumpeter-Hypothesen unterschiedliche Determinanten des technischen Fortschritts gekennzeichnet[30]:

1. Die *Motivationshypothese* knüpft an den „dynamischen Unternehmer" an und besagt, daß der technische Fortschritt von der Motivation der Unternehmer (Manager), von ihrer Wirtschafts- und Wettbewerbsgesinnung, von ihrer Risikobereitschaft, von ihrem Leistungsstreben und ihrer Gewinnerwartung abhängt. Nach Gerd Fleischmann[31] habe die Gewinnerwartung auf die Innovationsbereitschaft des Unternehmers einen größeren Einfluß als die Furcht vor Verlust.

2. Die *Unternehmensgrößenhypothese*[32] betrachtet den technischen Fortschritt als Funktion der absoluten Größe eines Unternehmens. Dabei werden zwei Aspekte hervorgehoben, ein Kosten- sowie ein Risikoaspekt, die die Überlegenheit des Großunternehmens bei der Entwicklung technischer Neuerungen gegenüber dem Kleinbetrieb begründen. Zugleich wird in diesem Zusammenhang die Rolle der Organisationsstruktur des kapitalistischen Privatunternehmens für den technischen Fortschritt erörtert.

3. Die *Marktstrukturhypothese* schließlich besagt, daß Forschungs- und Entwicklungsaktivitäten und damit der technische Fortschritt weitgehend von der relativen Größe des Unternehmens, das heißt von seinem Marktanteil beeinflußt werden. Im Mittelpunkt der Betrachtung steht hierbei das Monopol im

[27] Vgl. J. A. Schumpeter, Theorie der wirtschaftlichen Entwicklung, 5. Aufl., Berlin (West) 1952.

[28] Vgl. J. Tabbert, Unternehmensgröße, Marktstruktur und technischer Fortschritt – Eine empirische Untersuchung für die Bundesrepublik, Göttingen 1974, S. 2.

[29] Vgl. J. A. Schumpeter, Kapitalismus, Sozialismus und Demokratie, 2. Aufl., München 1950, S. 134.

[30] Vgl. K. Herdzina, Wirtschaftliches Wachstum, Strukturwandel und Wettbewerb, a. a. O., S. 78.

[31] Vgl. G. Fleischmann, Wettbewerb und Innovation, in: Hamburger Jahrbuch für Wirtschafts- und Gesellschaftspolitik, 17. Jahr, Tübingen 1972, S. 37.

[32] Vgl. E. Kantzenbach, Innovation und Unternehmensgröße, in O. Hatzold (Hrsg.), Innovation in der Wirtschaft, München 1970, S. 220.

Sinne der bürgerlichen Marktformenlehre, das Beschleunigung des wissenschaftlich-technischen Fortschritts mit steigender Marktmacht begünstige und die Inhaber dieser monopolistischen Marktmacht vor allzu rascher Imitation ihrer Innovationen durch die Konkurrenz zeitweilig schütze.

Gewinnerwartung, Unternehmensgröße und Marktmacht sind Einflußfaktoren des wissenschaftlich-technischen Fortschritts im Kapitalismus, die von Karl Marx ausführlich analysiert und deren gesetzmäßige Zusammenhänge von ihm aufgedeckt wurden. Der Mehrwert als Ziel der kapitalistischen Produktion, der Expansionsdrang des Kapitals und seine Tendenz zur Konzentration und Zentralisation sowie der unerbittliche Konkurrenzkampf auch um den Absatz der Erzeugnisse sind dem Kapitalismus eigene Triebkräfte des wissenschaftlich-technischen Fortschritts.

Neu in der bürgerlichen Ökonomie ist in diesem Zusammenhang allerdings das Einschwenken auf eine konservative Linie: Die prononcierte Rechtfertigung des Privateigentums an den Produktionsmitteln und die Glorifizierung des privaten Unternehmertums bedeuten die endgültige Absage an die Wohlfahrtstheorie, die in früheren Jahren dem Kapitalismus als Feigenblatt gedient hatte. Für diesen Kurswechsel werden auch theoriegeschichtliche Grundlagen, wenn es nützlich ist, reaktiviert. Trotz dieser Bemühungen kann die bürgerliche Ökonomie keine umfassende Erklärung und theoriegeschichtliche Verallgemeinerung des wissenschaftlich-technischen Fortschritts geben.

Neuerdings wird die wissenschaftlich-technische Entwicklung auch wieder mit der Theorie der langen Wellen[33] in Zusammenhang gebracht. Es wird davon ausgegangen, daß der langfristigen Wirtschaftsentwicklung sogenannte Investitionsschübe durch technologische Basisinnovationen zugrunde liegen. Einem etwa 20- bis 25jährigen Aufschwung folge eine 7- bis 10jährige Übergangsphase, bis ein abermals 20- bis 25jähriger Abschwung einsetze.

Der erste Aufschwung dieser Wellen sei durch die Erfindung der Dampfmaschine und die Ausbreitung der Textilindustrie induziert worden. Der Aufschwung der letzten Welle, so wird behauptet, fand 1973 seinen Abschluß. Mit dem Abwärtstrend wird bis Mitte der 90er Jahre gerechnet.

Ausgehend von der Beobachtung, daß bestimmte bahnbrechende Erfindungen in gewissen Schüben anfallen, entwickelte Nikolai Kondratieff bereits 1926 die Theorie der langen Wellen[34], wonach sich die volkswirtschaftliche Entwicklung, beeinflußt durch das Auftreten oder das Ausbleiben größerer Basisinnovationen, ebenfalls in langfristigen Wellen bewege. Auch Schumpeter beschäftigte sich mit dieser Problematik und veröffentlichte seine Untersuchungen 1939 in den „Business Cycles“[35].

33 Vgl. W. Wittmann, Technischer Fortschritt als strategischer Faktor der achtziger Jahre, in: Neue Zürcher Zeitung (Zürich) vom 13. 12. 1983, S. 15.

34 Vgl. N. D. Kondratieff, Die langen Wellen der Konjunktur, in: Archiv für Sozialwissenschaft und Sozialpolitik (Tübingen), 56/1926, S. 573–609.

35 Vgl. J. A. Schumpeter, Konjunkturzyklen, Göttingen 1961.

Im letzten Jahrzehnt ist im Zusammenhang mit den verschärften Krisenerscheinungen in der kapitalistischen Welt die Theorie der langen Wellen wieder ins Gespräch gekommen. Dabei versucht vor allem Gerhard Mensch[36] – Hauptvertreter in dieser Auseinandersetzung – den Nachweis zu führen, daß gegenwärtig eine Stagnationsphase infolge mangelnder Erfindungen vorherrsche, die er als „technologisches Patt" bezeichnet. Von der Risikobereitschaft der Unternehmer, technisches Wissen wirtschaftlich zu verwerten, würden die Innovationen hauptsächlich abhängen.

Damit wird der sogenannte dynamische Unternehmer zum „Träger" des technischen Fortschritts erklärt. Seinen Tatendrang zu kanalisieren und zu verhindern, daß die sogenannte Konsumentensouveränität eingeschränkt wird, müsse der Staat für die Aufrechterhaltung eines intensiven Wettbewerbs sorgen.

Die Wiederaufbereitung dieser Theorie hat unter den gegenwärtigen wirtschafts- und sozialpolitischen Bedingungen der kapitalistischen Länder sowie unter dem Aspekt der verschärften Systemauseinandersetzung mit dem Sozialismus – vor allem auf wissenschaftlich-technischem Gebiet – eine gezielt zweckoptimistische Funktion zu erfüllen, könne doch aus den wirtschaftsgeschichtlichen Erfahrungen gefolgert werden, daß nach dem Abschwung auch wieder ein Aufschwung der Wirtschaft in Aussicht sei, wenn man nur die entsprechende Durststrecke, die damit als eine wirtschaftshistorische Notwendigkeit erscheint, durchhalte.

Die Reaktivierung dieser Theorie hat zweitens die Funktion, die Rolle des Privatunternehmers in der kapitalistischen Gesellschaft weiter aufzuwerten. Nur der „dynamische Unternehmer" könne mit einer ausreichenden Menge des nötigen „Risikokapitals" und qualifizierter Arbeitskräfte den technischen Fortschritt als überragenden Faktor der wirtschaftlichen Entwicklung gewährleisten. Innovationsträchtig könne nur das kapitalistische System sein.

Drittens schließlich soll mit dieser Theorie auch eine Erklärung der gegenwärtigen wirtschafts- und sozialpolitischen Lage gegeben und wirtschaftliches Verhalten stimuliert werden.

Die theoretische Substanz der bürgerlichen Konzeption langer Wellen erschöpft sich in dem Versuch, Wirtschaftswachstum einseitig aus der Entwicklung der Produktivkräfte heraus zu erklären und speziell den Bezug des Wachstums zu bestimmten Basis- und Folgeinnovationen herzustellen. Damit werden die eigentlichen Ursachen kapitalistischer Wirtschaftskrisen, die in den sozialökonomischen Verhältnissen angelegt sind, nicht erfaßt.

Im Zusammenhang mit der rasch wachsenden Rolle der Mikroelektronik wird gegenwärtig von der *dritten* industriellen Revolution gesprochen. In dem 1982 in Salzburg vorgelegten Bericht an den Club of Rome wird angesichts der fortschreitenden Miniaturisierung, Automatisierung, Computerisierung und

[36] Vgl. G. Mensch, Das technologische Patt. Innovationen überwinden die Depression, Frankfurt a. M. 1975.

Roboterisierung durch die Mikroelektronik das Problem formuliert, „ob wir es lediglich mit einer neuen Technologie zu tun haben, oder ob wir vor einer neuen industriellen Revolution stehen"[37]. In Analogie zur industriellen Revolution und dem Einfluß der Dampfmaschine für die kapitalistische Entwicklung des 19. Jahrhunderts würde heute die Mikroelektronik zu einer ähnlich tiefgreifenden Umwälzung der Gesellschaft führen. So meinten viele Ökonomen, es handele sich nicht nur um eine neue Technologie, sondern um eine neue, dritte industrielle Revolution mit erheblichen Auswirkungen auf die Gesellschaft. Diese Auswirkungen berührten drei wesentliche Bereiche des gesellschaftlichen Lebens:

- die Waffentechnik,
- die Ökonomie,
- die Information und Kommunikation.

Die Autoren des Berichtes gehen deshalb von der Frage aus: „Ist der enorme Aufschwung der Mikroelektronik und ihrer Anwendungsmöglichkeiten Auslöser einer neuen großen Diskontinuität in der wirtschaftlichen und daher auch in der sozialen Entwicklung oder handelt es sich bloß um den gewöhnlichen weiteren Fortschritt der technologischen Entwicklung von heute aufgrund wissenschaftlicher Erfindungen? Es gibt Vertreter beider Auffassungen, und eine der Aufgaben dieses Buches besteht ja darin, der Diskussion darüber Nahrung zu geben. Denn sollte sich der revolutionäre Charakter der Mikroelektronik als Realität herausstellen, müßte die Gesellschaft sich zumindest so weit über die Konsequenzen im klaren sein, daß sie in der Lage ist, diese Entwicklung zum Nutzen der Menschheit zu steuern.

Wir neigen zu der Auffassung, daß die Auswirkungen des integrierten Schaltkreises in der Tat revolutionär sind. Keine andere Erfindung oder Entdeckung seit der Dampfmaschine hatte so weitgehende Auswirkungen auf alle Bereiche der Wirtschaft."[38] Die adäquaten gesellschaftlichen Bedingungen, um diesen revolutionären Prozeß zum Nutzen des Menschen zu steuern, sehen die Vertreter des Club of Rome allerdings nicht im Sozialismus. Sie verweisen zwar darauf, daß gesellschaftliche Veränderungen notwendig sind, appellieren aber an die Regierungen, Gewerkschaften und Unternehmerverbände, „die Auswirkungen der Mikroelektronik gründlicher zu untersuchen, um eine Grundlage sowohl für etwa erforderliche Notmaßnahmen als auch für längerfristige und grundlegendere Ansätze zu erhalten, die starke gesellschaftspolitische Auswirkungen haben werden"[39].

Die Lösung der Probleme wird also ausschließlich im Rahmen der kapitalistischen Gesellschaft gesucht. Für den Sozialismus geht man von einer lang-

[37] G. Friedrichs/A. Schaff (Hrsg.), Auf Gedeih und Verderb. Mikroelektronik und Gesellschaft, Bericht an den Club of Rome, Wien – München – Zürich 1982, S. 7.

[38] Ebenda, S. 23/24.

[39] Ebenda, S. 347.

sameren Entwicklung der kommerziellen Anwendungsmöglichkeiten der Mikroelektronik aus, die „der Unbeweglichkeit der Zentralplanung als auch der offensichtlichen Kommunikationslücke zwischen der militärischen und der zivilen Nutzung"[40] zugeschrieben werden.

Eine andere Gruppe bürgerlicher Theoretiker spricht heute davon, daß die Informations- und Kommunikationstechnologien die dritte industrielle Revolution einleiten würden. Erfolgte in der ersten industriellen Revolution die Ablösung der Muskelkraft durch die Maschine, so führte dieser Konzeption nach die zweite industrielle Revolution zur Automatisierung des Produktionsprozesses. Entscheidendes Kennzeichen der dritten industriellen Revolution sei nun die Ablösung wichtiger Denkfunktionen, die bisher nur dem Menschen vorbehalten waren. Dabei handele es sich nicht nur um Routinefunktionen, sondern in zunehmendem Maße auch um wechselnde und kreative Problemlösungs- und Entscheidungsfunktionen, die der sogenannten apparativen Intelligenz zugänglich werden.[41]

In der Tat besteht der Kernprozeß der wissenschaftlich-technischen Revolution heute in der Übertragung von Funktionen der Informationsverarbeitung auf technische Mittel.[42] Insofern wird auch in der marxistisch-leninistischen Literatur von der *zweiten Etappe* der wissenschaftlich-technischen Revolution gesprochen. Natürlich bieten sich zwischen der wissenschaftlich-technischen Revolution und der industriellen Revolution gewisse Analogien an. Vor allem im Hinblick auf die Herausbildung eines neuen Typs von Arbeitsmitteln und einer neuen Qualität der materiell-technischen Basis, des Übergangs zu einem neuen Typ der Reproduktion, einer starken Ausdehnung der Produktionsmaßstäbe und neuer Möglichkeiten der Steigerung der Arbeitsproduktivität[43] sind beide Umwälzungsprozesse miteinander vergleichbar. Während aber die industrielle Revolution aufs engste mit der Konstituierung der kapitalistischen Produktionsweise verbunden war und dadurch ihr spezifisches soziales Gepräge erhielt, handelt es sich bei der wissenschaftlich-technischen Revolution heute um einen Umwälzungsprozeß des Gesamtsystems der gesellschaftlichen Produktivkräfte, der untrennbar mit der Schaffung der materiell-technischen Basis des Kommunismus verbunden ist. Er vollzieht sich im Kapitalismus ebenfalls als ein formationsspezifischer Prozeß, der sich auf Grund der Entwicklungsschranken kapitalistischer Produktionsverhältnisse allerdings nicht vollenden kann. Der Mensch als wichtigste Produktivkraft ist hier nur unter dem Aspekt

[40] Ebenda, S. 103.

[41] Vgl. K. Schrape, Die Folgen der dritten industriellen Revolution, in: Technische Rundschau (Bern), 39/1981, S. 17.

[42] Vgl. Autorenkollektiv (Leitg. E. Albrecht), Zyklus Wissenschaft – Technik – Produktion, Berlin 1982, S. 19.

[43] Vgl. H. Nick/K. Steinitz, Wissenschaftlich-technische Revolution, Mikroelektronik und Intensivierung des gesellschaftlichen Reproduktionsprozesses, in: Wirtschaftswissenschaft, 11/1982, S. 1621/1622.

der Ware Arbeitskraft gefragt und alle wissenschaftlich-technischen Umwälzungen unterliegen der ökonomischen Zielstellung dieser Produktionsweise.

Mit dem Konzept von der zweiten oder dritten industriellen Revolution werden von bürgerlichen Vertretern gerade diese qualitativen Unterschiede verwischt und aus apologetischen Gründen konvergenztheoretische Illusionen genährt.

6.4. *Tendenzen der staatsmonopolistischen Forschungs- und Technologiepolitik*

So, wie der wissenschaftlich-technische Fortschritt im kapitalistischen Reproduktionsprozeß und in der ökonomischen und politischen Strategie des Monopolkapitals erhöhtes Gewicht erhält, ist er auch ins Zentrum der staatlichen Wirtschaftspolitik der BRD gerückt.

Die Wissenschafts- und Technologiepolitik soll ihren Beitrag für einen Innovations- und Produktivitätsschub der kapitalistischen Wirtschaft leisten. Ihre komplexere Ausgestaltung und eine organische Einbindung in die gesamte Wirtschafts- und Gesellschaftspolitik wird dabei seit längerem angestrebt: „Da die Regulierung des wissenschaftlich-technischen Fortschritts mehr und mehr zu einem Kern der staatsmonopolistischen Regulierung überhaupt wird, geht sie weit über bloße Forschungs- und Technologiepolitik hinaus und berührt alle Elemente des Systems der staatsmonopolistischen Regulierung. Dementsprechend wird von den Vertretern der Monopolbourgeoisie die bessere Koordinierung zwischen Wissenschafts-, Technologie- und Wirtschaftspolitik gefordert, um eine gesellschaftlich akzeptable Entwicklung der Produktivkräfte zu erreichen. Einbindung der Wissenschafts- und Technologiepolitik in die gesamte Gesellschaftspolitik und Erreichung von gesellschaftlicher Akzeptanz heißt aber unter imperialistischen Bedingungen Sicherung höchstmöglicher Profitabilität des technischen Fortschritts unter Verhinderung des offenen Ausbruchs sozialer Konflikte bzw. ihrer systemerhaltenden Lösung."[44]

Mit Hilfe der staatlichen Forschungs- und Technologiepolitik soll gezielter Einfluß auf die grundlegenden Entwicklungsprozesse des wissenschaftlich-technischen Fortschritts genommen und sie sollen im Interesse des Großkapitals effektiv genutzt werden. Von daher verfolgt die Forschungs- und Technologiepolitik des imperialistischen Staates nicht nur eigene, spezifische Ziele und Aufgaben, sondern sie wirkt zugleich auch an der Realisierung des jeweiligen wirtschaftspolitischen Kurses mit. Dabei spielen wichtige Bestimmungsfaktoren eine Rolle, die im Vorfeld wissenschafts- und technologiepolitischer Entscheidung liegen und die langfristige Strategienbildung maßgeblich beeinflussen. Aspekte dieser Art sind zum Beispiel:

[44] G. Kahl/G. Speer/G.-D. Friedrich/J. Leibiger, Die staatsmonopolistische Regulierung des wissenschaftlich-technischen Fortschritts – Theoriebestandteil der Hauptrichtungen der monopolbourgeoisen Politischen Ökonomie. Thesen, a. a. O., S. 38.

- die militärtechnologische Revolution, die im Zuge der imperialistischen Hochrüstung erhebliche Konsequenzen für die Forschungs- und Technologiepolitik mit sich bringt;
- die Hochtechnologie (high technology), die grundlegende technologische Entwicklungstendenzen verkörpert wie Kernenergie, Luft- und Raumfahrt, Elektronik, Informatik, Biotechnologie;
- die rasche Entfaltung des internationalen Innovationswettstreits als Ausdruck des verschärften Konkurrenzkampfes;
- die Notwendigkeit einer engeren internationalen wissenschaftlich-technischen Zusammenarbeit zur Weltmeereserforschung, zum Umweltschutz, zur Klimaforschung und in anderen Bereichen;
- das verstärkte Bemühen zur Kanalisierung sozialer Konflikte im Innern;
- die Suche nach einer gemeinsamen Wirtschaftsstrategie gegenüber den sozialistischen Ländern, vor allem unter dem Gesichtspunkt der wissenschaftlich-technischen Entwicklung.

Die allgemeinen Ziele der staatlichen Forschungs- und Technologiepolitik wurden für die BRD bereits Ende der 70er Jahre fixiert.

Als Teil der Gesamtpolitik soll die Forschungs- und Technologiepolitik der Bundesregierung dazu beitragen,

„1. den wissenschaftlichen Erkenntnisstand zu erweitern und zu vertiefen,
2. die Leistungs- und Wettbewerbsfähigkeit unserer Wirtschaft zu erhalten und auszubauen,
3. die Ressourcen zu schonen und die natürlichen Lebensvoraussetzungen zu erhalten,
4. die Lebens- und Arbeitsbedingungen der Menschen zu verbessern,
5. technologische Entwicklungen in ihren Auswirkungen und Zusammenhängen zu erkennen, ihre Chancen und Risiken abzuwägen und zu diskutieren und Entscheidungen über die Nutzung von Technologien zu begründen."[45]

Vom Großkapital wird mit wachsendem Nachdruck eine Politik gefordert, die stärker denn je darauf ausgerichtet sein soll, einen Produktivitäts- und Wachstumsschub zu bewirken und auf diesem Weg die internationale Konkurrenzfähigkeit zu erhöhen. Der Umbruch, der sich mit der Veränderung der Reproduktionsbedingungen des Kapitals in der Wirtschaft vollzogen hat, setzt sich auf der Ebene der staatlichen Administration mit flankierenden Anpassungsstrategien fort. Der Neuansatz der Politik wird vor allem darin gesehen, daß verstärkt Bedingungen geschaffen werden, die auf der ganzen Breite des Innovationsprozesses Investitionen stimulieren, die nicht nur unter kurzfristigem Kalkül, sondern vor allem unter langfristigen Gesichtspunkten forciert werden.

In diesem Sinne wurden auch vom Bundesverband der Deutschen Industrie (BDI) Forderungen im Hinblick auf die weitere Gestaltung der Forschungs-

[45] Bundesbericht Forschung VI, hg. vom Bundesministerium für Forschung und Technologie, Reihe Berichte und Dokumentationen, Bd. 4, Bonn 1979, S. 8.

und Technologiepolitik gestellt, die generell auf eine Erweiterung des unternehmerischen Spielraumes sowie auf eine differenzierte Innovationsförderung hinauslaufen. Auf diese Weise soll der Staat

- innovationsfreundliche Rahmenbedingungen fürs Monopolkapital schaffen,
- die Forschungsinfrastruktur und vor allem die Grundlagenforschung zielstrebig ausbauen,
- die staatliche Forschungsförderung auf stärker *indirekte* Förderungsinstrumente umgestalten und
- eine stärkere Steuerung über den Markt gewährleisten.

Für die Realisierung wissenschaftlich-technischer und ökonomischer Ziele des Monopolkapitals spielen der rasche Ausbau der Grundlagenforschung sowie die allgemeine Forschungsförderung durch den imperialistischen Staat wie überhaupt die Entwicklung einer breiten Infrastruktur für den Gesamtbereich der Forschung, Entwicklung und Innovation eine rasch zunehmende Rolle. Die staatlichen Aktivitäten erweisen sich für eine möglichst effektive Kapitalverwertung als unentbehrlich. Dabei erhält die Grundlagenforschung für den privatmonopolistischen Reproduktionsprozeß einen neuen Stellenwert.

Daß die Forderungen des Monopolkapitals auf fruchtbaren Boden fallen, zeigt der Jahreswirtschaftsbericht 1984 der Bundesregierung, in dem für die Forschungs- und Technologiepolitik folgende Aufgaben hervorgehoben wurden:

„– Stärkung der Grundlagenforschung;
- Forschung in Bereichen staatlicher Daseinsvorsorge (Umwelt, Klima, Gesundheit, Sicherheit);
- ‚Großforschung' (Weltraumforschung, Versuchs- und Demonstrationsvorhaben im Energie- und Verkehrsbereich, Meeresforschung);
- Verbesserung der Infrastruktur und der Kooperation in der Forschung;
- Verbesserung der Ausgangs- und Rahmenbedingungen für Innovationen in der Wirtschaft, insbesondere für kleine und mittlere Unternehmen und für innovative Unternehmensgründungen sowie
- technologische Forschung und Entwicklung in der Industrie."[46]

Mit diesem Aufgabenkatalog wird im wesentlichen den Erwartungen des Monopolkapitals entsprochen. Die aktuellen Tendenzen finden schließlich auch im Bundesbericht Forschung 1984[47] ihren Niederschlag, in dem die Grundsätze einer neuen Forschungs- und Technologiepolitik verankert wurden: die Gewährleistung der Freiheit der Forschung, die stärkere Förderung der Eigeninitiative, die Einhaltung des Subsidiaritätsprinzips für staatliche Forschungsförderung, die Leistungsanerkennung und Herausforderung von wissenschaftlich-technischen Spitzenleistungen. Für die zweite Hälfte der 80er Jahre stehen folgende Forschungsbereiche im Zentrum der staatlichen Förderung: die Informationstechnik, die Biotechnologie, die Materialforschung, die Umwelt-

[46] Wissenschaft – Wirtschaft – Politik. Informationen, Analysen, (Bonn), 6/1984, S. 3.
[47] Bundesbericht Forschung 1984, Teil I und II, Bonn 1984, S. 13/14.

forschung und Umwelttechnik, die Klimaforschung, die Kohleforschung sowie die Weltraumforschung und Weltraumtechnik. Ein überdurchschnittlicher Zuwachs der Haushaltsmittel ist für diesen Zeitraum für die Grundlagenforschung sowie für die im Vergleich zur direkten Projektförderung früherer Jahre indirekte Forschungsförderung vorgesehen.

Ein charakteristisches Kennzeichen der staatlichen Förderung von Forschung, Entwicklung und Innovation bestand Mitte der 70er Jahre in der hohen Priorität *direkter* Fördermethoden. Das Verhältnis der *indirekten,* auf Breitenwirkung ausgerichteten Förderung von Forschung und Entwicklung in der Wirtschaft der BRD zur *direkten,* projektorientierten Förderung gestaltet sich wie folgt[48]:

1975 = 1 : 11,6
1976 = 1 : 14,4
1977 = 1 : 10,4
1978 = 1 : 13,9
1979 = 1 : 5,4
1980 = 1 : 4,8
1981 = 1 : 4,0.

Diese Relationen sollen in den nächsten Jahren weiter zugunsten der indirekten Förderung verändert und damit auch die privatmonopolistischen Elemente gegenüber staatlichen Regulierungsmaßnahmen in der Wirtschaft gestärkt werden. Das trifft auch zu auf die Zuwachsraten der Bundesmittel für Forschung und Entwicklung (FuE), die für die einzelnen Perioden so aussehen[49]:

1975/79 = 7,4 %
1979/83 = 4,7 %
1983/87 = 2,4 %.

Damit einher geht eine stärkere Konzentration des Wissenschafts- und Forschungspotentials, der weitere Ausbau der Grundlagenforschung und in diesem Rahmen die Neuorientierung der Großforschung. In der BRD gibt es 13 Großforschungseinrichtungen, die in der Arbeitsgemeinschaft der Großforschungseinrichtungen (AGF) zusammengeschlossen sind und die Aufgaben haben, nicht nur technologische Großprojekte durchzuführen und die dazu erforderliche Programmforschung zu betreiben, sondern in Schwerpunktbereichen auch Grundlagenforschung zu betreiben und Dienstleistungen im allgemeinen Interesse bereitzustellen. Gegenwärtig erfolgt für die Großforschungseinrichtungen die Neugestaltung der Forschungsprogramme, verbunden mit einer Neuausrichtung in den Ziel- und Aufgabenstellungen. So wird von ihnen in Zukunft in noch höherem Maße ein „großforschungsspezifischer" Beitrag zur Erfüllung der forschungs- und technologiepolitischen Ziele der Bundesregie-

[48] Faktenbericht 1981 zum Bundesbericht Forschung, Reihe Berichte und Dokumentationen, Bonn 1982, S. 45.

[49] Vgl. Wissenschaft – Wirtschaft – Politik, (Bonn), 22/1984, S. 3/4.

rung erwartet. Vor allem wird verstärkt darauf orientiert, daß sich die Großforschungseinrichtungen am Bedarf externer Nutzer sowie am Bedarf der Wirtschaft ausrichten, wobei auch eine stärkere finanzielle Beteiligung der Monopole vorgesehen ist. Dieses Bestreben trifft allerdings nicht nur auf die Großforschungseinrichtungen zu. Der stärkere Zuschnitt auf den Bedarf des Großkapitals ist für den Gesamtbereich Wissenschaft und Forschung vorgesehen.

Forschung, Entwicklung und Innovation genießen zwar eine umfangreiche, aber doch sehr differenzierte Förderung durch den imperialistischen Staat. Die eingesetzten Instrumente lassen sich in folgenden Förderkomplexen zusammenfassen:

1. Projektförderung für eine große Anzahl von Fachprogrammen;
2. projektunabhängige Förderung über Steuervergünstigungen, Investitionszulagen und Zuschüssen für FuE-Personal;
3. Kapital- und Kredithilfen in Form eines Eigenkapitalhilfe-Programms der Bundesregierung, der sogenannten ERP-Programme[50] und der Wagnisfinanzierungsprogramme;
4. Kooperationshilfen für die Unternehmen zur Inanspruchnahme externer Forschungs- und Entwicklungskapazitäten durch Vertragsforschung, industrielle Gemeinschaftsforschung, Zusammenarbeit mit Forschungseinrichtungen und Hochschulen;
5. Informations- und Beratungshilfen durch Technologie- und Innovationsberatung, durch technische Informationssysteme, durch Studien und Prognosen;
6. Patent- und Lizenzhilfen.

Hinter diesen Förderungskomplexen verbergen sich viele Maßnahmen und Instrumente, die in den 70er Jahren rasch ausgebaut und auf Bundes- und Länderebene in den verschiedensten Kombinationen eingesetzt wurden. Vor allem geht es um die bessere Beherrschung des Innovationsprozesses in all seinen einzelnen Neuerungsphasen, angefangen bei der Grundlagenforschung, über die angewandte Forschung und die experimentelle Entwicklung, über die Phase der Funktionsmodelle und Pilotanlagen, der Produktionsaufnahme, Markterschließung bis hin zur Diffusionsphase. Dabei sind seit einigen Jahren auch die Mittel- und Kleinbetriebe stärker ins Zentrum der Aufmerksamkeit und der staatsmonopolistischen Aktivitäten gerückt. Die Erhöhung der Wettbewerbsfähigkeit auf internationalen Märkten wurde angesichts der verschärften Konkurrenzsituation als ein vordringliches wirtschaftspolitisches Ziel postuliert. Dieses Ziel hätte die private Wirtschaft jedoch nicht rasch genug aus eigenen innovatorischen Kräften erreichen können. „Die Bundesregierung baut daher seit einigen Jahren ein Instrumentarium zur Förderung von Innovationen besonders bei kleinen und mittleren Unternehmen auf, das den Innovationsprozeß in seinen verschiedenen Stadien von der Ideenfindung bis zur

50 ERP: European Recovery Program (Marshall-Plan).

Markteinführung durch abgestimmte selektive Maßnahmen und durch solche mit hoher Breitenwirkung beschleunigen und stärken soll."[51]

Während das „innovierende Unternehmen" ganz im Schumpeterschen Sinne[52] als Motor des technischen, ökonomischen und sozialen Wandels dargestellt wird, bedürfe das „unzulänglich innovierende Unternehmen" der Hilfe und Unterstützung. Es handelt sich dabei in der Hauptsache um mittlere und kleinere Unternehmen, deren Innovationskraft durch staatliche Förderungsmaßnahmen zu stärken sei. In der Tat kommt diesen Unternehmen im gesamtgesellschaftlichen Reproduktionsprozeß eine beträchtliche Bedeutung zu. Als Spezialbetriebe, als Zulieferer, als Elemente in einem Prozeß sich ständig vertiefender Arbeitsteilung hängt von ihrer wissenschaftlich-technischen Qualität und Zuverlässigkeit in hohem Umfang ab, in welchem Ausmaß die Monopole ihre ökonomischen und politischen Ziele realisieren können. Der Staat sorgt mit seinen Maßnahmen dafür, daß sich Innovationsrückstände und Schwachstellen nicht auf die Monopole auswirken und zu Störungen in deren Reproduktionsprozeß führen.

Um den privatmonopolistischen Spielraum zu vergrößern und dem Expansionsstreben des Monopolkapitals höhere Effektivität zu verleihen, konzentrieren sich staatliche Aktivitäten stärker auf den Bereich der Wirtschaft, der von mittleren und kleineren Unternehmen getragen wird, von dessen reibungslosem Funktionieren, auch und vor allem im Hinblick auf den wissenschaftlich-technischen Fortschritt, die internationale Konkurrenzfähigkeit und die Realisierung hoher Profite der führenden Monopolvereinigungen abhängt. Diese verstärkte Einflußnahme erfolgt durchaus differenziert, wie auch differenzierte Effekte davon erwartet werden, wobei es vor allem um die direkte Unterstützung der Exportindustrie sowie der internationalen Monopole mit nationalstaatlicher Basis geht.

6.5. Technikfolgenabschätzung (Technology Assessment) als Versuch der Konfliktregulierung

Die staatliche Wirtschaftspolitik versucht in den kapitalistischen Industriestaaten, den gravierenden Problemen, die mit der Durchsetzung des wissenschaftlich-technischen Fortschritts verbunden sind, auf vielfältige Weise zu entsprechen. In diesem Rahmen kommt der Technikfolgenabschätzung – ein Verfahren zur frühzeitigen Erkennung von Chancen, Risiken und Auswirkungen wissenschaftlich-technischer Entwicklungen – ein hoher Stellenwert zu.

Seitdem der US-amerikanische Kongreßabgeordnete Emilio Q. Daddario 1966 den Gesetzesvorschlag zur Bildung eines „Office of Technology Assess-

[51] Bundesbericht Forschung VI, a. a. O., S. 16.
[52] Vgl. dazu auch S. 170 der vorliegenden Arbeit.

ment" (OTA) einbrachte, ist die Diskussion über eine vorsorgliche Kontrolle technischer Neuerungen im Gange. Dem vorausgegangen waren bereits mahnende Aufrufe oder Hilferufe namhafter Wissenschaftler über die „Tyrannei" der Technik. Barry Commoner, Ralph Lapp, Emilio Daddario selbst und andere beschworen die Gefahren neuer Technologien und meinten, daß die wissenschaftlich-technische Entwicklung jeder Kontrolle zu entgleiten drohe. Um der nachträglichen Beseitigung technischer Schäden vorzubeugen, sei ein „präventives" Vorgehen nötig, bei dem die schädlichen Begleiterscheinungen von vornherein verhindert werden und eine Kontrolle über etwaige gefährliche Nebenwirkungen dieser Entwicklung ausgeübt wird.

Obwohl es noch sechs Jahre dauerte, bis erste praktische Schritte unternommen wurden, war doch hiermit eine Konzeption geboren worden, die als „Frühwarnsystem" bezeichnet wird.

Vom amerikanischen Kongreß wurde im Oktober 1972 mit dem „Technology Assessment Act" die Einrichtung des „Office of Technology Assessment" beschlossen, das 1974 seine Arbeit für den Kongreß aufnahm. Politisches Steuerungsgremium, von dem die Haushaltsmittel und die Richtlinien kommen, ist das „Technology Assessment Board". Obwohl die ursprünglichen Erwartungen die erzielten Ergebnisse bei weitem übertrafen, gab es auch im internationalen Rahmen seit 1972 eine Reihe von Aktivitäten zur Institutionalisierung des Technology Assessment in der OECD und in der EG. In der BRD wurden 1973 die ersten Ansätze gemacht, nach dem Vorbild der USA ein „Amt zur Bewertung technologischer Entwicklungen beim Deutschen Bundestag" zu schaffen, die aber an vorhandenen Interessengegensätzen der politischen Parteien scheiterten, obwohl im Prinzip bereits damals von allen beteiligten Seiten die *Notwendigkeit* einer solchen Institution hervorgehoben wurde.

„Technology Assessment" – im deutschsprachigen Raum hat sich auch der Begriff „Technikfolgenabschätzung" dafür eingebürgert – entstand nicht zufällig zu dieser Zeit in den USA. Es war die Reaktion verantwortungsbewußter bürgerlicher Kräfte auf eine technologische Entwicklung, die unübersehbar den Stempel des amerikanischen Imperialismus in seiner aggressiven Rolle als Weltgendarm trug und die bereits katastrophale Auswirkungen zeigte. Nach den verheerenden Folgen der Atombombenexplosion über Hiroshima und Nagasaki am Ende des zweiten Weltkrieges wurden 15 Jahre später abermals japanische Fischer durch H-Bomben-Fallouts gefährdet. H-Bomben-Explosionen in großer Höhe drohten den Strahlungsgürtel der Erde aufzubrechen. Im Vietnam-Krieg wurden von den USA die neuesten chemischen und bakteriologischen Kampfstoffe erprobt. Nicht Naturkatastrophen waren es, die Angst und Schrecken hervorriefen, sondern von Menschenhand verursachte oder technologisch bedingte Ereignisse. So hatte ein black-out 1965 in New York, bei dem ein großer Teil der Riesenmetropole für Stunden völlig lahmgelegt wurde, auch die Verwundbarkeit der USA und ihre Ohnmacht ins öffentliche Bewußtsein gerückt. War die Forderung nach „Technology Assessment" (TA) ursprünglich aus der Opposition zur etablierten Technologiepolitik entstanden, so wurde das TA im Verlauf der Diskussion und der praktischen Konsequenzen Schritt für Schritt zum Mittel staatsmonopolistischer Regulierung gemacht. Über die staatliche Forschungs- und Technologiepolitik, über das Steuer- und Abgabensystem sowie über die Festlegung von Regeln und Normen soll gezielter Einfluß auf eine differenzierte Technologieentwicklung genommen werden. „Das Wissen um die Konsequenzen", schrieben Gerhard Bruckmann und Helmut Swoboda, „das „Technology Assessment' (die antizipatorische Technologiebewertung) muß weit stärker in den Mittelpunkt sowohl des öffentlichen Interesses als auch ganz besonders der wissenschaftlichen Forschung und der staatlichen Planung treten. Man wird sich davon keine Wunder erwarten dürfen – es wird falsche Prognosen, überoptimistisches Wunschdenken und unangebrachte Skepsis geben, aber es ist auf jeden Fall nützlicher, sich über die Zukunft viele Gedanken zu machen, von denen einige falsch sind, als den Kopf in den Sand zu stecken und die Realitäten nicht wahrhaben zu wollen."[53] Unter dem Gesichtspunkt steigender sozialer Kosten fordert Emil Küng: „In Zukunft müssen derartige Sozialkosten voll in eine Bilanz eingesetzt werden, die aufgemacht wird, bevor man eine Neuerung auf die Menschheit losläßt."[54]

Die staatsmonopolistische Forschungs- und Technologiepolitik in der BRD war bis zu Beginn der 70er Jahre darauf orientiert, den vorhandenen Rückstand vor allem zu den USA möglichst rasch aufzuholen. Über diese Zielstellung gab es zwischen den verschiedenen politischen Parteien kaum Meinungsverschiedenheiten, so daß auch die Frage der finanziellen Mittel keine besonderen Auseinandersetzungen brachte und zwischen den bürgerlichen Parteien zu diesem Thema im wesentlichen ein einheitlicher Konsens bestand. Erst mit Beginn der 70er Jahre setzte eine größere Auseinandersetzung darüber ein, welche Forschungsstrategien am besten „gesamtgesellschaftlichen Zielsetzungen" entsprechen würden. In dieser Diskussion wurde die Notwendigkeit hervorgekehrt, „forschungspolitische und gesellschaftliche Ziele wieder stärker miteinander in Deckung zu bringen"[55]. In dieser Grundorientierung sollte auch die Diskussion um Technikfolgenabschätzung nach dem Vorbild der USA eine Rolle spielen.

Mit Hilfe des TA soll eine „möglichst integrierte und systematische Abschätzung und Voraussage der wesentlichen (positiven und negativen, direkten und indirekten) Auswirkungen in den zentralen Bereichen der Gesellschaft

[53] G. Bruckmann/H. Swoboda, Auswege in die Zukunft. Was kommt nach der Konsumgesellschaft?, Wien – München – Zürich 1974, S. 284.

[54] E. Küng, Gegenwärtige Entwicklungen der modernen Gesellschaft, in: Universitas (Stuttgart) 6/1982, S. 560.

[55] M. Dierkes/V. v. Thienen, Science Court – ein Ausweg aus der Krise? Mittler zwischen Wissenschaft, Politik und Gesellschaft, in: Wirtschaft und Wissenschaft (Essen), 4/1977, S. 2.

(Wirtschaft, Umwelt, Institutionen, Allgemeinheit, spezielle Gruppen), die bei der Einführung oder Veränderung einer Technologie auftreten"[56], möglich werden.

Technologiebewertung definiert Reimut Jochimsen als „den Versuch einer rationalen Aufarbeitung komplexer technischer, ökonomischer und gesellschaftspolitischer Zusammenhänge"[57]. Nach Christian Graf von Krockow soll die „Sozialverträglichkeit" das Kriterium der Technologiebewertung sein.[58] Technikfolgenabschätzung wird auch als Verlängerung des Forschungsprozesses verstanden, um positive wie negative Folgewirkungen aufzuspüren. Als vordringliche Schwerpunkte werden dabei angesehen: die Umweltforschung (Schadstoffe), die Kernkraftwerksforschung (Reaktorsicherheit und Entsorgung) und die Energieforschung.

Bürgerliche Wissenschaftler, die davon ausgehen, daß Technik immer an bestimmte Ziele und Zwecke gebunden und damit auch nicht „wertfrei" ist, betrachten die Forderung nach TA als Frage nach den politischen, gesellschaftlichen und ethischen Zielsetzungen ihres Einsatzes, wie auch nach den Auswirkungen neuer Technologien auf Arbeitsplätze, Umwelt und das tägliche Leben. Eine zusammenfassende Begriffsbestimmung geben Herbert Paschen, Gotthard Bechmann und Bernd Wingert, wenn sie schreiben: „Als Technology-Assessment-Analysen bezeichnet man Untersuchungen, die darauf gerichtet sind, die Bedingungen und (potentiellen) Auswirkungen der Einführung und verbreiteten Anwendung von Technologien systematisch zu erforschen und zu bewerten und gesellschaftliche Konfliktfelder, die durch den Technikeinsatz entstehen können, zu identifizieren und zu analysieren."[59]

Bereits die angeführten Definitionen verdeutlichen, daß die einzelnen Autoren recht unterschiedliche Anforderungen an die Technikfolgenabschätzung stellen. Es ist demzufolge auch nötig, im Hinblick auf den derzeitigen Entwicklungsstand des TA zwei Bezugsebenen zu unterscheiden, deren Diskrepanz das ganze Dilemma verdeutlicht. Einerseits handelt es sich um den Bereich der theoretischen Erfassung und Durchdringung des Problems, wobei nicht nur bestimmte Grundpositionen der bürgerlichen Technikphilosophie in die Diskussion eingebracht werden, sondern ebenso sozialwissenschaftliche (und darunter vor allem ökonomische) wie auch solche der Technikwissenschaften, die davon am nachhaltigsten mit betroffen sind.

Zum anderen handelt es sich um den Bereich praktischer Maßnahmen und

[56] M. Dierkes/K. W. Staehle, Technology Assessment – Bessere Entscheidungsgrundlagen für die unternehmerische und staatliche Planung, Frankfurt a. M. 1973, S. 2 (Schriften des Battelle-Instituts e. V.).

[57] Atom + Strom (Frankfurt a. M.) 1/1981, S. 11.

[58] Vgl. ebenda.

[59] H. Paschen/G. Bechmann/B. Wingert, Funktion und Leistungsfähigkeit des Technology Assessment (TA) im Rahmen der Technologiepolitik, in: Technikfolgen und sozialer Wandel, hg. von J. v. Kruedener und K. v. Schubert, Köln 1981, S. 60.

wirklich durchgeführter oder angefertigter TA-Studien, die in einzelnen Ländern oder im Auftrage internationaler Organisationen im Rahmen der EG oder OECD entstanden. Dabei zeigt sich ein wesentlicher Widerspruch zwischen theoretischem Anspruchsniveau und praktischer Realisierungsmöglichkeit (oder Realisierungsbereitschaft). Die von der OECD 1975 entwickelten Richtlinien[60] für derartige TA-Studien laufen im Prinzip auf ein „Idealkonzept" hinaus, dessen Forderungskatalog in bisher angefertigten Studien nur partiell berücksichtigt wurde.

Unbeschadet dieser Maximalforderungen wird aber von Paschen, Bechmann und Wingert die Praktikabilität und Einsatzfähigkeit des TA für die staatsmonopolistische Regulierung hervorgehoben. „Zentral für das Technology Assessment ist der *Entscheidungsbezug*, nicht der Forschungsbezug. Technology Assessment ist nicht Selbstzweck, sondern ist primär auf die Vorbereitung staatlicher (und unternehmerischer) Entscheidungen auszurichten. Folglich sind TA-Analysen so zu strukturieren, daß das Ergebnis für den Entscheidungsträger nützlich ist. Die effektive(re) Verknüpfung der (intellektuellen) Prozesse der Analyse von Technologien und der Bedingungen und Folgen ihres Einsatzes auf der einen Seite und der (politischen) Prozesse der Entscheidung über Förderung und Einsatz dieser Technologien auf der anderen Seite wird damit zum dominanten institutionell-organisatorischen Problem des Technology Assessment."[61]

Das Grundanliegen der imperialistischen Technikfolgenabschätzung besteht also in der zunehmenden staatsmonopolistischen Regulierung des wissenschaftlich-technischen Fortschritts. Soll sie einerseits ein wirksames Instrument zur Bewältigung der sogenannten Akzeptanzkrise oder zur Vermeidung von größeren sozialen Konflikten im Zusammenhang mit der Einführung und Verbreitung neuer Technologien sein, so wird andererseits überhaupt eine stärkere politische Einflußnahme und „gesellschaftliche Steuerung" der wissenschaftlich-technischen Entwicklung angestrebt. Aus dieser Grundfunktion heraus werden demzufolge Prioritäten für die weitere Ausgestaltung des TA dergestalt gesetzt, daß die Wirkungsforschung und Wirkungsanalyse des wissenschaftlich-technischen Fortschritts beziehungsweise konkreter technologischer Entwicklungen unter den verschiedensten Aspekten den Kernbereich des TA darstellen sollen. Zielstellung ist die systematische Nutzung zur Konflikt- und Krisenbewältigung, zur Systemstabilisierung und Herrschaftssicherung des Monopolkapitals. Nicht zufällig wird deshalb der „Sozialverträglichkeit" neuer technologischer Entwicklung größte Aufmerksamkeit geschenkt. Neben solchen Aspekten wie der Wirtschaftlichkeit (Profitabilität), der Umweltverträglichkeit und der internationalen Paßfähigkeit neuer Technologien soll die Verträglichkeit mit der gesellschaftlichen Ordnung und Entwicklung ein entscheidendes Bewertungs-

[60] Vgl. OECD (Hrsg.), Methodological Guidelines for Social Assessment of Technology, Paris 1975.

[61] H. Paschen/G. Bechmann/B. Wingert, Funktion und Leistungsfähigkeit des Technology Assessment (TA) im Rahmen der Technologiepolitik, a. a. O., S. 62.

kriterium für technische Innovationen sein, die für das Gesellschaftssystem und die politische Ordnung entsprechende Bedeutung haben. Nicht jeder Neuerung kommt dieser Stellenwert zu. Es geht vor allem um Großtechnologien und technologische Entwicklungen von gesellschaftlicher Tragweite. Die heftigen Auseinandersetzungen in den kapitalistischen Ländern über Mikroelektronik, Computertechnologien, Informations- und Kommunikationstechnologien, Biotechnologie und nicht zuletzt die energiepolitische Auseinandersetzung um Energieversorgungssysteme haben deutlich gemacht, daß sehr konträre Vorstellungen zwischen Wirtschaft und Politik einerseits und weiten Kreisen der Bevölkerung andererseits darüber bestehen, ob und in welchem Ausmaß die jeweilige Technologie „sozialverträglich" ist.

„Sozialverträglichkeit" heißt im Sinne des bürgerlichen Anspruchs die Übereinstimmung oder die „Verträglichkeit" mit den grundgesetzlichen Zielsetzungen und den sich daraus ergebenden Ableitungen. Das wiederum impliziert die Festschreibung der Macht- und Eigentumsverhältnisse, die auch durch wissenschaftlich-technische und technologische Umwälzungen nicht gefährdet werden dürfen. Andererseits wird damit aber auch das Rollenverhalten des werktätigen Volkes festgemacht, das sicher durch wissenschaftlich-technische Entwicklungen in einer gewissen Bandbreite veränderlich ist, fürs Monopolkapital aber immer kalkulierbar bleiben muß. In diesem Sinne bedeutet „Sozialverträglichkeit" als Kriterium der Technikfolgenabschätzung vor allem, soziales Konfliktpotential rechtzeitig zu erkennen und Wege zu seiner Entschärfung aufzuzeigen, wobei die Werktätigen in ihrer Haltung zur kapitalistischen Anwendung des wissenschaftlich-technischen Fortschritts stärker motiviert und manipuliert und nicht nur zur Akzeptanz, sondern auch zum Engagement bewegt werden sollen.

Natürlich gibt es auch eine ganze Reihe von bürgerlichen Kritikern des TA, die besonders die ungelösten Theorie-, Methoden- sowie Datenprobleme ins Feld führen. Unabhängige Wissenschaftler – die es auch gerne bleiben wollen – bemängeln die wachsende Abhängigkeit vom Staat und die zunehmende Politisierung der Forschung und wollen sich ihrerseits einer politischen Indienstnahme verweigern. Der Wissenschaftler werde hier immer stärker zum „nützlichen Idioten" degradiert, der als Spielball der Politik zur Sicherung wirtschaftlicher und politischer Macht beizutragen habe und für die „Reparatur des Kapitalismus" eingesetzt werde.[62] Und in der Tat ist TA nicht allein ein Instrument der Wissenschaft, sondern vor allem eine Forderung der staatlichen Politik unter den Bedingungen der wissenschaftlich-technischen Revolution im Kapitalismus. Viele der mit dem TA zusammenhängenden Probleme befinden sich noch in der Diskussion. Vor allem wird dabei die Frage aufgeworfen, wer sich

62 So argumentiert z. B. der Hamburger Informatiker Klaus Brunnstein (vgl. J. von Kruedener/K. von Schubert (Hrsg.), Technikfolgen und sozialer Wandel, a. a. O., S. 79, S. 94).

eigentlich eine derartige Aufgabe anmaßen dürfe und welche notwendigen Voraussetzungen im Hinblick auf die analytische und systematische Erfassung wie auch im Hinblick auf die Wertmaßstäbe und Beurteilungskriterien erforderlich sind, das heißt welche inhaltlichen, methodischen, organisatorischen und technischen Voraussetzungen für eine optimale Wirkungsanalyse und Wirkungsbeurteilung technischer Innovationen zu schaffen sind. Gegner des TA verweisen darauf, daß eine in den analytischen Sachaussagen sichere Technikfolgenabschätzung nicht möglich sei. „Im Entwicklungsstadium zeitgleiche Wirkungs- und Sicherheitsanalysen arbeiten auf denselben Grundlagen wie die zu bewertenden Verfahren. Sie können weder auf Erkenntnissen aufbauen, die erst durch die Anwendung der Verfahren zu gewinnen sind, noch Ergebnisse verarbeiten, die an anderer Stelle während dieser Zeit gewonnen werden. Zeithorizonte und Erkenntnisstände sind bei solchen Wirkungs- und Sicherheitsanalysen deckungsgleich mit den Grundlagen der Verfahrensentwicklung. Sie können deshalb . . . zu keinen neuen oder anderen Ergebnissen führen, die nicht bei der Verfahrensentwicklung selbst erreichbar und auswertbar sind . . . Die meisten späteren Korrekturen an früheren Aussagen und Bewertungen bauen auf zusätzlichem Wissen auf und werten andere, neue Erkenntnisse aus . . . Die Wirkungsforschung kann neue, zusätzliche Erkenntnisse erst durch den Betrieb und den Einsatz dieser Verfahren oder Erzeugnisse gewinnen."[63]

Unbeschadet dieser kritischen Einwände bleibt das Bemühen um „Technology Assessment" bestehen und gewinnt gegenwärtig noch an Bedeutung. Mehr noch: Eine präventive Einschätzung und Bewertung technologischer Entwicklungen und deren Folgen spielen für die Kapitalverwertung eine wachsende Rolle. Ihre praktische Bedeutung liegt für das Monopolkapital vor allem im profitablen Kapitaleinsatz und in der Vermeidung von Fehlinvestitionen. Da Probleme und Konflikte häufig erst in der Diffusionsphase des Neuerungsprozesses auftreten oder sichtbar werden, wird auch eine Fortsetzung und Weiterführung von TA-Analysen gefordert. Auf diese Weise stellt TA nicht nur eine Form der Wirkungsforschung wissenschaftlich-technischen Fortschritts dar, sondern zugleich eine wichtige Grundlage praktischen Handelns der Monopolbourgeoisie, indem damit problem-, projekt- und technologiebezogene Entscheidungshilfen gegeben werden.

In Anbetracht vieler im Zusammenhang mit dem wissenschaftlich-technischen Fortschritt stehenden Probleme werden auch neue Anforderungen an die bürgerlichen Ökonomen gestellt. Dabei geht es um die Herausbildung einer praxisnahen interdisziplinären Risikoforschung, die neben der Identifizierung sogenannter Risikofaktoren in der Hauptsache mögliche Konfliktfelder herausfinden und abgrenzen, notwendige Bewertungskriterien erarbeiten und Bewertungspräferenzen festlegen und bei der Entwicklung von Konsensstrategien tat-

[63] C. O. Bauer, Technik-Folgenschätzung: Angst vor dem noch Unbekannten? Begriff, Inhalt, Herkunft, in: Werkstatt und Betrieb (München), 11/1981, S. 785.

kräftig mitwirken soll. Diese Risikoforschung habe vor allem zweierlei zu leisten, „erstens die vielfältigen Faktoren zu identifizieren, die innerhalb des Prozesses von der Risikowahrnehmung und -definition bis zur Entscheidung über Toleranzgrenzen bei der Übernahme oder Nichtübernahme von technologischen Risiken eine Rolle spielen; zweitens Ansatzpunkte für ein individual-, gruppen- und gesellschaftsbezogenes Risikogesamtkonzept zu evaluieren, das zum einen einen Vergleich unterschiedlicher Risikoarten und der Art ihrer Zusammenwirkung erlaubt, zum zweiten eine umfassende Gegenüberstellung der mit neuen Technologien verbundenen Risiken und Nutzen ermöglicht. Bisher sind innerhalb der sozialwissenschaftlichen Risikoforschung nur bei der Identifizierung einschätzungsrelevanter Risikofaktoren einige erste Forschungsergebnisse zu verzeichnen. Inwieweit Methoden und vielleicht auch Inhalte von Kommunikations-, Wirtschafts- und Sozialforschung in eine interdisziplinäre Risikoforschung integriert werden können, muß noch näher untersucht werden."[64]

Damit wird auch der Trend deutlich, die bürgerliche Ökonomie noch stärker als bisher einzubeziehen, wenn es darum geht, die Interessen des Monopolkapitals zu verwirklichen und eine effektive Kapitalverwertung, die zielstrebige Durchsetzung der „Modernisierung" der Volkswirtschaft sowie die internationale Wettbewerbsfähigkeit durch wissenschaftlich-technische Innovationen zu sichern. Bei allen Maßnahmen, die heute ergriffen werden, stehen diese Ziele des Monopolkapitals im Vordergrund. Von führenden Vertretern der Finanzoligarchie wird der wissenschaftlich-technische Fortschritt als Kernbereich der wirtschaftlichen Expansion betrachtet. Veränderte binnenwirtschaftliche Reproduktionsbedingungen, die Verschärfung des Konkurrenzkampfes auf internationalen Märkten, besonders auf dem Gebiet der *High Technology*, und nicht zuletzt der wachsende internationale Einfluß des Sozialismus veranlassen die herrschenden Kreise des Monopolkapitals und des imperialistischen Staates, nach einer „Lösung" des Akzeptanzproblems zu suchen. Die dazu ausgewählte Strategie stellt eine Gratwanderung des Monopolkapitals dar, bei der eine unter den gegenwärtigen Bedingungen höchstmögliche Belastung der Arbeiterklasse und aller Werktätigen durchgesetzt und gleichzeitig eine daraus möglicherweise entspringende „soziale Eruption" verhindert werden soll. Das bedarf vielfältiger Mittel und Methoden, zu denen auch die Risikoforschung, das „Technology Assessment", eine sozialwissenschaftliche Begleitforschung und eine stärkere staatsmonopolistische Regulierung des wissenschaftlich-technischen Fortschritts gehören.

64 M. Dierkes, Perzeption und Akzeptanz technologischer Risiken und die Entwicklung neuer Konsensstrategien, a. a. O.

Kapitel 7

Entwicklungsländerproblematik und monopolbourgeoise Wirtschaftstheorie und Wirtschaftspolitik

7.1. *Die gegenwärtige konservative Wirtschaftstheorie zum Problem der ökonomischen Rückständigkeit der Entwicklungsländer*

Die Wesenszüge der gegenwärtig vorherrschenden monopolbourgeoisen Wirtschaftstheorie[1] sind – allerdings in zum Teil sehr unterschiedlicher Wichtung – auch für die Behandlung der Entwicklungsländerproblematik in den gegenwärtig dominierenden neokonservativen Wirtschaftstheorien[2] relevant. Da die kapitalistischen Industrieländer heute objektiv – bestimmt durch die Entwicklungsgesetze der kapitalistischen Weltwirtschaft und verstärkt noch durch die Prozesse der wissenschaftlich-technischen Revolution – an einer Entwicklung der Produktivkräfte der Entwicklungsländer interessiert sind,[3] sollen vorrangig Konzeptionen zur effektiveren Entwicklung des Kapitalismus in den ökonomisch am wenigsten rückständigen Ländern Asiens, Afrikas und Lateinamerikas, vom Standpunkt des Produktivkraftniveaus der kapitalistischen Weltwirtschaft, bereitgestellt werden. Gegenwärtig bedeutet das ganz konkret, daß Einfluß auf die Veränderungen im Regulierungsmechanismus der Wirtschaften genommen werden soll, um die monopolistische und insgesamt die privatkapitalistische Ebene der Regulierung zu stärken, das heißt die Macht- und Entscheidungsbefugnisse sowohl des einheimischen als auch besonders des monopolistischen Auslandskapitals zu erhöhen und die sozialökonomische Basis eines ab-

[1] Vgl. K. O. W. Müller/P. Thal, Neue Krisenerscheinungen im Verhältnis von bürgerlicher Wirtschaftstheorie und staatsmonopolistischer Regulierungspolitik, in: Die gegenwärtige Krise der bürgerlichen politischen Ökonomie im Lichte der ökonomischen Theorie von Karl Marx. Konferenzmaterial, Berlin 1983, S. 107/108; G. Fiedler/R. König, Zur verstärkt neokonservativen Orientierung der BRD-Wirtschaftspolitik, in: Die gegenwärtige Krise der bürgerlichen politischen Ökonomie im Lichte der ökonomischen Theorie von Karl Marx, a. a. O., S. 25–30.

[2] Die Autoren sind sich durchaus der Problematik dieser Begriffswahl bewußt, vgl. dazu auch: G. Fiedler/R. König, „Neokonservative" ökonomische Theorie in den USA. Grundpostulate und Divergenzen, in: Neokonservatismus in der Ökonomie, Politik und Ideologie des Imperialismus, Teil I (Kolloquium der Humboldt-Universität zu Berlin, 26. 5. 1982), Berichte, 14/1982, S. 39.

[3] Vgl. dazu u. a.: Neokolonialismus. Neue Erscheinungen, hg. von der Multilateralen Problemkommission „Ökonomie und Politik der Entwicklungsländer" sozialistischer Akademien im Rahmen des RGW u. a., Berlin 1981; K. Kannapin, Imperialistische Strategie gegen die neue internationale Wirtschaftsordnung, Berlin 1984.

hängigen Kapitalismus zu festigen. Aber auch jene Länder, die einen nichtkapitalistischen Entwicklungsweg eingeschlagen haben, sollen mit ökonomischen Mitteln und Methoden fester in das kapitalistische Weltwirtschaftssystem eingebunden und gleichzeitig schrittweise zur Übernahme kapitalistischer Wirtschaftsformen gedrängt werden.

Mit Attacken gegen den sogenannten staatlichen Dirigismus soll der extrem sozial-reaktionäre Charakter der noch umfassenderen Unterordnung des Staates unter die monopolkapitalistischen Verwertungsinteressen kaschiert werden, was gerade in den durch Armut, Hunger, Elend, Arbeitslosigkeit, Inflation und Rückständigkeit gekennzeichneten Entwicklungsländern zu schwerwiegenden Folgen für die überwiegende Mehrheit der Bevölkerung führen muß.

In ideologischer Hinsicht sollen Ausbeutung und Ausplünderung der Entwicklungsländer durch das internationale Finanzkapital getarnt werden, die Gebrechen und tiefen sozialen Widersprüche, von denen die Entwicklungsländer betroffen sind, und ihre deformierten, abhängigen sozialökonomischen Strukturen, die Resultat kolonialer Unterwerfung sowie fortdauernder neokolonialer Ausbeutung sind und dem Wesen der kapitalistischen Produktionsweise entspringen, sollen vertuscht werden. Damit werden die wahren Ursachen und inneren Zusammenhänge dieser Widersprüche und Probleme verschleiert. Neokonservative Wirtschaftstheorien stellen den Kapitalismus als ein entwicklungsfähiges, den Interessen aller Menschen dienendes Gesellschaftssystem dar. Ihre optimistischen Grundaussagen zu den Perspektiven des Kapitalismus in den Entwicklungsländern basieren dabei auf den neokonservativen Dogmen von den „Selbstheilungskräften" des Marktes und der Fähigkeit des Marktwirtschaftssystems zum „inneren Gleichgewicht". Mit der Propagierung von Marktwirtschaftskonzeptionen als angeblichem Ausweg aus der Misere und der Verteufelung des Sozialismus als realer Alternative für diese Länder werden sie ideologisch desorientiert und manipuliert, wird „der geistige Boden für die Überzeugung vom Kapitalismus als ‚natürliches und einzig rationelles System' bereitet"[4], oder – wo diese bereits vorhanden – gestärkt.

Die bürgerliche politische Ökonomie befaßt sich bereits seit dem Eintritt des Kapitalismus in seine allgemeine Krise, und damit seit dem Beginn der Krise, des Zerfalls und des endgültigen Zusammenbruchs des Kolonialsystems, mit der Entwicklungsländerproblematik. Geboren war dies „aus dem objektiven Zwang, ‚neue Lösungsvorschläge', Strategien und Alternativen zum weiteren Verbleib der politisch unabhängig gewordenen Staaten, der Entwicklungsländer, im Sy-

[4] M. Schatter, Die Kritik bürgerlicher Unterentwicklungs-Konzeptionen und deren Stellenwert für die Analyse des nichtmarxistischen ökonomisch-theoretischen Denkens in Entwicklungsländern, in: Probleme der Entwicklungsländer in der marxistisch-leninistischen politischen Ökonomie (Materialien eines wissenschaftlichen Symposiums an der Karl-Marx-Universität Leipzig vom 26.–27. 11. 1981), Leipzig 1982, S. 235.

stem der internationalen kapitalistischen Arbeitsteilung oder besser, zum Verbleib als Objekt der Ausbeutung zu entwickeln"[5].

So entstanden Auffassungen zu den Merkmalen einer schwach oder unterentwickelten Wirtschaft, wurden Methoden und Wege zur Erreichung eines dynamischen Wirtschaftswachstums und verschiedene Industrialisierungskonzeptionen, spezielle Möglichkeiten der Kombination von Produktionsfaktoren, der Anwendung der Planung und der Integration des wissenschaftlich-technischen Fortschritts in den Entwicklungsprozeß dargestellt. Damit jedoch nicht genug. Um die Entwicklungsländer immer fester in das kapitalistische Weltwirtschaftssystem einzubinden, wurde und wird versucht, zu diesen Problemen in enger Verbindung mit den Theorien über die internationale kapitalistische Arbeitsteilung, den kapitalistischen Welthandel, die internationalen Währungs- und Finanzbeziehungen, das Wirtschaftswachstum u. a. eine politikwirksame Theorie und Strategie auszuarbeiten.[6]

Allerdings ist der hohe Stellenwert, den die Entwicklungsländer heute in der bürgerlichen politischen Ökonomie, darunter in den neokonservativen Theorien, einnehmen, eine neue Erscheinung, eine Widerspiegelung der Situation, wie sie mit dem Eintritt des Kapitalismus in einen neuen Abschnitt der Vertiefung seiner allgemeinen Krise in ihrer dritten Etappe entstanden ist. Nur so läßt sich die neue Qualität erklären, mit der die Entwicklungsländerproblematik seit Mitte der 70er Jahre behandelt wird; es wird aber auch die Militanz verständlich, mit der den Ländern Asiens, Afrikas und Lateinamerikas das kapitalistische Wirtschaftsmodell in den verschiedensten neokonservativen theoretisch-konzeptionellen Verpackungen als die optimale Lösung für ihre Probleme verkauft werden soll.

Dabei geht es natürlich in erster Linie um die ökonomisch bereits weiter entwickelten Länder sowie um die Roh- und Brennstoffproduzenten, die heute unmittelbar eine spezifische und außerordentlich hoch einzuschätzende Rolle für die Akkumulation und Verwertung des Monopolkapitals der kapitalistischen Industrieländer spielen. Daneben entstanden (besonders in den letzten Jahren) Wirtschaftskonzeptionen zur Einpflanzung des Kapitalismus und zur Integration in die kapitalistische Weltwirtschaft auch der ökonomisch am wenigsten entwickelten Länder. Gegenwärtig geschieht das in erster Linie zur Sicherung und Stärkung des imperialistischen Herrschafts- und Ausbeutungssystems als solches und erst in zweiter Linie zur schrittweisen Schaffung günstigerer Verwertungsbedingungen für das internationale Monopolkapital.

[5] G. Köhler, Zur Einordnung der bürgerlichen Entwicklungsländerforschung in die bürgerliche politische Ökonomie, in: Probleme der Entwicklungsländer in der marxistisch-leninistischen politischen Ökonomie, a. a. O., S. 228.

[6] Vgl. R. Gabler, Kritik bürgerlicher Entwicklungskonzeptionen und Kampf der Entwicklungsländer um sozialökonomische Umgestaltungen, in: Probleme der Entwicklungsländer in der marxistisch-leninistischen politischen Ökonomie, a. a. O., S. 222/223.

„Die soziale Marktwirtschaft ist wie keine andere Ordnung geeignet, Gleichheit der Chancen, Eigentum, Wohlstand und sozialen Fortschritt zu verwirklichen."[7] Konservative Politiker und Wirtschaftstheoretiker verkünden derartiges nicht nur als Credo für das Wirtschaftssystem kapitalistischer Industrieländer. In ihren Konzeptionen bildet die Durchsetzung marktwirtschaftlicher Prinzipien die Basis für die Überwindung von Rückständigkeit und Unterentwicklung in den Entwicklungsländern auf dem Wege eines beschleunigten wirtschaftlichen Wachstums. Oft gehen diese Konzeptionen von der Theorie der Stadien des Wachstums (Walt W. Rostow, Raimond Aron[8]) aus, die den welthistorischen Entwicklungsprozeß als linearen Vorgang darstellt, wobei alle Länder der Welt eine genaue Abfolge von Entwicklungsstadien zu durchlaufen hätten: die „traditionelle Gesellschaft", die „Startphase" („take-off"), die „Periode des wirtschaftlichen Aufstiegs", der „Entwicklung zur Reife" und des „Massenkonsums". Dieser lineare Prozeß sei für das Schicksal der Entwicklungsländer verantwortlich, die angeblich gezwungen seien, den Weg der heute entwickelten kapitalistischen Länder nachzuvollziehen. So wird die Unterentwicklung in den Ländern Asiens, Afrikas und Lateinamerikas als „traditionelle Gesellschaft" oder als „Vorbedingung des take-off" betrachtet, das heißt lediglich als frühes Stadium der Entwicklung dieser Länder, als naturhistorisches Durchgangsstadium zum mit Notwendigkeit folgenden modernen Kapitalismus.

Neokonservative Wirtschaftstheoretiker sind prinzipiell der Ansicht, daß in Entwicklungsländern (unabhängig von ihrem sozialökonomischen Entwicklungsstand) *„keine grundsätzlichen Hindernisse* für die Anwendung und die Leistungsfähigkeit marktwirtschaftlicher Regeln und Institutionen" bestehen.[9] Die konkreten „Vorteile des marktwirtschaftlichen Systems gegenüber allen Spielarten ‚organisierter Ordnungen'" sieht Ronald Clapham „in der Beschränkung auf wenige allgemeine Regeln und dem damit gegebenen Spielraum für die konkrete Ausgestaltung der Wirtschaftsordnung entsprechend den historischen Bedingungen eines Landes".[10]

Allerdings muß selbst er eingestehen, daß es im Hinblick auf die Durchsetzung marktwirtschaftlicher Prinzipien in Entwicklungsländern Strukturen, Zusammenhänge und Faktoren gibt, die ein volles Wirksamwerden dieser Prinzipien erschweren.[11]

Andere neokonservative Ökonomen sehen dabei noch weitaus größere

[7] H. Kohl, Das Ziel – Erneuerung der sozialen Marktwirtschaft. Schwerpunkte der Regierungserklärung vom 4. Mai 1983, in: Politik. Informationen aus Bonn, hg. vom Presse- und Informationsamt der Bundesregierung, Nr. 2 vom Mai/Juni 1983, S. 1.

[8] Vgl. W. W. Rostow, Stadien wirtschaftlichen Wachstums, Göttingen 1960.

[9] R. Clapham, Soziale Marktwirtschaft in Entwicklungsländern, in: Soziale Marktwirtschaft als nationale und internationale Ordnung, hg. von der Ludwig-Erhard-Stiftung e. V., Bonn, Stuttgart 1978, S. 91.

[10] Ebenda. [11] Vgl. ebenda.

Schwierigkeiten. Sie sind der Auffassung, daß die Funktionsfähigkeit einer marktwirtschaftlichen Ordnung einen ganzen Komplex von Voraussetzungen erfordere (einen gewissen Stand der wirtschaftlichen Entwicklung, die Privatinitiative stimulierende Bedingungen, ein Kommunikationssystem zur Schaffung zentraler Märkte und einer produktionssteuernden Preisbildung), der in der Mehrzahl der Entwicklungsländer nur unvollkommen oder gar nicht vorhanden sei. Da marktwirtschaftliche Methoden deshalb nicht in kurzer Frist erfolgreich sein könnten, wäre eine „Planung im Sinne eines Rahmenkonzepts" zu befürworten, die einen stufenweisen und organischen Ausbau der Marktwirtschaft ermögliche.[12] Eine derartige „Erziehungsplanung" des Staates[13] wird von diesen Ökonomen als möglich erachtet, allerdings nur als eine Art „Übergangsperiode", in der sich – unter der Ägide des Staates und durch den Imperialismus kontrolliert – kapitalistisches Unternehmertum herausbildet und festigt, Kapitalbildungsprozesse in Gang kommen usw. Grundsätzlich wird dem Staat jedoch nur eine subsidiäre Funktion zugestanden. Das heißt, nach dem Prinzip „wo der Marktmechanismus wirksam ist oder wirksam gemacht werden kann, soll der Staat nicht unmittelbar wirksam werden", wird jegliche Form volkswirtschaftlicher Planung und Wirtschaftsrechnung sowie zentraler Lenkung von Produktionsfaktoren strikt abgelehnt.[14] Ureigene Aufgabe des Staates sei es dagegen, die Voraussetzungen für das „autonome Wirken des Marktmechanismus" durch die Gestaltung der entsprechenden Organisationsstrukturen der Volkswirtschaft und den Einsatz wirtschaftspolitischer Instrumente zu schaffen und zu garantieren.

Hier setzt auch das Konzept des „Sozialtechnologietransfers" an, das heißt das Konzept der Übertragung von ordnungs- und wirtschaftspolitischem Know-how"[15]. Über Berater, die Schulung von Führungskräften, Ausbildung von Kadern, mit Hilfe von Länderstudien und damit verbundenen Auflagen usw. soll ein „Transfer der in den Industrieländern vorhandenen Kenntnisse darüber, wie man eine Volkswirtschaft organisiert und ‚managed' "[16] in die Entwicklungsländer erfolgen. Den Völkern und Regierungen der Länder Asiens, Afrikas und Lateinamerikas soll die souveräne Entscheidung über ihren zukünftigen Entwicklungsweg verwehrt werden, die Schaffung kapitalistischer Produktionsverhältnisse soll so gezielt initiiert und vorangetrieben werden. Dabei sind sich die Vertreter eines derartigen Konzepts des „Sozialtechnologietransfers" durchaus darüber im klaren, daß Entwicklungsländer oft andere Vorstellungen über den von ihnen zu beschreitenden Entwicklungsweg haben, daß sie bestrebt sind,

[12] Vgl. H. M. Schleyer, Das soziale Modell, Stuttgart 1973, S. 140.

[13] Vgl. H.-R. Hemmer, Die Grenzen der Marktwirtschaft als ordnungspolitischer Konzeption in Entwicklungsländern, in: P. Harbusch/D. Wiek (Hrsg.), Marktwirtschaft. Eine Einführung in das Konzept der freiheitlichen Wirtschaftsordnung, Stuttgart 1975, S. 74.

[14] Vgl. D. Lösch, Markt oder Staat für die Dritte Welt?, Hamburg 1983, S. 123.

[15] Ebenda, S. 18. [16] Ebenda.

sozialökonomische Verhältnisse zu schaffen, die den Interessen und Bedürfnissen der Völker entsprechen und teilweise bereits erkannt haben, daß die schrittweise Schaffung gesellschaftlichen Eigentums an den wichtigsten Produktionsmitteln und einer zentralen staatlichen Leitung und Planung die besten Voraussetzungen dafür sind und sie sich deshalb den Kapitalismus nicht einfach aufoktroyieren lassen. Das wird jedoch als Problem der „Akzeptanz" einer spezifischen Art von „Entwicklungshilfe" verniedlicht, als übertriebene „Empfindlichkeit der Entwicklungsländer in Fragen ihrer nationalen Souveränität"[17] abgetan. Mit ökonomischem und außerökonomischem Druck sollen diese Länder gezwungen werden, sich den Segnungen kapitalistischer Marktwirtschaft hinzugeben. So empfehlen neokonservative Wirtschaftstheoretiker, die „Entwicklungspolitik" der imperialistischen Staaten derart zu gestalten, daß der „Sozialtechnologietransfer" mit der Kapital- und technischen Hilfe quasi zu einem Paket zusammengeschnürt[18] wird, diese also praktisch von der Bereitschaft der Entwicklungsländer abhängig gemacht wird, bestimmte – vom Imperialismus festgelegte – Maßnahmen zur Herausbildung einer Marktwirtschaft zu ergreifen. Das zeigt den erpresserischen Charakter dieses Konzepts, seine eindeutige Orientierung an den neokolonialistischen Interessen des Imperialismus.

Die breite Propagierung des „Marktwirtschaftsmodells" als Entwicklungskonzept für die Länder Afrikas, Asiens und Lateinamerikas ist eng mit der Darstellung des Wirtschaftswachstums (ausgedrückt als Wachstumstempo des Bruttosozialprodukts pro Kopf der Bevölkerung) als Ziel des Entwicklungsprozesses verbunden, mit dessen Erreichung automatisch alle grundlegenden Probleme der Entwicklungsländer wie Hunger, Massenarmut, Arbeitslosigkeit, sozialökonomische Rückständigkeit usw. zu lösen wären.

In Wahrheit ist dies eine einseitige und unzulässige Verabsolutierung des Kriteriums Wirtschaftswachstum, ein Loslösen des Entwicklungsprozesses von seiner gesellschaftlichen Determiniertheit. So betonte der ungarische Ökonom Tamás Szentes bei der Charakterisierung der Kennziffer des Prokopfeinkommens, daß diese „nicht die Bedingungen der Produktion, der Verteilung und Nutzung des Nationaleinkommens widerspiegelt, das heißt gerade jener Faktoren, die von entscheidender Bedeutung vom Standpunkt der inneren Entwicklungspotenzen und der sie begrenzenden Momente sind. Sie antwortet nicht auf die Frage, unter welchen Produktionsverhältnissen, in welchen sozialökonomischen Sektoren und Zweigen das Nationaleinkommen produziert wird, wer es erhält und zu welchen Zielen es genutzt wird."[19]

Gerade in den unterentwickelten, ökonomisch noch von den kapitalistischen Industrieländern abhängigen Ländern mit ihrer dualistischen sozialökonomischen Struktur (traditioneller und moderner Sektor) können Kennziffern wie

17 Ebenda, S. 211.
18 Ebenda.
19 T. Szentes, Tretij mir: problemy rasvitija, Moskva 1974, S. 60.

Produktionswachstum und Prokopfeinkommen nicht die Gesamtheit der Volkswirtschaft, das heißt alle ökonomischen Prozesse erfassen. Deshalb ist es unumgänglich, bei der Bestimmung des Zieles des Entwicklungsprozesses die Besonderheiten der gesellschaftlichen und wirtschaftlichen Entwicklung der Länder Afrikas, Asiens und Lateinamerikas in Betracht zu ziehen, darunter auch die Gesamtheit der Klassenbeziehungen dieser Gesellschaften, ihr objektives Entwicklungsniveau sowie ihre Beziehungen zu anderen Gesellschaften. Dieser Anforderung stellen sich neokonservative Wirtschaftstheoretiker bewußt nicht.

Die zentrale Rolle in den Konzeptionen zur Schaffung eines abhängigen Kapitalismus in diesen Ländern – nichts anderes bedeutet hier die Verwirklichung von Marktwirtschaftskonzeptionen – spielt die Herausbildung privater Eigentumsformen in allen Sphären des Reproduktionsprozesses und gleichzeitig die Entstehung der sozialen Träger dieser privaten Eigentumsformen, das heißt privatkapitalistischer Unternehmer und insgesamt der Bourgeoisie als Klasse.[20]

Dem kapitalistischen Unternehmer wird in den neokonservativen Entwicklungskonzeptionen eine zentrale Rolle zugewiesen, wobei sich deren theoretische Begründung auf die These Schumpeters vom „dynamischen Unternehmer" stützt.[21] R. Clapham zum Beispiel vertritt die Auffassung, daß auch in den Entwicklungsländern der Typ des Schumpeterschen Unternehmers erforderlich sei, da hier nicht anders als in den entwickelten kapitalistischen Ländern, „die vollständige Produktionsfunktion den unternehmerischen Faktor einschließt, dessen Beitrag in der Innovationsfunktion, das heißt der Durchsetzung neuer technischer und kommerzieller Kombinationen liegt"[22]. Er verweist auf das „große unternehmerische Potential" der Entwicklungsländer „in den Gruppen der Kaufleute, Händler, Geldverleiher und Handwerker", betont jedoch, daß der einheimische Unternehmer im industriellen Sektor ein „besonders knapper Faktor" sei[23], der deshalb spezieller Förderung bedürfe, und zwar „indem die latenten unternehmerischen Fähigkeiten in unentwickelten Marktwirtschaften aktiviert und zweckmäßig genutzt werden"[24].

Entwicklungstheoretiker wie Clapham rücken die vermögendsten Schichten der „Selbständigen" in den Mittelpunkt ihrer Betrachtung, um die Überzeugung zu wecken, diese bildeten eine entscheidende Grundlage der sozialökonomischen Entwicklung der Länder Afrikas, Asiens und Lateinamerikas und die Förderung ihres Strebens nach Festigung ihrer wirtschaftlichen Position und nach Kapitalakkumulation müsse gefördert werden, da dies objektiv im Interesse der Entwicklung und des Wachstums der Gesellschaft insgesamt liege.

[20] Vgl. S. S. Kositzky, Die Expansion des BRD-Neokolonialismus in die soziale Sphäre der befreiten Staaten, in: Neokolonialismus. Neue Erscheinungen, a. a. O., S. 144.

[21] Vgl. hierzu S. – der vorliegenden Arbeit.

[22] R. Clapham, Marktwirtschaft in Entwicklungsländern, Freiburg i. Breisgau 1973, S. 93.

[23] Ebenda, S. 111.

[24] Ebenda.

Von besonderem Interesse sind für neokonservative Ökonomen in diesem Zusammenhang die einheimischen, eng mit dem Auslandskapital liierten Großunternehmen. Da gerade „große Firmen wichtige Funktionen bei der Realisierung des angestrebten wirtschaftlichen Wachstums"[25] hätten, müßten sie auch ganz besonders gefördert werden, sowohl von seiten der Entwicklungsländer als auch der entwickelten kapitalistischen Länder.

Im Gegensatz zu den neokeynesianisch orientierten lehnen viele neokonservative Wirtschaftswissenschaftler den Einsatz staatlicher „Entwicklungshilfe" prinzipiell ab. Sie sei „ein Fremdkörper im System freier Verkehrswirtschaften" und, „gemessen am Entwicklungspotential, für die Empfänger entwürdigend und herablassend".[26] Es genüge, ein funktionierendes Preis- und Marktsystem zu installieren, das die Bildung von Kapital und seinen rationellen Einsatz gewährleiste. Die Entwicklungsländer müßten sich also „nur" für den kapitalistischen Entwicklungsweg entscheiden, um Rückständigkeit und Unterentwicklung zu überwinden.

Allerdings können auch die schärfsten Kritiker der „Entwicklungshilfe" die Tatsache nicht umgehen, daß der staatliche Kapitalexport objektiv längst Bestandteil der neokolonialen Expansion des Imperialismus geworden ist. Sie sind deshalb bestrebt, zumindest Struktur und Richtung der „Entwicklungshilfe" zu verändern, sie noch unmittelbarer den einheimischen und ausländischen Kapitalinteressen in den Entwicklungsländern dienstbar zu machen. Zur theoretischen Begründung wird die alte These vom „trickle-down"-(Durchsicker)Effekt wieder aufgewärmt. Danach sollten besonders Projekte gefördert werden, „die eine hohe gesamtwirtschaftliche Effizienz aufweisen", auch wenn diese „(in der ersten Phase) den höheren Einkommensgruppen größere Vorteile bringen".[27] Das könne zum Beispiel für Projekte gelten, „die zu einer Steigerung der Unternehmensgewinne führen, wie etwa für die Finanzierung von privaten Investitionskrediten durch Entwicklungshilfe-Mittel oder für Projekte zur Verbesserung der industriellen Infrastruktur (z. B. Verbesserung des Transport- und Kommunikationssystems bis hin zur Errichtung von ‚Industrial Estates')"[28]. Derartige Projekte hätten angeblich „indirekte bzw. langfristige Wohlfahrtswirkungen", wie Wirtschaftswachstum und Erhöhung des Beschäftigungsgrades für die unteren Einkommensgruppen, führten also zu einem „Durchsickern" dieser Wohlfahrtswirkungen von den Reichen zu den Armen. Die geistige Verwandtschaft einer derartigen Auffassung zu den Auslassungen eines George Gilder, für den die „Voraussetzung einer gesunden, erfolgreichen Wirtschaft . . . die Ausbreitung des Reichtums, die Schaffung einer Armee wagemutiger Menschen (ist), die bereit sind, auf ein bequemes Leben zu verzichten, wirtschaftliches

25 J. G. Todenhöfer, Wachstum für alle, Stuttgart 1976, S. 32/33.

26 T. Dams, Weltwirtschaft im Umbruch, Freiburg – Würzburg 1978, S. 41.

27 El-Shagi El-Shagi, Die Entwicklungspolitischen Grundlinien der Bundesregierung – Eine Stellungnahme, in: ORDO, Bd. 33, Stuttgart – New York 1982, S. 120.

28 Ebenda.

Neuland zu erschließen, Riesengewinne zu erwirtschaften und diese neu zu investieren"[29], ist unverkennbar. Wie gegenwärtig in wichtigen kapitalistischen Industrieländern wird auch in Entwicklungsländern darauf hingewirkt, den „erfolgreichen Unternehmer(n)", die angeblich „der Gesellschaft mehr (geben) als sie jemals von ihr zurückbekommen", das Image der „eigentlichen Helden unserer Zeit"[30] zu verleihen.

Die entscheidende Rolle bei der Einflußnahme auf die sozialökonomischen Strukturen der Entwicklungsländer wird dem privaten Kapitalexport zugemessen. Tatsächlich trägt das Auslandskapital unter den Bedingungen einer prokapitalistischen sogenannten liberalen Wirtschaftspolitik unmittelbar zur Entwicklung kapitalistischer Verhältnisse bei und stimuliert die Schicht der einheimischen Bourgeoisie. Das ist auch Friedrich A. von Hayek klar, wenn er unmißverständlich erklärt: „Ich würde Regierungen von Entwicklungsländern keinen Pfennig leihen, sondern vielmehr alles tun, um privates Investitionskapital in diese Länder zu locken, indem ich die Repatriierung dieser Gelder garantiere. Ich glaube, das wäre wirksam, zumal, wenn zugleich klargestellt würde, daß nur in den Ländern investiert wird, die bereit sind, den kapitalistischen Weg zu wählen."[31]

Um den ausländischen Monopolen das Eindringen in die Entwicklungsländer zu erleichtern, wird massiv die Auffassung von den angeblich positiven Effekten der Tätigkeit internationaler Monopole lanciert, die häufig mit der These von der Abhängigkeit der Entwicklung der Länder Afrikas, Asiens und Lateinamerikas von „äußeren Impulsen" gekoppelt wird. Da die Voraussetzungen für den „wirtschaftlichen Aufstieg im allgemeinen nicht endogen, sondern exogen durch das Eindringen aus entwickelteren Gesellschaften geschaffen"[23] würden, spiele das Auslandskapital eine entscheidende Rolle in der Wirtschaft der Entwicklungsländer, wo es zu einer Art integralem Bestandteil, zu ihrem „modernen Sektor" werde.

Mit solchen theoretischen Konstruktionen soll die Überzeugung geweckt oder bestärkt werden, daß es für die Entwicklungsländer keine effektivere Möglichkeit zur Überwindung von Rückständigkeit und Unterentwicklung gäbe als das Wirken der Monopole. Diese böten mit dem Transfer von Kapital, Technologie und modernen Methoden der Produktionsorganisation eine entscheidende Grundlage für die Entwicklung moderner sozialökonomischer Strukturen. Darüber hinaus helfe ihre Anwesenheit angeblich, in Entwicklungsländern das Beschäftigungs- und Bildungsproblem zu lösen, die Bevölkerung in den industriellen Produktionsprozeß einzubeziehen und die großen Unterschiede im Entwicklungsniveau der verschiedenen sozialen Schichten zu überwinden.

Bei der Verbreitung derartiger Argumentationen werden bewußt unleugbare

[29] G. Gilder, Reichtum und Armut, Berlin (West) 1981, S. 273. [30] Ebenda.

[31] F. A. v. Hayek, Ungleichheit ist nötig, in: Wirtschaftswoche (Düsseldorf), 11/1981, S. 38.

[32] W. W. Rostow, Stadien wirtschaftlichen Wachstums, a. a. O., S. 21.

Tatsachen verschwiegen, die den wahren, den räuberischen Charakter des Wirkens der internationalen Monopole in Entwicklungsländern verraten könnten, wird die tagtägliche Praxis der Ausbeutung und Ausplünderung dieser Länder durch das Auslandskapital ignoriert.[33]

Eng verflochten mit den neokonservativen Konzeptionen zur Einpflanzung und Entwicklung kapitalistischer Produktionsverhältnisse in den Ländern Afrikas, Asiens und Lateinamerikas, zur Veränderung ihrer inneren sozialökonomischen Strukturen im Interesse des Imperialismus sind solche Theorien und Konzeptionen, die sich mit der Gestaltung der Beziehungen zwischen kapitalistischen Industrieländern und Entwicklungsländern im Rahmen des kapitalistischen Weltwirtschaftssystems beschäftigen, mit den Möglichkeiten der Erhaltung und Stärkung der Positionen des internationalen Finanzkapitals auf der einen Seite und des Ausbaus der Rolle der Entwicklungsländer als Objekten neokolonialistischer Ausbeutung und Ausplünderung auf höherem Niveau auf der anderen Seite.

Ausgehend von den objektiven Veränderungen in der kapitalistischen Weltwirtschaft und den sich daraus für Staat und Monopole der kapitalistischen Industrieländer ergebenden Anforderungen wurden vor allem solche Konzeptionen entwickelt, die die gegenseitige Abhängigkeit von kapitalistischen Industrieländern und Entwicklungsländern, ihr angebliches Aufeinanderangewiesensein begründen sollen, zum Beispiel die Konzeption von der „Interdependenz der Nationen". Sie entstand bereits in den 60er Jahren, wurde dann Mitte der 70er Jahre erneut aufgegriffen und weiterentwickelt. Diese Konzeption reflektiert die objektive Tendenz der Vertiefung der internationalen Arbeitsteilung, die tatsächlich von einer Vertiefung der gegenseitigen Wirtschaftsbeziehungen zwischen den Ländern begleitet ist, in entstellter Weise; besteht doch deren Spezifik im Kapitalismus gerade in der gleichzeitigen Verschärfung der vielfältigen Widersprüche und Krisenprozesse. Im Imperialismus nimmt dieser Prozeß die Form der Unterordnung schwach entwickelter Länder unter hochentwickelte kapitalistische Länder an. Neokonservative Autoren verselbständigen nun eine Seite des Prozesses: die gegenseitige Abhängigkeit der Staaten, die sich im Ergebnis der internationalen kapitalistischen Arbeitsteilung herausbildet, und ignorieren die tiefe Ungerechtigkeit der Wirtschaftsbeziehungen unter den Bedingungen des Imperialismus. Sie versuchen, diese sogar als Beziehungen von Partnern darzustellen, die im Sinne eines gemeinsamen Zieles zusammenarbeiten.

Dies widerspiegelt sich in einem zentralen Moment der Konzeption der „Interdependenz der Nationen", der Negierung des Prinzips der nationalen Souveränität. Dieses Prinzip sei heute überholt, da der natürliche Prozeß der Entwicklung der Weltwirtschaft zur Herausbildung eines einheitlichen Produk-

33 Umfangreiches Faktenmaterial zur Ausbeutung der Entwicklungsländer durch die internationalen Monopole bei: F. Castro, Die ökonomische und soziale Krise in der Welt, Dresden 1983.

tionsmechanismus geführt habe, der auf den sich gegenseitig ergänzenden Produktionsstrukturen der entwickelten und Entwicklungsländer beruhe. Ein Beharren auf dem Prinzip der nationalen Souveränität hindere die Länder daran, ihre außenwirtschaftlichen Beziehungen rationell zu gestalten. Ziemlich ungeschminkt bezieht der BRD-Ökonom Peter G. Rogge seinen gegen eine reale Unabhängigkeit der Entwicklungsländer gerichteten Standpunkt: „Die Weltwirtschaft hat sich in den letzten Jahren als ein eng verflochtenes System ihrer Teile etabliert, und gleichzeitig hat eine zunehmende Anzahl dieser Teile ein größeres Maß an politischer Unabhängigkeit und Selbständigkeit erhalten als je zuvor, wodurch ein ‚Als-ob-Verhalten' nahegelegt worden ist – ein Verhalten, als ob man auch ökonomisch unabhängig sei, als ob man ohne Rücksicht auf den Systemzusammenhang tun und lassen könne, was man wolle. Hierin liegt die eigentliche Ursache vieler weltwirtschaftlicher Mißhelligkeiten . . ."[34]

In diesem Sinne wird von neokonservativen Theoretikern die Forderung nach Übernahme einer spezifischen Verantwortung durch alle Länder erhoben. Für die Entwicklungsländer bestünde diese unter anderem darin, daß sie bei der Lösung des Problems der Nutzung ihrer Roh- und Brennstoffe nicht von ihren nationalen Interessen auszugehen hätten, sondern von den Interessen einer imaginären Weltgemeinschaft, das heißt im Klartext: von den Interessen der kapitalistischen Industrieländer.

Als „sehr fragwürdig" bezeichnet Wolfgang Frickhöffer „die Anerkennung eines Souveränitätsanspruchs der Entwicklungsländer über ihre Rohstoffe"[35] und legt ihnen nahe, „ihre Souveränität zugunsten größerer politischer Zusammenschlüsse auf(zu)geben", da „eine für die einzelnen Länder fruchtbare Orientierung an den Weltmärkten" dies angeblich notwendig mache.[36] Mit dem Ruf nach Einschränkung der Souveränität der nationalen Staaten, der natürlich nur an die Entwicklungsländer gerichtet wird, ist die Forderung verbunden, den Nationalstaat durch das „progressive" Monopol zu ersetzen. Nur das Monopol sei in der Lage, die aus der Interdependenz erwachsenden Probleme zu lösen: Als Träger des technischen Fortschritts habe es die Potenzen und die Möglichkeit, neue Technik zu entwickeln und zu produzieren und sein Eigentum an Produktionsanlagen in vielen Ländern der Erde bilde eine Grundlage für die Lösung der zwischenstaatlichen Probleme.

Zwei wesentliche Aspekte spielen im Zusammenhang mit der These von der besonderen Bedeutung internationaler Monopole für die „Interdependenz der Nationen" eine Rolle: Erstens werden die Monopole als für alle Staaten entscheidender – falls nicht sogar als der entscheidende – integrierender ökono-

[34] P. G. Rogge, Weltwirtschaft im Strukturwandel, in: Eine neue Ordnung in der Weltwirtschaft?, hg. von H. Besters, Baden-Baden 1975, S. 27.

[35] W. Frickhöffer, Probleme einer marktwirtschaftlichen Entwicklungspolitik, in: G. Kley/W. Heintzeler/W. Böhme (Hrsg.), Marktwirtschaft und Weltwirtschaft, Heidelberg – Hamburg 1978, S. 23.

[36] Ebenda.

mischer Faktor in der Weltwirtschaft hingestellt, dessen Wirken sich in Übereinstimmung mit dem objektiven Verlauf der ökonomischen sowie wissenschaftlich-technischen Entwicklung befinde, woraus zweitens ein objektives gemeinsames politisches Interesse von Regierungen und transnationalen Monopolen an der Stabilität der Beziehungen auf diesem Gebiet erwachse, das sich seinerseits positiv auf das Gesamtsystem internationaler Beziehungen auswirken könne.[37]

„Die multinationalen Unternehmen exerzieren uns Integration vor und es ist ein Glück", meint Frickhöffer, „daß kurzsichtige nationale Gesetze und Kontrollen dies nicht stärker behindern als ohnehin schon. Die Multis haben schneller als die Regierungen der Industriestaaten die Konsequenzen aus dem Zusammenwachsen der Weltwirtschaft gezogen . . . Das Ausmaß der Multinationalität dieser Unternehmen ist eben wesentlich auch dadurch bestimmt, daß die Politik die technologischen Entwicklungen noch nicht ausreichend nachvollzogen hat."[38]

Die politische Stoßrichtung und die Absicht, die mit einem solchen Konzept „funktionaler Interessenharmonie" der Staaten im Hinblick auf die internationalen Monopole verfolgt werden, sind klar: Schwächung und Unterminierung der Position der Entwicklungsländer in ihrem Kampf um ökonomische Unabhängigkeit, um vollständige Souveränität über die nationalen Ressourcen sowie bei der Zurückdrängung der Macht des internationalen Monopolkapitals.

Wenn neokonservative Wirtschaftstheoretiker den Entwicklungsländern eine „Liberalisierung" ihres Handels mit den kapitalistischen Industrieländern nahelegen, so berufen sie sich auf die in ihren Grundzügen bereits im 18. Jahrhundert (in erster Linie von David Ricardo) entwickelte klassische Theorie der komparativen Vorteile. Von den schwedischen Ökonomen Eli F. Heckscher und Bertie Ohlin wurde sie zum „Faktorproportionen-Theorem" weiterentwickelt, in dem bereits Probleme des Handels zwischen entwickelten und unterentwickelten Ländern eine Rolle spielen. Die Produktionsspezialisierung eines Landes wird aus dem Grad der Ausstattung mit den Faktoren Arbeit, Kapital und Naturressourcen abgeleitet.

Gegenwärtig steht im Mittelpunkt der theoretischen Erklärungsmodelle der internationalen kapitalistischen Arbeitsteilung, der Entwicklung des kapitalistischen Welthandels und des Kapitalexports unter den Bedingungen des wissenschaftlich-technischen Fortschritts die „Produktzyklus-Theorie"[39]. Sie untersucht

37 Vgl. H. Heininger, Transnationale Monopole und internationale Beziehungen, in: Internationalisierung des Kapitals und Klassenkampf, hg. von der Akademie für Gesellschaftswissenschaften beim Zentralkomitee der SED, Berlin 1982, S. 18/19.

38 W. Frickhöffer, Probleme einer marktwirtschaftlichen Entwicklungspolitik, a. a. O., S. 34.

39 Vgl. dazu u. a.: S. Hirsch, Hypothesen über den Handel zwischen Entwicklungsländern und Industrieländern, in: M. Giersch/H.-D. Haas (Hrsg.), Probleme der weltwirtschaftlichen Arbeitsteilung, Berlin (West) 1974, S. 69–88.

den sogenannten Lebenszyklus eines Produktes, das heißt die Hauptphasen in der Entwicklung, Produktion und Realisierung einer Ware in Abhängigkeit von der wechselnden Bedeutung der einzelnen Produktionsfaktoren. Im Unterschied zu den drei Produktionsfaktoren im Heckscher-Ohlin-Modell betrachtet die „Produktzyklus-Theorie" zwei Produktionsfaktoren: Kapital und Arbeit, wobei die Arbeit in zwei Kategorien unterschieden wird: qualifizierte (Produktionsorganisation und -leitung, wissenschaftliche und ingenieur-technische Arbeit) und unqualifizierte.

Die Analyse der relativen Bedeutung der Produktionsfaktoren in den verschiedenen Phasen der Entwicklung einer Ware, ihrer Herstellungstechnik und -technologie führt die Vertreter der „Produktzyklus-Theorie" zu Aussagen über Entwicklungstendenzen in der internationalen kapitalistischen Arbeitsteilung und im kapitalistischen Welthandel:

1. Hochentwickelte kapitalistische Länder hätten die besten Bedingungen für eine vorrangige Spezialisierung auf die Exportproduktion von Waren, die sich in der Entwicklungsphase befinden, insbesondere, da sich hier hochqualifizierte Arbeitskräfte konzentrierten.

2. Für entwickelte kapitalistische Länder mit durchschnittlichem wissenschaftlich-technischem Niveau wäre der Export von Waren in der Wachstumsphase von vorrangiger Bedeutung. Hier gäbe es einen Kapitalüberschuß, eine ausreichende Basis für wissenschaftliche und technische Arbeit und gleichzeitig relativ billige Arbeit mittlerer und niedriger Qualifikation.

3. Entwicklungsländer wären besonders begünstigt, wenn sie ihre Exportproduktion auf die Herstellung von Waren in der Reifephase konzentrierten. Ihr großer Vorteil sei der Überschuß an billiger unqualifizierter Arbeit. Das große Gefälle im Lohnniveau zwischen kapitalistischen Industrieländern und Entwicklungsländern könne die relative Verteuerung des Produktionsfaktors Kapital kompensieren. Damit entstehe auch die Möglichkeit der Entwicklung nicht nur arbeits-, sondern auch kapitalintensiver Zweige.

Die Verengung der Betrachtungen im Rahmen der „Produktzylus-Theorie" auf die Produktivkraftproblematik, auf ökonomisch-produktionstechnische Fragen und das Abstrahieren von den Produktionsverhältnissen, von gesellschaftspolitischen Gegebenheiten hat unrealistische Verabsolutierungen bei der Ableitung einer Industrialisierungsstrategie für die Entwicklungsländer zur Folge. Unter Hinweis auf ihre „natürliche Ausstattung" mit Produktionsfaktoren wird ihnen nahegelegt, sich in ihren Industrialisierungsbemühungen auf Industrien der Reifephase zu konzentrieren und sich nicht am Handel mit neuen, hochtechnischen Erzeugnissen zu beteiligen.[40]

Die Entwicklungsländer sollen glauben, daß das bestehende System der in-

[40] Vgl. J. B. Donges, Industrialisierung der Entwicklungsländer. Ziele und Chancen, in: Weltwirtschaft im Übergang, Kieler Diskussionsbeiträge, hg. von H. Müller-Groeling, Nr. 45, Kiel 1976.

ternationalen kapitalistischen Arbeitsteilung in der Lage sei, die komparativen Vorteile und damit die Entwicklungsmöglichkeiten der Länder Afrikas, Asiens und Lateinamerikas ständig ohne ihr eigenes Zutun (allein auf der Basis des Außenhandels) erweitert zu reproduzieren. Die diesem System entspringende technologische Abhängigkeit der Entwicklungsländer wird dabei demagogisch als deren spezieller Vorteil hingestellt. Jürgen B. Donges zum Beispiel findet besonders bedeutsam, daß die vertikale Diversifizierung der Produktionsstruktur nicht so weit getrieben wird wie sonst, „da dank der zusätzlichen Exporte insbesondere kapitalintensive Produktionsmittel und Investitionsgüter aus dem Ausland bezogen werden können"[41].

Spezialisieren sich Entwicklungsländer nun tatsächlich auf die Produktion von „reifen" Gütern, um komparative Vorteile im internationalen Handel zu erzielen, sind sie mit folgender Situation konfrontiert:

Dem „Produktzyklus-Modell" zufolge sind diese Waren „arbeits- und kapitalintensiv". In der Mehrzahl der Länder Afrikas, Asiens und Lateinamerikas sind die Bedingungen für arbeitsintensive Produktion sicher gegeben; für kapitalintensive bestehen jedoch in den meisten von ihnen ohne den Import privaten und staatlichen Auslandskapitals keine Voraussetzungen. „Komparative Vorteile" ziehen aus einer solchen Industrialisierungskonzeption in Wirklichkeit allein die internationalen Monopole und die imperialistischen Länder, die sich einerseits auf die wissenschaftsintensiven und wachstumsbestimmenden Wirtschaftszweige konzentrieren und andererseits ihre Verwertungsbedingungen durch das freie und ungehinderte Eindringen ihres Kapitals in die Entwicklungsländer entscheidend verbessern können. In den Entwicklungsländern wird im Gegensatz dazu eine weitgehende Abhängigkeit von ausländischen Kapitalinvestitionen erzeugt, wird eine technologisch rückständige, nicht wachstumsbestimmende sowie für die gesamtwirtschaftliche Entwicklung wenig Impulse ausstrahlende Industrialisierung in Gang gebracht. Im Ergebnis wächst die Gefahr der Herausbildung industrieller Monostrukturen, die einerseits die Entstehung relativ geschlossener nationaler Reproduktionszyklen verhindern und andererseits die Industrie der Entwicklungsländer außerordentlich stark dem kapitalistischen Krisenzyklus sowie der Konkurrenz kapitalistischer Industrieländer unterwerfen würde. Im Zusammenhang mit der unterschiedlichen Preisentwicklung bei den „ausgereiften" Produkten, das heißt den potentiellen Exportgütern der Entwicklungsländer, und den Produkten der Wachstumsindustrien der kapitalistischen Industrieländer, die gleichzeitig Hauptimportgüter der Entwicklungsländer sind, verschlechtern sich außerdem die *terms of trade* dieser Länder.

Es ist offenichtlich, daß nicht eine Verringerung der Kluft in der wissen-

[41] J. B. Donges, Arbeitsintensive und exportorientierte ausländische Direktinvestitionen in Entwicklungsländern, in: Wege zur Überwindung der Arbeitslosigkeit, Kieler Diskussionsbeiträge, hg. von H. Müller-Groeling, Nr. 49, Kiel 1977, S. 33.

schaftlich-technischen und sozialökonomischen Entwicklung zwischen kapitalistischen Industrieländern und Entwicklungsländern das Resultat der praktischen Umsetzung der „Produktzyklus-Theorie" ist, sondern ihr immer stärkeres Auseinanderklaffen.

Eng an die theoretische Fundierung der imperialistischen Strategie der Produktionsverlagerung in Entwicklungsländer durch die „Produktzyklus-Konzeption" ist die Ablehnung jeglichen Protektionismus gekoppelt. Neokonservative Wirtschaftswissenschaftler setzen sich vehement für die uneingeschränkte Durchsetzung des Freihandels in der kapitalistischen Weltwirtschaft ein, das heißt für die Beseitigung möglichst aller Handelshemmnisse in den internationalen Wirtschaftsbeziehungen. Auf der einen Seite sollen die Entwicklungsländer ihre Wirtschaft für das internationale Kapital „öffnen" und gleichzeitig auf alle Maßnahmen zur Kontrolle oder zur Beschränkung des Auslandskapitals verzichten, wodurch ein ökonomischer Entwicklungsprozeß, ein Prozeß der Industrialisierung in Gang gesetzt würde; auf der anderen Seite hätten die kapitalistischen Industrieländer die Aufgabe, den internationalen Handel zu „liberalisieren", das heißt ihre Märkte auch für die preisgünstigen Waren aus Entwicklungsländern zu öffnen, die Kapitalinvestitionen in diesen Ländern zu verstärken und damit technischen und ökonomischen Fortschritt zu übertragen.

Worum es in Wahrheit jedoch geht, ist die Beseitigung jener Handelshemmnisse, die es den internationalen Monopolen nicht oder nur beschränkt gestatten, die Vorteile, die die Produktion in und der Handel mit Entwicklungsländern potentiell bieten, maximal zu realisieren, ist die Schaffung der Voraussetzungen für ein ungehindertes Agieren der transnationalen Monopole in den Entwicklungsländern. Die imperialistischen Staaten sind es, die angesichts wachsender Massenarbeitslosigkeit und anderer tiefer ökonomischer Krisenprozesse ihr Heil immer stärker im Protektionismus suchen. Und gerade Waren aus jenen Zweigen, in denen die Entwicklungsländer angeblich besonders hohe Exporterlöse auf Grund großer komparativer Vorteile erzielen sollen, treffen bereits bei relativ geringer Importkonkurrenz auf hohe protektionistische Barrieren.

7.2. *Die praktische imperialistische Wirtschaftspolitik gegenüber den Entwicklungsländern*

Ein wesentliches Element der Gegenoffensive des Imperialismus an der Wende von den 70er zu den 80er Jahren, des Kurses der Konfrontation, den insbesondere die USA, aber auch andere imperialistische Mächte betreiben, bilden die gewaltigen Anstrengungen des Imperialismus zur neokolonialistischen Beherrschung der Länder Afrikas, Asiens und Lateinamerikas, von denen alle Bereiche der Beziehungen zwischen imperialistischen und Entwicklungsländern betroffen sind.

Eine spezifische Rolle spielt dabei der USA-Imperialismus. Seine Politik ist von globalen hegemonistischen Ansprüchen geprägt, von einem Globalismuskonzept, das die Auseinandersetzungen mit den Entwicklungsländern als Bestandteil der weltweiten Ost-West-Auseinandersetzung betrachtet, und somit das rechtzeitige und dauerhafte Blockieren progressiver ökonomischer und politischer Entwicklungsprozesse in den Ländern Afrikas, Asiens und Lateinamerikas als Positionsgewinn gegenüber der Sowjetunion „im globalen Ringen um die Weltherrschaft". Begründet wird die Notwendigkeit einer derartigen Politik mit einer selbst auferlegten „globalen Mission" der USA, die darin bestehe, den Völkern zu einem Glück „Made in USA" zu verhelfen. So führe „jeder Zuwachs an Macht oder Einfluß der Vereinigten Staaten in der internationalen Arena . . . im allgemeinen zu einer Förderung von Freiheit und Menschenrechten in der Welt"[42].

Gleichzeitig ist der USA-Imperialismus bestrebt, die gesamte kapitalistische Weltwirtschaft seinen Interessen unterzuordnen. Deshalb wird die wirtschaftliche Macht und Stärke der USA zum Maßstab für Fortschritte in der kapitalistischen Weltwirtschaft erklärt. Es wird behauptet, daß eine „gesunde amerikanische Wirtschaft die Grundvoraussetzung für . . . eine gesunde Weltwirtschaft"[43] sei. Der USA-Wirtschaft wird eine imaginäre Rolle als „Konjunkturlokomotive für den Rest der Welt" zugeschrieben.

In der Politik der Reagan-Administration gegenüber den Entwicklungsländern verbindet sich vor diesem Hintergrund ein prononcierter politisch-militärischer Interventionismus mit der gezielten Förderung von Kapitalisierungsprozessen in diesen Ländern. Die beste Garantie für die uneingeschränkte Nutzung der natürlichen und ökonomischen Ressourcen und Potentiale der Völker und Staaten Afrikas, Asiens und Lateinamerikas, ihrer militärstrategischen Lage sowie zur Zurückdrängung und Niederhaltung jeglicher progressiver Tendenzen und Bewegungen sieht der USA-Imperialismus in einer stärkeren Militarisierung seiner Beziehungen zu diesen Regionen, seiner Fähigkeit zur Androhung und Anwendung militärischer Gewalt.

Unter grober Mißachtung des Selbstbestimmungsrechtes der Entwicklungsländer machen die USA einen Anspruch auf Ausdehnung ihrer „Sicherheitsgrenzen", auf die Schaffung von „Einflußsphären" und „Verteidigungsbündnissen" in weit von ihnen entfernten Gebieten der Erde geltend. Von besonderer Wichtigkeit ist in diesem Zusammenhang die verstärkte Nutzung von Entwicklungsländern als militärischem Faktor, das heißt ihre zunehmende Einbeziehung in den imperialistischen Hochrüstungskurs.

Welch große Bedeutung der USA-Imperialismus dem militärischen Faktor in den Beziehungen zu den Entwicklungsländern sowohl hinsichtlich der welt-

[42] S. P. Huntington, American Politics: The Promise of Disharmony, Cambridge/Mass. 1981, S. 249.

[43] M. Rashish, Die amerikanische Politik gegenüber Entwicklungsländern, in: Europa-Archiv (Bonn) vom 10. 9. 1981.

weiten Auseinandersetzung mit dem Sozialismus als auch der Absicherung proimperialistischer Entwicklungen im Inneren dieser Länder beimißt, zeigt der Umfang der sogenannten Sicherheits- und Militärhilfe der USA. Obwohl, ausgehend von neokonservativen wirtschaftstheoretischen Vorstellungen, die „Entwicklungshilfe" als solche eher negativ bewertet wird (1983 verringerte sich die „Entwicklungshilfe" der USA um 7 Prozent gegenüber dem Vorjahr und mit einem „Entwicklungshilfe"-Anteil von 0,24 Prozent am Bruttosozialprodukt nahmen die USA den vorletzten Platz unter den Mitgliedsländern des Entwicklungshilfeausschusses der OECD (DAC) ein[44]), erfährt die Militärhilfe eine ständige Ausweitung. Bereits im ersten Ausgabengesetz für „Auslandshilfe", das unter der Regie der Reagan-Administration für das Haushaltsjahr 1982 zustande kam, wurden von den 11,4 Milliarden Dollar „Auslandshilfe" zwei Milliarden Dollar für den „Economic Support Fund" des Außenministeriums bereitgestellt, der für bilaterale Wirtschaftshilfe zur Förderung der USA-Außenpolitik vergeben wird, sowie eine Milliarde Dollar für direkte Militärhilfe. Darüber hinaus wurden 2,8 Milliarden Dollar für Kreditbürgschaften und verlorene Zuschüsse zum Waffenkauf bewilligt.[45] Für das Jahr 1985 waren bei einer Gesamtsumme von 15,6 Milliarden Dollar nicht weniger als 9,8 Milliarden für die Militärhilfe vorgesehen.[46]

Diese USA-Strategie, die unweigerlich zu einer forcierten Militarisierung vieler Entwicklungsländer führt, weist jedoch noch einen anderen Aspekt auf: Auf rüstungstechnischem und -wirtschaftlichem Gebiet entstehen neue Abhängigkeitsverhältnisse, die ihrerseits weitere finanzielle und ökonomische Abhängigkeiten für die betreffenden Entwicklungsländer mit sich bringen und sie an der Lösung ihrer eigenen, nationalen Aufgaben und Probleme hindern. Durch Rüstungsausgaben, zu denen auch Entwicklungsländer mit einer Politik der Nichtpaktgebundenheit und der friedlichen Koexistenz immer stärker gezwungen sind, um ihre nationale Unabhängigkeit zu wahren, werden umfangreiche materielle, finanzielle und personelle Reserven gebunden. Diese stehen nicht zur Überwindung der sozialökonomischen und wissenschaftlich-technischen Rückständigkeit zur Verfügung. Darüber hinaus werden dadurch Wirtschaftsprobleme ausgelöst oder verstärkt wie Staatshaushaltsdefizite, Inflation, Auslandsverschuldung usw.

Bereits das erste entwicklungspolitische Programm unter der Präsidentschaft von Reagan, das von Haig im September 1981 in der Generalversammlung der Vereinten Nationen verkündet wurde, erklärte „freie Märkte, Privatinitiative und Anreize für ausländische Investitionen" zu den „wichtigsten Stützpfeilern der Entwicklungspolitik der Reagan-Administration". Sie garantierten das „schnellstmögliche Wirtschaftswachstum" in der „Dritten Welt".[47] Grundlage für

[44] OECD-Observer (Paris) vom Juli 1984.

[45] Vgl. Handelsblatt (Düsseldorf) vom 16. 12. 1981.

[46] SIPRI-Yearbook 1982, London 1982, S. 177.

[47] Die Welt (Hamburg) vom 23. 9. 1981.

die neue US-amerikanische Entwicklungspolitik sei ein „offenes internationales Handelssystem, gekoppelt mit einer reibungslos funktionierenden Finanzordnung" sowie die Beseitigung des Protektionismus.[48]

Reagan untermauerte diese Position in einer Rede am 15. Oktober 1981 in Philadelphia. Hier stellte er noch einmal sehr prononciert die wirtschaftspolitischen Forderungen des USA-Imperialismus gegenüber den Entwicklungsländern heraus: volle Durchsetzung der Prinzipien der „freien Marktwirtschaft", Öffnung der Märkte der Entwicklungsländer für die USA-Monopole, Herstellung attraktiver Investitionsbedingungen für die internationalen Monopole in den Entwicklungsländern sowie Aufgabe jeglichen, den eigenen Interessen dieser Länder dienenden „Kollektivismus".[49]

Die Forderungen Reagans laufen darauf hinaus, daß die Entwicklungsländer den kapitalistischen Entwicklungsweg einschlagen, den privatkapitalistischen Sektor ausdehnen und festigen sowie ihre Wirtschaften den internationalen Monopolen großzügig öffnen. So soll die Nutzbarmachung der Länder Afrikas, Asiens und Lateinamerikas als Feld der Ausbeutung und Ausplünderung, der Expansion für die internationalen Monopole forciert werden. Um die Aktivitäten des internationalen Monopolkapitals in diesen Ländern jeglicher Kontrolle und Beschränkung zu entziehen, wird vor allem auf die Ausschaltung des Einflusses ihrer Regierungen hingewirkt, die Beschneidung der nationalen Souveränität und der den Staaten daraus erwachsenden Rechte vorangetrieben.

Die eindeutige Verlagerung der USA-Entwicklungspolitik auf die Durchsetzung und langfristige Sicherstellung marktwirtschaftlicher Prinzipien, sowohl innerhalb der Entwicklungsländer als auch im Rahmen der kapitalistischen Weltwirtschaft, ist begleitet von spezifischen Umstrukturierungen des entwicklungspolitischen Instrumentariums der USA.

So hatte Haig bereits 1981 vor der UNO verkündet, daß eine Wachstumsstrategie, die sich auf eine massive Zunahme des Ressourcentransfers von den Industrie- in die Entwicklungsländer stützt, „einfach unrealistisch" sei.[50] Gleichzeitig machte er deutlich, daß staatliche „Entwicklungshilfe" nicht mehr in dem gewohnten Umfang zur Verfügung gestellt werde. Das entspricht zweifellos einer Umsetzung neokonservativer wirtschaftstheoretischer Auffassungen zur Rolle des Staates in wirtschaftspolitische Entscheidungen, deren Kern in der noch stärkeren Konzentration der staatlichen Mittel auf die unmittelbare Förderung der monopolistischen Kapitalverwertung besteht. Hierbei ist auch zu berücksichtigen, daß die Verschärfung der kapitalistischen Wirtschaftskrise unter anderem negative Auswirkungen auf den finanziellen Spielraum der imperialistischen Staaten – die USA sind davon nicht ausgenommen – bei ihren entwicklungspolitischen Aktivitäten hat. Die Möglichkeiten für die Gewähr-

[48] Ebenda.
[49] Vgl. Amerika-Dienst (Bonn), 45/1981, S. 1–22.
[50] Die Welt (Hamburg) vom 23. 9. 1981.

leistung von „Entwicklungshilfe" werden eingeengt. Die USA-„Entwicklungshilfe" insgesamt war in den letzten Jahren sowohl relativ als auch absolut rückläufig. Sie verringerte sich von 1982 zu 1983 um 7 Prozent und betrug 1983 knapp 8 Milliarden US-Dollar (1982: 8,2 Milliarden).[51]

Die Streichung von Mitteln für die „Entwicklungshilfe" der USA ist mit einer neuen Schwerpunktsetzung bei ihrer Vergabe verknüpft: Priorität erlangt die „Sicherheits- und Militärhilfe", die in erster Linie den sogenannten befreundeten Staaten, einschließlich der reaktionärsten und sogar des faschistischen Regimes in Chile, zur Verfügung gestellt wird. Weiterhin sollen die verausgabten Mittel den Zugriff zu Rohstoff- und Energiequellen in den Entwicklungsländern garantieren helfen sowie zur Milderung der Auswirkungen der kapitalistischen Wirtschaftskrise durch die Verbesserung der Konkurrenzposition des US-amerikanischen Monopolkapitals beitragen. Angesichts dieser Prioritäten ist es nicht verwunderlich, daß die „Hilfe" für die am wenigsten entwickelten Länder eine immer geringere Rolle spielt. Die Gewährung von „Entwicklungshilfe" durch die Reagan-Administration wird somit in wachsendem Maße vom politischen Wohlverhalten der Empfängerländer abhängig gemacht, von ihrer Bereitschaft zur Durchsetzung marktwirtschaftlicher Prinzipien sowie ihrem Stellenwert in der politisch-militärischen und ökonomischen Interessenskala des USA-Imperialismus.

Die neuen Akzente neokonservativer USA-Entwicklungspolitik widerspiegeln sich in der gezielten Verlagerung ihres Schwerpunktes auf das Wirken der internationalen USA-Monopole und ihrer Kapitalexpansion in die Entwicklungsländer. Dabei besteht die Rolle des Staates in erster Linie in der Ausübung von „Einfluß auf die Entwicklungsländer sowie darin, gerade soviel staatliches Kapital zur Verfügung zu stellen, wie nötig ist, um maximale private Kapitalströme zu ermöglichen. Staatliche Kredite sind demnach nichts anderes als „Katalysatoren" für einheimische und ausländische Privatinvestitionen.[52]

Die Neuakzentuierung der USA-Entwicklungspolitik kommt auch darin zum Ausdruck, daß die „Entwicklungshilfe" und andere staatliche Mittel immer weniger den Regierungen für große Projekte oder zur Budgetfinanzierung zur Verfügung gestellt, sondern unmittelbar privaten Unternehmen zugeleitet werden.

Noch schneller als ihre „Entwicklungshilfe" insgesamt kürzte die Reagan-Administration ihre Beiträge an multilaterale Institutionen und Organisationen. Hier kann der Geldgeber nicht unmittelbar auf die Verwendung seiner Beiträge Einfluß nehmen, seine spezifischen ökonomischen und politischen Ziele nicht so unvermittelt wie auf bilateralem Wege durchsetzen. Die geänderte Haltung der USA ist zugleich eine Reaktion auf die verstärkten – und teilweise erfolgreichen – Bemühungen der Entwicklungsländer, in diesen Gremien

[51] OECD-Observer (Paris) vom Juli 1984.
[52] Vgl. Die Welt (Hamburg) vom 23. 9. 81.

bestimmte Interessen trotz der Vormachtstellung der USA und anderer imperialistischer Mächte zur Geltung zu bringen. Mit der Kürzung von Beitragszahlungen vor allem an solche Organisationen und Institutionen, in denen die Entwicklungsländer auf Grund der Stimmverhältnisse und Vergabemodalitäten ein größeres Mitspracherecht haben und/oder von denen die Mittel zu besonders günstigen Bedingungen vergeben werden, sowie mit der Drohung des Mittelabzugs aus dem internationalen Währungsfonds und der Weltbank sollen die Entwicklungsländer zu Wohlverhalten gezwungen werden und sich völlig den Interessen des USA-Imperialismus unterordnen. Außerdem werden die Entwicklungsländer genötigt, in immer größerem Umfang auf Kredite und andere Finanzmittel zurückzugreifen, die zu „Marktbedingungen" vergeben werden, das heißt mit hohen Zinsen, mit kurzen Laufzeiten usw. Das ist sowohl Ausdruck der angestrebten Veränderungen im Verhältnis von monopolistischem und staatlichem Kapitalexport zuungunsten des letzteren als auch der Umgestaltung der inneren Struktur des staatlichen Kapitalexports im Sinne eines Abbaus von „Grants" und günstigen Krediten und einer Erweiterung der an kommerziellen Bedingungen orientierten Mittelvergabe. Das sind jedoch Bedingungen, die die Entwicklungsländer in noch umfassendere finanzielle Abhängigkeit vom Imperialismus verstricken, sie letzten Endes der vollständigen finanzkapitalistischen Beherrschung durch den Imperialismus unterwerfen.

Von der Verringerung der USA-Beitragszahlungen ist vor allem die Internationale Entwicklungsgesellschaft (IDA), eine Tochterinstitution der Weltbank, die Kredite zu günstigen Bedingungen vergibt, betroffen. Die USA wollen hier ihren Verpflichtungen im Rahmen der vorgesehenen Mittelauffüllungen nicht nachkommen. Bereits im Haushaltsjahr 1982 hatten sie statt der vollen Summe von 1,05 Milliarden US-Dollar nur 700 Millionen US-Dollar eingezahlt. Andere Geberländer folgten diesem Kurs und verminderten ebenfalls ihre jährlichen Einzahlungen, so daß statt der geplanten 4,1 Milliarden Dollar nur 2,6 Milliarden zur Verfügung standen. Durch eine Ausweitung des Darlehensprogramms der Weltbank sollte dieser Ausfall „wettgemacht" werden. Den Preis dafür sollten jedoch die Entwicklungsländer in Form der „harten" Kreditbedingungen der Weltbank (zum Beispiel 11 Prozent Zinsen) zahlen.[53]

Daß die Entwicklungspolitik von der konservativ-reaktionären Reagan-Administration stärker und direkter, als das bisher der Fall war, als Instrument zur Durchsetzung monopolistischer Profitinteressen genutzt wird, zeigt ihre direkte Ausrichtung einerseits auf die Schaffung optimaler Verwertungsbedingungen für das US-amerikanische Monopolkapital in den Entwicklungsländern selbst und andererseits auf die allseitige Förderung der Kapitalexpansion der internationalen Monopole der USA in diese Länder durch den Ausbau eines umfassenden Instrumentariums und die Bereitstellung umfangreicher Mittel.

„Im besonderen wird der private Sektor als Motor für Wachstum und struk-

[53] Vgl. Frankfurter Allgemeine Zeitung (Frankfurt a. M.) vom 29. 1. 1982.

turelle Veränderungen wesentlich größere Unterstützung erhalten"[54], erläuterte dann auch im September 1981 der damalige Staatssekretär für Wirtschaftsfragen im USA-Außenministerium, Myer Rashish, in einem speziell für Westeuropa publizierten Beitrag eine der grundlegenden Neuorientierungen US-amerikanischer Entwicklungspolitik. Die Rolle des Staates für das wirtschaftliche Wachstum der Entwicklungsländer wird im Gegensatz dazu äußerst negativ beurteilt, da dieser überwiegend dazu neige, „sich der Art von grundlegenden Strukturveränderungen zu widersetzen, die für den Entwicklungsprozeß charakteristisch sind"[55]. Die souveräne Handlungsfreiheit des Staates wird als Hindernis für die Durchsetzung von Entwicklungsszenarien in den Ländern Afrikas, Asiens und Lateinamerikas betrachtet, Szenarien, die den Akkumulations- und Verwertungsinteressen des USA-Monopolkapitals angepaßt sind. Kann doch ein souverän handelnder Staat in hohem Maße Einfluß auf Tempo und Niveau der kapitalistischen Entwicklung nehmen; er kann dieser aber auch entgegenwirken. Seine Rolle bei der Umgestaltung vorkapitalistischer Produktionsverhältnisse, seine Haltung zum Auslandskapital und zum privaten Kapital generell, der Umfang, das Gewicht und die Wirkungsrichtung des staatlichen Sektors der Wirtschaft sind Risikofaktoren für eine neokonservative Entwicklungspolitik, die der USA-Imperialismus weitgehend auszuschalten sucht.

Deshalb wurden die bilateralen „Entwicklungshilfe"-Programme auf eine forcierte Förderung des privaten Sektors in Entwicklungsländern umorientiert, wurde Einfluß auf die Überprüfung der Programme internationaler Finanzierungsinstitutionen und Banken genommen, um deren Unterstützung privatkapitalistischer Aktivitäten auf diesem Gebiet zu verstärken. Exemplarisch für diese Politik ist das Mitte 1984 verkündete Sonderprogramm der USA für die afrikanischen Staaten südlich der Sahara (‚Economy Policy Initiative'). Als finanzielle „Hilfs"-aktion in Höhe von 500 Millionen US-Dollar kaschiert,[56] besteht das tatsächliche Ziel darin, afrikanische Staaten politisch und wirtschaftlich an den USA-Imperialismus zu ketten. Die Vergabe der vorgesehenen Mittel wird direkt von politischen Vorbedingungen abhängig gemacht, die den Expansionsinteressen des USA-Monopolkapitals in Afrika entspringen. Das ist jedoch noch nicht alles: Nach Ausführungen des Außenministers der USA, Georg Shultz, am 15. Februar 1984 vor dem „Boston World Affairs Council" soll das Programm nur für jene Länder wirksam werden, die „bereit sind, die notwendigen politischen Reformen zu unternehmen"[57]. „Reformbedürftig" ist für Shultz vor allem die Wirtschaft der afrikanischen Länder im Sinne einer Stärkung des Privatsektors. Es müsse „der Blick für unternehmerische Möglichkeiten in Afrika geschärft"[58] werden. Gleichzeitig attackierte Shultz in scharfer

[54] M. Rashish, Die amerikanische Politik gegenüber Entwicklungsländern, a. a. O.

[55] Ebenda.

[56] Vgl. Amerika-Dienst (Bonn) vom 22. 2. 1984; International Herald Tribune (Paris) vom 8. 5. 1984.

[57] Amerika-Dienst (Bonn) vom 22. 2. 1984. [58] Ebenda.

Form die von afrikanischen Staaten verfolgte Industrialisierungspolitik, Lebensmittelsubventionen, Preiskontrollen und staatliche Verwaltungsausgaben. Das entspricht genau der generellen Orientierung der Reagan-Administration, wie sie vom USA-Vertreter auf der IV. Generalkonferenz der UNIDO 1984 in Wien nochmals bekräftigt wurde, das heißt „nur noch jenen Ländern finanzielle Hilfe (zu) erweisen, die den Prinzipien der freien Marktwirtschaft"[59] folgten.

Zur verstärkten unmittelbaren Förderung monopolistischer Kapitalexporte in die Länder Afrikas, Asiens und Lateinamerikas, der weiteren Etablierung von Gemeinschaftsunternehmen der US-amerikanischen Konzerne mit Unternehmen dieser Länder, der Schaffung privater Geld- und Finanzierungsinstitutionen in Entwicklungsländern wird das System staatlicher Garantien und Versicherungen ausgebaut. In diesem System wurde der bereits im Jahre 1969 vom USA-Kongreß installierten Overseas Private Investment Corp. (OPIC), einer kommerziell orientierten Entwicklungsbehörde, eine zentrale Stellung eingeräumt. Die Tätigkeit der OPIC ist darauf gerichtet, Auslandsinvestitionen amerikanischer Konzerne in „wenig entwickelten, befreundeten Ländern" zu stimulieren. Dazu werden in erster Linie Risikoversicherungen gegen solche politischen Ereignisse wie Enteignungen und Revolutionen angeboten.

Im Jahre 1981 wurde innerhalb der Agency for International Development (AID), einer Abteilung des USA-Außenministeriums, ein „Bureau for Private Enterprise" aufgebaut. Seine Hauptaufgabe besteht in der Ausfindigmachung von „förderungswürdigen" Projekten in Entwicklungsländern, der Finanzierung von Projektstudien und der Suche nach Geldgebern aus Kreisen des Finanzkapitals. Auch die AID selbst hat sich, nach den Worten ihres Chefs, P. McPherson, neu orientiert. Es gehe nicht mehr so sehr um die Deckung von Grundbedürfnissen (basic human needs) einer notleidenden Bevölkerung, als vielmehr um Hilfestellung für die private Wirtschaft in den Entwicklungsländern sowie für den Handel und den Investitionsfluß zwischen den USA und diesen Ländern.[60]

Die Staaten Westeuropas, so auch die BRD, vertreten auf der Basis der einheitlichen Grundinteressen des Imperialismus ihre spezifischen politischen und ökonomischen Interessen im Hinblick auf die Entwicklungsländer. Diese resultieren unter anderem aus ihrer größeren außenwirtschaftlichen Verflechtung mit diesen Ländern, ihrer gewachsenen ökonomischen Stärke und Selbständigkeit und den daraus erwachsenden eigenen Ambitionen hinsichtlich der Erlangung politischen und ökonomischen Einflusses.

Die CDU/CSU/FDP-Regierung der BRD geht, wie auch die von ihr abgelöste SPD/FDP-Regierung (zum Beispiel in ihren entwicklungspolitischen Grundlinien) davon aus, daß die Entwicklungspolitik der BRD darauf gerichtet sein sollte, revolutionären Veränderungen in den Entwicklungsländern, einer

59 Süddeutsche Zeitung (München) vom 8. 8. 1984.

60 Vgl. Handelsblatt (Düsseldorf) vom 26. 10. 1981.

offenen Konfrontation dieser Länder mit den kapitalistischen Industrieländern vorzubeugen. Schon in der entwicklungspolitischen Konzeption der CDU von 1980, als die Partei noch auf den Bänken der Opposition saß, wurde deshalb konstatiert, daß eine „weitsichtige Entwicklungspolitik . . . die drohende Gefahr verringert, daß Hoffnungslosigkeit der Entwicklungsländer in offene Konfrontation gegenüber den Industrieländern umschlägt und zur Errichtung wirtschaftlicher und politischer Barrieren auf beiden Seiten führt"[61]. In diesem Sinne wird eine gewisse Verbesserung der Lebensverhältnisse der Menschen in den Entwicklungsländern befürwortet, die Beseitigung „entwicklungshemmender Strukturen" angestrebt. Allerdings basieren die entwicklungspolitischen Vorstellungen der BRD-Regierung in starkem Maße auf neokonservativen Marktwirtschaftskonzeptionen und auf einer offenen und intensiven Propagierung des Antikommunismus und Antisowjetismus. Hinsichtlich der sogenannten Entwicklungshilfe spiegelt sich das beispielsweise darin wider, daß diese nicht einmal verbal vorrangig der Befriedigung bestimmter Grundbedürfnisse der Bevölkerung in den Entwicklungsländern zugute kommen soll, sondern unmittelbar auf die Durchsetzung eines „wohlverstandenen Eigeninteresses" gerichtet ist.

Den in den CDU-Thesen zur Entwicklungspolitik von 1980 erteilten „Auftrag", nicht nur „die eigene, an den Grundwerten und Menschenrechten orientierte politische Ordnung zu erhalten, sondern sich auch für die Verbreitung der Grundwerte dieser Ordnung in der Welt einzusetzen"[62] zur Maxime ihres Handelns erhebend, wird zum Beispiel die „Entwicklungshilfe" der BRD in noch höherem Maße der Durchsetzung außenpolitischer, wirtschaftlicher und militärischer Interessen des BRD-Imperialismus untergeordnet, wird sie verstärkt vom politischen Wohlverhalten der Empfängerländer abhängig gemacht. „Die Entwicklungshilfe ist heute kein Tummelplatz mehr für sozialistische Ideologien, die den Partnerländern nicht weiter helfen. Wir stellen die echte Partnerschaft in den Vordergrund. Das heißt, daß die Interessen der Entwicklungsländer mit unseren eigenen legitimen Interessen auf einen Nenner gebracht werden . . . Wer uns jedoch feindlich gesonnen ist, kann nicht bevorzugter Empfänger unserer Hilfe sein."[63]

An Deutlichkeit läßt dieser Hinweis des Ministers im Bundesministerium für Wirtschaftliche Zusammenarbeit (BMZ), Jürgen Warnke (CSU), an die Entwicklungsländer, wie sie ihre Politik zu gestalten hätten, um dem auserwählten Kreis von Empfängern bundesdeutscher „Entwicklungshilfe" anzugehören, nichts zu wünschen übrig.

[61] Entwicklungspolitische Konzeption der CDU, Bonn 1976, S. 9.

[62] Ebenda, S. 12.

[63] Jürgen Warnke (Bundesminister für wirtschaftliche Zusammenarbeit) zit. nach: R. Falk, Die Dritte-Welt-Konzeption der Rechtskoalition Kohl/Genscher, in: Antiimperialistisches Informationsbulletin (Dortmund), 5/1983, S. 26.

Die Praxis der Mittelvergabe gestaltet sich dementsprechend: Nicaragua wird mit Behinderung der Mittelvergabe durch die BRD-Regierung „bestraft" und bei Festhalten der Regierung des Landes an ihrem progressiven, antiimperialistischen Kurs wird mit ihrer völligen Einstellung gedroht. Noch von der SPD/FDP-Regierung gegebene Zusagen werden laufend „überprüft", die Auszahlung von Geldern wird bewußt verzögert oder erfolgt an reaktionäre und konterrevolutionäre Kräfte, dient der Stärkung des privatkapitalistischen Sektors, das heißt ihrer sozialökonomischen Basis.[64] Andererseits wurden die Beziehungen der BRD zum reaktionären Regime in El Salvador wieder aufgenommen. Bereits im Juli 1983 wurde der Regierungschef Napoleon Duarte in Bonn von Kanzler Kohl empfangen und bei dieser Gelegenheit der Willen der BRD-Regierung zur Wiederaufnahme der „Entwicklungshilfe" für das dortige Regime bekräftigt, unter dem die „Menschenrechtsentwicklung" im Gegensatz zu Nicaragua eine positive Tendenz zeige.[65]

Warnke scheute nicht davor zurück, offen zu verkünden, daß ein Land, „das sich zur kommunistischen Staatengemeinschaft bekennt", nicht „Entwicklungspartner" der BRD sein könne. Deren Bestreben sei es vielmehr, „Völker, die von kommunistischer Unterdrückung bedroht sind, durch Entwicklungshilfe in ihrem Freiheitsstreben zu unterstützen"[66]. Deshalb erweise das BMZ Angola keine „Entwicklungshilfe" und habe auch Moçambique keine neuen Zusagen gemacht.[67]

In der Anwendung eines derartigen antikommunistisch orientierten Freund-Feind-Schemas zeigt sich besonders nachdrücklich die verstärkte Annäherung der Positionen der BRD und der USA hinsichtlich der Politik gegenüber den Entwicklungsländern. Das erleichtert dem USA-Imperialismus die Durchsetzung seiner Bestrebungen zur umfassenderen und festeren Einbindung der imperialistischen Verbündeten in seine gegenwärtige Konfrontationsstrategie. Allerdings ist „die Neubestimmung des Verhältnisses zu den USA . . . dabei weniger als einfache Unterordnung unter die westliche Führungsmacht zu begreifen, sondern vielmehr Ausdruck des Bestrebens, durch eine engere Anlehnung an Washington und ein verfeinertes Netz von Abstimmungs- und Konsultationsmechanismen innerhalb des westlichen Bündnisses auch den eigenständigen Expansionsinteressen der Bundesrepublik international mehr Durchschlagskraft zu verleihen"[68].

Die Forderung von Vertretern der BRD-Regierung an die Entwicklungsländer, marktwirtschaftliche Modelle zu übernehmen, „pluralistische Gesellschafts-

64 Vgl. R. Falk, Die Rechtskoalition und die Dritte Welt, in: Blätter für deutsche und internationale Politik (Köln), 11/1983, S. 1479.

65 Vgl. ebenda, S. 1478.

66 Deutschland-Magazin (Prien), 2/1983, S. 39.

67 Vgl. ebenda.

68 R. Falk, Die Rechtskoalition und die Dritte Welt, a. a. O., S. 1469.

strukturen" zu entwickeln, „Eigenverantwortung" zu zeigen und „Selbsthilfe" zu üben, läuft eindeutig darauf hinaus, diese auf den kapitalistischen Entwicklungsweg zu drängen. Auf nationaler und internationaler Ebene, so betont Volkmar Köhler (CDU), Staatssekretär im BMZ, sei es notwendig, „den Marktmechanismus über Angebot und Nachfrage, Innovation und Diversifikation, Erfolg neuer Ideen und Kostenvorteile entscheiden zu lassen"[69]. Und Bundeskanzler Kohl erhebt in seiner Regierungserklärung die anmaßende Forderung, daß private Initiative „auch in den Entwicklungsländern stärker zum Motor der Entwicklung eines gesunden Wachstums der Wirtschaft"[70] werden müsse.

Die Sicherung und Festigung des kapitalistischen Systems sowie die Schaffung günstigster Bedingungen für die Profitproduktion des BRD-Monopolkapitals sind in der die Entwicklungsländer tangierenden Wirtschaftspolitik der BRD-Regierung eng miteinander verflochten. Die immer unmittelbarere Ausrichtung an den Monopolinteressen verstärkte sich zwar schon in den letzten Jahren der Regierungsverantwortung von SPD/FDP-Koalition, wurde aber erst danach zum prägenden Kennzeichen der Wirtschaftsbeziehungen der BRD zu den Entwicklungsländern. Jegliche Zugeständnisse an die Entwicklungsländer werden abgelehnt; die im Inneren eingeleitete sozialreaktionäre, auf den Abbau des „sozialen Wohlfahrtsstaates" gerichtete Linie soll auf die internationale Ebene übertragen werden, staatliche Mittel für soziale Belange in den Entwicklungsländern soweit wie möglich gekürzt und gleichzeitig die privaten und kirchlichen Hilfs- und Entwicklungsorganisationen und -einrichtungen stärker für diese Fragen verantwortlich gemacht werden. Zentrales Element dieser Linie ist jedoch eine bedeutende Forcierung der „Dynamik des privaten Sektors", die nach den Worten von Bundeskanzler Kohl „die öffentliche Entwicklungshilfe ergänzen"[71] muß. Angestrebt wird die Ausweitung des privatkapitalistischen Engagements, besonders in Form von Direktinvestitionen, Managementverträgen, privatem Technologietransfer usw.; wird doch der „freie private Kapitaltransfer" von neokonservativen Marktwirtschaftsapologeten als ideale „Entwicklungshilfe" bezeichnet. Tatsächlich dienen die monopolistischen Kapitalexporte in entscheidendem Maße der Förderung kapitalistischer Entwicklungsprozesse und der Herausbildung kapitalistischer Produktionsverhältnisse. Aus diesem Grunde ist die Stimulierung, Förderung und allseitige Absicherung monopolistischer Kapitalanlagen in Entwicklungsländern, die Schaffung „günstige(r) Bedingungen für unternehmerische Initiativen"[72], wie es

[69] V. Köhler, Die geforderte Neuordnung führt zu einer „Weltwohlfahrts-Ordnung", in: Entwicklung und Zusammenarbeit (Bonn), 1/1982, S. 14.

[70] Regierungserklärung von Bundeskanzler Helmut Kohl, in: Das Parlament (Bonn – Bad Godesberg), 42/1982, S. 4.

[71] Ebenda.

[72] J. Warnke, Deutsche Zusammenarbeit mit Afrika südlich der Sahara, in: Internationales Afrikaforum (München – Köln – London), 2/1984, S. 170.

Minister Warnke formuliert, einer der wesentlichen Schwerpunkte neokonservativer Wirtschaftspolitik gegenüber Entwicklungsländern. Im Vordergrund steht dabei in noch breiterem Umfang die unmittelbare Förderung der Akkumulation der BRD-Monopole, die Stimulierung ihrer Investitionstätigkeit in den Entwicklungsländern, das heißt letztlich die noch umfassendere Unterstützung des BRD-Monopolkapitals im internationalen Konkurrenzkampf. Auch die entsprechenden wirtschaftspolitischen Mechanismen und Instrumente werden von der BRD-Regierung schrittweise darauf eingestellt.

Unter anderem gestalten sich die Bedingungen, zu denen staatliche Mittel in die Entwicklungsländer fließen, für diese immer unvorteilhafter. So verändert sich das Verhältnis von öffentlicher „Entwicklungshilfe" im engeren Sinne (Official Development Assistance – ODA) und sonstigen staatlichen Leistungen (Other Official Flows – OOF) immer mehr zuungunsten ersterer. Das bedeutet, daß bei den von der Bundesregierung zur Verfügung gestellten Mitteln der Anteil immer größer wird, der zu kommerziellen Bedingungen (wie sie bei den Monopolen üblich sind) vergeben wird und dementsprechend jener, der Kredite zu besonders günstigen Bedingungen sowie nicht rückzahlbare Zuschüsse umfaßt, rückläufig ist. Betrug der OOF-Anteil 1970/1972 16 Prozent, hatte er sich 1980/1981 schon auf 20 Prozent vergrößert.[73] Diese Tendenz, die sich voraussichtlich weiter verstärken wird, ist Ausdruck des Bestrebens neokonservativer Wirtschaftspolitik, auch die „Entwicklungshilfe", noch umfassender und direkter als bisher schon, zum Vehikel monopolistischen Profitstrebens und expansionistischer Interessen des BRD-Imperialismus zu degradieren, sie zur Dämpfung der Folgen andauernder Krisenprozesse in der kapitalistischen Weltwirtschaft einzusetzen. Angesichts der angestrebten Verringerung dieser Mittel soll durch qualitative Veränderungen der Mitteleinsatz konzentriert und effektiviert werden, unter anderem auf dem Wege der Einschränkung der freien Verfügbarkeit und des „Geschenkcharakters" der „Entwicklungshilfe". Ein nicht geringer Teil dieser sonstigen staatlichen Leistungen wird im Zuge des Ausbaus der staatlichen Exportförderungspolitik durch die BRD-Regierung in Form von Exportkrediten ausgereicht und damit den Interessen der bundesdeutschen Exportindustrie an einer Verbesserung ihrer Konkurrenzposition in den sich immer stärker zuspitzenden handels- und entwicklungspolitischen Auseinandersetzungen zwischen den imperialistischen Hauptmächten nutzbar gemacht.

Eine weitere, mit negativen Wirkungen für die Entwicklungsländer verbundene Tendenz besteht in einer Verschiebung des Verhältnisses von nicht rückzahlbaren Zuschüssen und Krediten innerhalb der öffentlichen „Entwicklungshilfe" im engeren Sinne in Richtung auf eine Ausweitung des Kreditanteils. Darüber hinaus ist auch die Lieferbindung, das heißt die Verpflichtung für das Empfängerland von „Entwicklungshilfe", diese für Waren oder Dienst-

[73] Vgl. IPW-Berichte, 2/1983, S. 34.

leistungen des Geberlandes auszugeben, wieder ins Zentrum des wirtschaftspolitischen Instrumentariums gerückt. Für die betroffenen Entwicklungsländer ergibt sich daraus oft eine bis zu 20prozentige Verteuerung, da ihr Recht eingeschränkt ist, sich den Lieferanten der Waren und Dienstleistungen, die sie für die erhaltene „Entwicklungshilfe" erwerben wollen und damit die für sie günstigsten Konditionen, auszusuchen. Die jetzige BMZ-Administration sieht auf diesem Gebiet einen großen Nachholebedarf der BRD, die – im Gegensatz zur Mehrzahl der im Entwicklungshilfeausschuß der OECD (DAC) vertretenen kapitalistischen Länder, deren durchschnittliche Lieferbindung 1979 bei 35 Prozent lag – 1980 nur 13 Prozent der „Entwicklungshilfe" liefergebunden vergab.[74]

Begründet wird diese Politik der verstärkten Lieferbindung mit einem angeblich „legitimen Exportinteresse" der BRD sowie dem fadenscheinigen Argument der notwendigen Sicherung von Arbeitsplätzen. Allerdings ist offensichtlich, daß eine Sicherung bestehender oder die Schaffung neuer Arbeitsplätze in der BRD mit Hilfe staatlicher Kapitalexporte in Entwicklungsländer nicht über deren Stagnation oder gar Kürzung erreicht werden kann, wie das gegenwärtig der Fall ist, sondern ihre kräftige Steigerung erfordert. Die Lieferbindung ist vielmehr eine Form des handelspolitischen Protektionismus, die in krassem Widerspruch steht zu dem von der CDU/CSU/FDP-Regierung hinsichtlich der internationalen Handelsbeziehungen wiederholt verkündeten Freihandelsprinzip. In diesem Zusammenhang ist sehr aufschlußreich, daß bereits bisher jeder D-Mark, die von der BRD für „Entwicklungshilfe" verausgabt wurde, eine Nachfrage nach Lieferungen aus der BRD im Werte von 1,25 DM gegenüberstand.[75]

Darüber hinaus soll die schrittweise Ablösung des bis heute vorherrschenden Antragsprinzips im Bereich der bilateralen „Entwicklungshilfe" durch das Angebotsprinzip in der Projektpolitik durchgesetzt werden. Das bedeutet, daß die BRD-Regierung in der Zukunft von sich aus den Entwicklungsländern die Finanzierung von Projekten anbieten, das heißt nicht mehr auf die Beantragung durch ein Land warten will, sondern von vornherein nur solche Projekte zur Finanzierung vorschlägt, die in ihrem Interesse liegen. Damit soll auch die Bevorzugung von Ländern mit „marktwirtschaftlichen Elementen" besser gewährleistet und generell die Einwirkung auf die sozialökonomischen Entwicklungsprozesse in den Ländern Afrikas, Asiens und Lateinamerikas effektiviert werden.

Ein weiterer Schwerpunkt neokonservativer Wirtschaftspolitik der BRD gegenüber den Entwicklungsländern ist das forcierte Hinwirken auf den Abschluß

[74] Vgl. Zusammenarbeit im Dienst der Entwicklung. Politik und Leistungen der Mitglieder des Ausschusses für Entwicklungshilfe. Jahresprüfung 1981, Paris 1981, S. 390/391.

[75] Frankfurter Rundschau (Frankfurt a. M.) vom 24. 12. 1982.

von Investitionsschutzabkommen. Diese Regierungsabkommen zwischen der kapitalexportierenden BRD und dem jeweiligen Entwicklungsland haben das Ziel, in den Entwicklungsländern günstige rechtliche Bedingungen, ein günstiges „Investitionsklima" für die ausländischen Investitionen zu schaffen, das heißt, die souveräne Handlungsfreiheit der betreffenden Staaten im Hinblick auf das in ihnen angelegte Auslandskapital zu beschränken. Die Investitionsschutzabkommen enthalten unter anderem die Zusicherung des Gastlandes, auf Nationalisierung der betreffenden Unternehmen zu verzichten oder im Falle von Nationalisierungen Entschädigung zu zahlen. Darüber hinaus wird die Möglichkeit des ungehinderten Profittransfers festgeschrieben. Der Vorsprung der BRD gegenüber den anderen imperialistischen Staaten, mit 47 Investitionsschutzabkommen verfügte sie bereits 1979 über die höchste Anzahl derartiger Verträge unter den westeuropäischen Ländern, soll weiter ausgebaut werden. BMZ-Minister Warnke machte dies deutlich: „Was wir als ersten Schritt allerdings tun, ist die Schaffung günstiger Rahmenbedingungen, die der Privatwirtschaft Anreize auch für Investitionen in Entwicklungsländern bieten. Der zweite Schritt muß von den Staaten der Dritten Welt selbst ausgehen, nämlich ihrerseits Rahmenbedingungen für solche Investitionen zu schaffen. Dazu gehören marktwirtschaftliche Elemente ebenso wie der Schutz ausländischer Investitionen durch Verträge von Regierung zu Regierung."[76] Sehr prononciert zeigt sich hier eine direkte Umsetzung von Forderungen des BRD-Monopolkapitals in der Wirtschaftspolitik der Bundesregierung. Diese Forderungen artikuliert der Bundesverband der Deutschen Industrie (BDI), einer der einflußreichsten Interessenvertreter der bundesdeutschen Monopole, in einem Memorandum über die Wirtschaftsbeziehungen zu Entwicklungsländern. Darin wird eine „effiziente Gestaltung des privatwirtschaftlichen Ressourcen-Transfers" an die Erfüllung folgender Bedingungen geknüpft: „die Verminderung politischer Risiken und bürokratischer Hemmnisse, die internationale Sicherung eines ausreichenden Eigentums-, Patent- und Rechtsschutzes sowie die Erhaltung des Marktmechanismus als effizientes Koordinierungsinstrument einzelwirtschaftlicher Produktions- und Investitionsentscheidungen"[77].

Für das BRD-Kapital besteht die Bedeutung der Investitionsschutzabkommen auch darin, daß die Bundesregierung bevorzugt Förderungs- und Garantiemaßnahmen (Bundesgarantien, zinsgünstige Darlehen im Rahmen des Niederlassungsprogramms für Tochtergesellschaften, Kredite der Deutschen Entwicklungshilfegesellschaft) auf Kapitalanlagen in Ländern anwendet, mit denen die BRD derartige Abkommen getroffen hat.

Zur effektiveren Nutzung des finanziellen Spielraums des BRD-Staates auf dem Gebiet des Kapitalexports in Entwicklungsländer wird die Verflechtung von Staat und Monopolen weiter vorangetrieben und prägt sich der staats-

[76] Bayernkurier (München) vom 25. 6. 1983.
[77] Der Tagesspiegel, Berlin (West), vom 6. 5. 1981.

monopolistische Charakter des Kapitalexports in Entwicklungsländer weiter aus. Ein Ausdruck dessen ist die wachsende finanzkapitalistische und instrumentelle Verflechtung von Staat und Monopolen auf dem Gebiet der Wirtschaftspolitik gegenüber Entwicklungsländern. Nicht nur die Nivellierung des Entwicklungsländersteuergesetzes ist geplant, das die steuerliche Begünstigung von Direktinvestitionen bundesdeutscher Unternehmen in Entwicklungsländern beinhaltet; die SPD/FDP-Regierung hatte dieses Gesetz wegen „entwicklungspolitischer Ineffizienz" auf Eis gelegt. Bedeutungsvoll ist vor allem das Bestreben, die Mischfinanzierung von Projekten in Entwicklungsländern oder von Investitionsgüterexporten in diese Länder auszuweiten. Mit der Kombination von staatlichen „Entwicklungshilfe"-Mitteln und zu kommerziellen Bedingungen vorgegebenen Finanzmitteln des Monopolkapitals wird die Aktivität privater Banken und Industriemonopole angeregt, werden Importe der Entwicklungsländer stimuliert; insgesamt wird die finanzkapitalistische Expansion des BRD-Imperialismus weiter vorangetrieben.

Unter dem Motto: „Mehr Marktwirtschaft – weniger Dirigismus" wird das Privatkapital (das monopolistische, aber auch das nichtmonopolistische mittlere und Kleinkapital) verstärkt bei der Erschließung neuer Verwertungsfelder in den Entwicklungsländern und darüber hinaus bei der Herausbildung und Festigung kapitalistischer Verhältnisse in diesen Ländern genutzt. So wurde ein Technologieprogramm zur Förderung des Technologietransfers kleiner und mittlerer Unternehmen entwickelt sowie ein sogenannter Senior-Experten-Service ins Leben gerufen, der zeitlich befristete Einsätze ehemaliger Konzernmanager oder privater Unternehmer in Entwicklungsländern organisiert.

Die Deutsche Entwicklungshilfegesellschaft (DEG), die 1983 bezeichnenderweise in „Deutsche Finanzierungsgesellschaft für Beteiligungen in Entwicklungsländern" umbenannt wurde, um ihre „unternehmerische Aufgabe" deutlicher als bis dahin zu propagieren, hat ihr Finanzierungsangebot ausgedehnt. Speziell für mittelständische Unternehmen wurden neue Kreditprogramme geschaffen und auch ihre Beratungstätigkeit in den Entwicklungsländern selbst wurde ausgebaut, um Unternehmen, die ihr Kapital in diesen Ländern anlegen wollen, „maßgeschneiderte Dienstleistungspakete" anzubieten.

Flankiert werden diese Maßnahmen durch ein seit 1983 wirksames „Mittelstandsprogramm", das auf die Schaffung eines „bodenständigen Mittelstandes" und die Entwicklung eines „soliden Handwerks" in den Ländern Afrikas, Asiens und Lateinamerikas zielt. Dieses stellt ganz sicher nicht nur „ein eher ideologisch zu verstehendes Gegenstück zur Förderung der westdeutschen Konzernexpansion in die Dritte Welt"[78] dar. Das nichtmonopolistische kleine und mittlere Kapital nimmt in der staatsmonopolistischen Kapitalexpansion der BRD einen wichtigen Platz ein, löst bestimmte Aufgaben, für die es besonders prädestiniert ist. Seine Stellung im Reproduktions- und Kapitalverwertungsprozeß

[78] R. Falk, Die Rechtskoalition und die Dritte Welt, a. a. O., S. 1476.

ist durch den Dualismus von engem funktionalem Zusammenhang und realer Unterordnung des nichtmonopolistischen unter das Monopolkapital charakterisiert. Das bestimmt auch seine Auslandsaktivitäten. Nichtmonopolistische Unternehmen sind oft gezwungen, die Expansion der Monopole in Entwicklungsländer vorzubereiten, mit- oder nachzuvollziehen. Die Vergabe bestimmter staatlicher „Entwicklungshilfe"-Mittel zur Förderung der Tätigkeit kleiner und mittlerer nichtmonopolistischer Unternehmen liegt auch deshalb im Interesse des Monopolkapitals, weil ihr Engagement die Ziele der Monopole verschleiern hilft und zur Herausbildung eines positiven „Images" für bundesdeutsche Kapitalanlagen beiträgt, weil wenig profitable, aber für die Verwertung des Monopolkapitals wichtige Sphären besetzt werden, eine geringere Gefahr der Nationalisierung besteht usw. Nicht zuletzt haben sie eine entscheidende Funktion bei der Formierung einer nationalen Bourgeoisie in den Entwicklungsländern. Gerade auch unter den Bedingungen ökonomisch schwach entwickelter Länder ist das nichtmonopolistische Kapital ein wesentlicher Faktor bei der Entwicklung des Kapitalismus in die Breite und in die Tiefe.

Eine von den USA in gewissem Maße abweichende Haltung nimmt die BRD hinsichtlich der multilateralen „Entwicklungshilfe" ein. Zwar bildet auch für sie die bilaterale „Entwicklungshilfe" den Schwerpunkt ihrer Kapitalexporte, gleichzeitig wird jedoch die multilaterale Zusammenarbeit als „nicht ersetzbares Instrument internationaler Entwicklungspartnerschaft"[79] bezeichnet. Die BRD ist auch weiterhin an einer Mitarbeit in internationalen Entwicklungsorganisationen und -institutionen interessiert und versucht, ihren Einfluß in ihnen auszuweiten. Sie ist bestrebt, diese Institutionen gezielt zur Erlangung ökonomischer und politischer Vorteile gegenüber den imperialistischen Konkurrenten auszunutzen. Daraus wird die Aufgabe abgeleitet, „einer Zersplitterung der multilateralen Zusammenarbeit entgegenzuwirken, um die Tätigkeit entwicklungspolitisch bewährter multilateraler Einrichtungen und die sie bestimmenden Prinzipien durch gemeinsame Anstrengungen zu sichern"[80].

Zieht man allerdings in Betracht, daß es der BRD-Regierung besonders um den „Schutz der Integrität von IWF, Weltbank und GATT" zu tun ist[81], wird die Geringfügigkeit der Differenzen zwischen der BRD und den USA deutlich. Denn unter den internationalen Organisationen und Institutionen auf dem Gebiet der „Entwicklungshilfe" sind IWF und Weltbank sozusagen die „trojanischen Pferde" für das verstärkte Eindringen von Auslandskapital in die Länder Afrikas, Asiens und Lateinamerikas. Diese Rolle weiß natürlich besonders der BRD-Imperialismus zu schätzen, der nicht, wie zum Beispiel die USA oder die

79 J. Warnke zur Veröffentlichung des Fünften entwicklungspolitischen Berichtes, Bonn – Bad Godesberg, 17. 2. 1983.

80 Fünfter Bericht zur Entwicklungspolitik der Bundesregierung, Bonn – Bad Godesberg 1983, S. 62.

81 Vorwärts (Bonn – Bad Godesberg) vom 24. 2. 1983.

ehemaligen westeuropäischen Kolonialmächte, über bestimmte Einflußzonen verfügt. Andererseits entsprechen die Auflagenpolitik des IWF, seine Bindung von Kreditgeschäften an die Erfüllung von Forderungen nach Kürzung von Sozialausgaben, Streichung staatlicher Preissubventionen, Lohnkürzungen, Währungsabwertungen, Förderung des privaten Wirtschaftssektors, Reprivatisierungen und anderes voll und ganz dem neokonservativen Credo der gegenwärtigen BRD-Wirtschaftspolitik. In diesem Sinne lobte BMZ-Minister Warnke jene Entwicklungsländer, die „die Zeichen der Zeit erkannt" hätten und bereit seien, „die Anpassungsprogramme, die ihnen die Weltbank und der Internationale Währungsfonds empfehlen, durchzuführen"[82]. Eine zentrale Problematik sieht er dabei in der „Verringerung der Kollektivexperimente in der Landwirtschaft und der Staatsbetriebe in der Industrie", die weiten Raum gäbe „für marktwirtschaftliche Elemente".[83]

[82] J. Warnke, Deutsche Zusammenarbeit mit Afrika südlich der Sahara, a. a. O., S. 168.

[83] Ebenda, S. 169.

Resümee

Durch die akute Krise der gegenwärtigen staatsmonopolistischen Regulierung entwickeln sich ständig neue Trends in der monopolbourgeoisen politischen Ökonomie. Zur Beurteilung dieser neuesten Entwicklungsrichtungen ist eine noch weitergehende Analyse, als das hier möglich war, vorzunehmen. Hier bieten sich verschiedene Ansatzpunkte für die Zusammenarbeit mit marxistischen Ökonomen, die auf dem Gebiet der Imperialismusforschung und hier speziell zur Kritik der gegenwärtigen politischen Ökonomie arbeiten. Weiterhin wäre eine verstärkt philosophische und philosophiehistorische Durchdringung des Themas empfehlenswert. Wir erinnern hier nur daran, daß unseres Erachtens eine umfassende Analyse der Bedeutung von Max Weber für die Entstehung der Theorie der Wirtschaftspolitik noch aussteht.

Auf zwei weitere Aspekte künftiger Forschungsarbeit sei noch verwiesen:

1. Die zunehmende Internationalisierung der monopolistischen Kapitalverhältnisse zwingt die bürgerliche Ökonomie zur Anpassung an diese neuen Reproduktionsbedingungen. Es ergeben sich neue Konsequenzen für die staatsmonopolistische Regulierung.

2. Das Wechselverhältnis von bürgerlicher Wirtschaftstheorie und staatlicher Wirtschaftspolitik im heutigen Kapitalismus kann nur dann richtig erfaßt werden, wenn es anhand realer ökonomischer Prozesse analysiert wird. Die verstärkte Berücksichtigung wirtschaftshistorischen Materials könnte diesen Zusammenhang weiter erhellen.

Die Autoren hoffen, zu beiden Aspekten Diskussionsgrundlagen bieten zu können und die neueren Tendenzen, speziell in der wirtschaftstheoretischen Entwicklung der bürgerlichen Ökonomie, gezeigt zu haben.

Unter marxistisch-leninistischen Ökonomen gibt es zu einigen in dieser Arbeit behandelten Problemen von unserer Ansicht abweichende Einschätzungen. Dazu zählt zum Beispiel die Beurteilung der wirtschaftspolitischen Funktion der bürgerlichen politischen Ökonomie. Wir vertreten hier die Position, die von Lew B. Alter in den 60er Jahren formuliert worden ist,[1] daß die wirtschaftspolitische Funktion der bürgerlichen Ökonomie eindeutig an die Bedin-

[1] Vgl. L. B. Alter, Bürgerliche Theorie und Praxis der Regulierung der kapitalistischen Wirtschaft, in: Wirtschaftswissenschaftliche Information, 41–42/1965, S. 6/7.

gungen des staatsmonopolistischen Kapitalismus zu knüpfen sei. Wir haben uns bemüht, die Richtigkeit dieser Auffassung mit der vorliegenden Arbeit zu belegen.

Weitere Fragen und neue Probleme stellen sich. Die Autoren eines neueren Aufsatzes[2] über die Wirtschaftspolitik der Reagan-Administration gehen von der unseres Erachtens berechtigten Annahme aus, daß die die Wirtschaftspolitik dieser Regierung „inspirierenden Theorien . . . samt und sonders neoklassische Konzeptionen zur staatlichen Regulierung" waren und die bis in die 70er Jahre hinein dominierenden keynesianischen Leitbilder in der Wirtschaftspolitik ablösten.[3] Die Analyse der monetaristischen und angebotsorientierten Konzeptionen, die in den USA ihre politische Umsetzung finden, belegt dann folgerichtig diese Einschätzung der Autoren. Jedoch wird diese Positionsbestimmung dann in den resümierenden Aussagen des hier zitierten Artikels relativiert, wenn die Autoren erklären: Im „Wechselverhältnis von bürgerlicher Wirtschaftstheorie und Reaganscher Wirtschaftspolitik dominiert der ökonomische und politische Pragmatismus" und es gibt „keine Umsetzung theoretischer Konzeptionen in konkrete wirtschaftspolitische Maßnahmen".[4] Unseres Erachtens besteht jedoch das Problem gerade darin, zu klären, welche Form von bürgerlicher Wirtschaftstheorie der praktischen Politik das Gepräge gibt, oder: Welche Richtung bürgerlicher Wirtschaftstheorie wird in der jeweiligen konkreten Situation herangezogen, um die staatliche Wirtschaftspolitik zu sichern?

Die Untersuchung des Wechselverhältnisses von bürgerlicher Wirtschaftstheorie und Wirtschaftspolitik und die Bestimmung der dieses Verhältnis dominierenden Faktoren ermöglicht prognostische Aussagen über die künftigen Hauptrichtungen der modernen bürgerlichen politischen Ökonomie, die die konkrete Form der staatsmonopolistischen Regulierung beeinflussen werden.

Trotz partieller Erfolge, die die bürgerliche Wirtschaftstheorie und staatliche Wirtschaftspolitik für die Sicherung der Monopolprofite zu erzielen vermag, darf nicht übersehen werden, daß mit der sich vollziehenden Verflechtung von allgemeiner und zyklischer Krise des Kapitalismus objektive Faktoren und neuere Tendenzen wirken, die auch künftig die Möglichkeiten der staatsmonopolistischen Regulierung und der monopolbourgeoisen Wirtschaftstheorie weiter eingrenzen.

[2] Vgl. G. Gebhardt/R. Mock/K. Trautmann, Reaganomics – Anspruch und Wirklichkeit. Eine Bilanz der bisherigen Wirtschaftspolitik unter der Reagan-Administration, in: Wirtschaftswissenschaft, 3/1985, S. 393.

[3] Ebenda, S. 395.

[4] Ebenda, S. 412.

Personenregister

FSC
www.fsc.org
MIX
Papier | Fördert
gute Waldnutzung
FSC® C083411

Kolibri 360 GmbH
Ferdinand-Jühlke-Straße 7
99095 Erfurt, Deutschland
produktsicherheit@kolibri360.de